21世纪
园林城市
——创造宜居的城市环境

[美]约翰·奥姆斯比·西蒙兹　著

刘晓明　孙晓春　赵彩君　译

北方联合出版传媒(集团)股份有限公司

辽宁科学技术出版社

［Author of original title］John Ormsbee Simonds, FASLA
［Name of original title］Garden Cities 21 Creating a Livable Urban Environment
［ISBN of original title］0-07-057620-3
Copyright 1994 by McGraw-Hill Education.

图书在版编目（CIP）数据

21 世纪园林城市：创造宜居的城市环境/（美）西蒙兹著；
刘晓明,孙晓春,赵彩君译. —沈阳：辽宁科学技术出版社，
2015.7

ISBN 978-7-5381-8622-2

Ⅰ.2… Ⅱ.①西… ②刘… ③孙… ④赵… Ⅲ.①城市环境—生态环境建设—研究 Ⅳ.X21

中国版本图书馆 CIP 数据核字（2014）第 094765 号

出 版 者：辽宁科学技术出版社
　　　　　（地址：沈阳市和平区十一纬路 29 号　邮编：110003）
印 刷 者：辽宁星海彩色印刷有限公司
经 销 者：各地新华书店
幅面尺寸：214mm×280mm
字　　数：200 千字
印　　张：14.25
插　　页：12
印　　数：1～2000
出版时间：2015 年 7 月第 1 版
印刷时间：2015 年 7 月第 1 次印刷
责任编辑：寿亚荷
封面设计：晓　娜
版式设计：袁　舒
责任校对：袁　舒

书　　号：ISBN978-7-5381-8622-2
定　　价：120.00 元

编辑部电话：024-23284370
邮购热线：024-23284502
E-mail:shy324115@126.com

译者前言

　　20世纪90年代，美国著名的风景园林理论家、教育家和风景园林大师西蒙兹先生（J. Simonds）积自己毕生的经验和智慧，富有远见地提出了在本世纪建设宜居园林城市的美好愿景，出版了《21世纪园林城市——创造宜居的城市环境》这部具有重要影响力的著作。西蒙兹先生把园林城市作为21世纪城市发展的终极目标的重大意义就在于这一理念反映了人类自古以来追求的最高级别的人居环境形态。

　　西蒙兹先生继承并发展了19世纪英国社会学家霍华德先生（E. Howard）关于园林城市的基本理念，他在本书中的许多重要观点，均给人以很大启发和强烈的震撼。这是一个值得经常探寻的灵感宝库和创意源泉。

　　西蒙兹先生站在全球的视野内，以美国为主要研究对象，运用跨学科的知识，通过卓越的园林城市和园林城镇的实例，全面而务实地论述了建设园林城市的策略。他精辟论述的焦点巧妙地始于人类的居住基本单元——城市住宅，进而扩展到邻里、社区、城市直至广域城市的尺度，最后对园林城市的发展模式进行了归纳和总结。他从居室的内外环境、邻里特征、社区结构、城市布局、客运与货运交通、综合管网设施乃至公园娱乐与开放空间等诸多方面论述了整个城市这一有机系统创建21世纪园林城市的重要途径，包括综合性城市规划和"保留－保护－开发"策略（PCD）等。与此同时，西蒙兹先生还毫不留情地抨击了当代美国出现的各种城市病。

　　我们深信西蒙兹先生的这部著作对于经济飞速发展的中国来说同样具有重要的现实意义，至少我们可以预知并有效避免美国等发达国家在早期城市化进程中遇到的许多无法解决的问题。20多年来，我国已经在园林城市及园林城镇建设方面取得了突出的成就，并且正在推动升级版的生态园林城市建设，全面建设宜居城乡环境，这是大势所趋、民心所向的壮举。而此时，我们认真学习国外园林城市建设的经验教训，对于创造有中国特色的园林城市和园林城镇显得尤为迫切和必要。

　　事实证明，我国不少城市已经出现了一些曾为西蒙兹先生所痛恨的错误做法。比如，破坏自然生态系统；对于现状地形地貌不是巧妙地利用，而是简单粗暴地用推土机夷为平地；缺乏充满个性的、人性化的城市公园和开放空间；城市土地不能有效集约利用；城市中心与次中心缺乏合理布局；交通体系无法应对快速到来的汽车时代。当然，还有令西蒙兹先生无法料到的是我国不少城市的历史街区以及大量古镇、古村竟然已经被消失掉了！近年来，我国有些城市已经在反思这些失误，并开始构建城乡一体的自然生态系统，倡导节能－节水－环保型的、区域的、城市的和社区的公园，有的甚至已经开始建设大型城市地下综合管廊，这些都是非常可喜的成就。

1987 年，我有幸来到北京林业大学，在孟兆祯院士指导下攻读硕士学位，自 1990 年留校任教后数年，又在孟先生指导下获得了博士学位，因此有机会在北京林业大学图书馆拜读到西蒙兹先生的《风景园林学》(Landscape Architecture)和《21 世纪园林城市——创造宜居的城市环境》，这两部大作，深受启迪和鼓舞，并由此对西蒙兹先生产生了仰慕之情。但直到 2005 年，我方有机会带领研究生孙晓春和赵彩君翻译、出版了《21 世纪的园林城市——创造宜居的城市环境》。时光流变，一闪十载！在这段时间里，我们 3 位译者都有了长足的进步，对于西蒙兹先生的观点也有了更深刻的体会和新的认识。在 2006 年和 2007 年，我远赴美国哈佛大学设计研究生院（GSD）风景园林系做访问学者，师从尼尔·科克伍德（Niall Kirkwood）教授，研究哈佛的风景园林教育理念和美国风景园林的发展动态，并自 2006 年起一直担任中国风景园林学会在国际风景园林师联合会（IFLA）的中国代表。孙晓春于 2006 年获得博士学位后就职于住房和城乡建设部，现为城市建设司的高级工程师。赵彩君于 2010 年获得博士学位，现为中国城市建设研究院高级工程师。我们以上的成长历程和工作经验使得我们可以更好地对本书的中译本进行修订和完善工作。我们深信此书的再版就是对西蒙兹先生最好的缅怀！我们在此向西蒙兹先生致以崇高的敬意！

需要说明的是，"The Urban Metropolis"，国内既有译成"大城市地区"的，也有译成"都市圈"的，我们认为用"广域城市"更符合美国的实际情况。此外，霍华德先生的名著《Garden Cities of Tomorrow》译为《明天的花园城市》或《明天的田园城市》都不恰当，唯有译成《明天的园林城市》最为准确。另外，书中配有美国著名设计公司的作品照片，包括西蒙兹先生的环境规划设计公司（EPD）的佳作，仅标注有公司名称，故没有译成中文，在此一并说明。由于我们学识有限，错误之处仍在所难免。敬请各位读者继续批评指正，以便再版时加以完善。在此要特别感谢寿亚荷编辑和吕忠宁女士为此书的再版所付出的辛劳。

北京林业大学园林学院风景园林学教授、博士生导师

刘晓明博士

2015 年 5 月 10 日于北京

献给玛乔丽

没有她一切都不可能……

作者简介

约翰·奥姆斯比·西蒙兹（John Ormsbee Simonds）是美国风景园林和城市规划的领军人物之一。他作为这一领域的教育家和职业规划设计师，名声显赫，在其50余年的职业生涯中获得过崇高的奖励和荣誉。他自己创立的位于匹兹堡的环境规划设计公司（EPD），在美国一共规划了3个新的城镇和80多个大型社区。西蒙兹先生曾在卡内基·梅隆大学执教15年，并且也是美国总统环境与资源的项目组成员之一。此外，西蒙兹先生也是McGraw-Hill出版社的《风景园林学》（第二版）以及《地球风景：环境规划与设计手册》的作者。西蒙兹先生周游世界的经历丰富和拓展了他先后在密歇根州立大学和哈佛大学的学习成就。

序

一个世纪以前，著名的建筑师丹尼尔·H·伯恩海姆（Daniel H. Burnham）曾经说过，"（城市）如果只做小规划，便没有激动人心的力量。"

百年过后，按照丹尼尔·H·伯恩海姆的观点，J.O.西蒙兹向我们提出了大胆而又创新的重构未来城市的纲领。

当代城市的问题是多方面的。城市在史无前例的重压之下蹒跚而行。不断加宽的、网格状的交通路线和城市的蔓延（居民和企业向郊区乃至更远的地方分散）正在降低城市的活力。大量的人口外迁给衰退的城市留下处处空房、废弃物和衰败的景象，从而使城市成为贫困和犯罪的温床。现在我们很有必要在广域城市的文脉之中重新定位和重新建设充满活力、繁荣的商业和文化活动中心。每个中心，比如，政府中心、医疗保健中心、贸易中心、金融中心和教育中心等，其周边都必须有相关支持设施和居住邻里小区。

我们需要彼此相互协调的货运、客运和管线传输系统，自由地穿行于开阔的乡村，并绕过而不是穿越已经建成的社区。

我们需要规划更适宜人们居住的邻里小区和统一的社区。这样的居住区都应配有学校、便利中心和娱乐区，而居民可以沿着安全、有吸引力的道路步行或骑车到达这些地方。

我们需要完整地保护农田、森林、湿地（海岸、河岸、河流）和历史标志物。我们需要完整地保护最佳的风景——生态景观。

对于上述问题，《21世纪园林城市——创造宜居的城市环境》一书的作者西蒙兹先生，根据自己毕生从事土地和社区规划的经验，做出了清晰和肯定的阐述。他令人信服地指出，未来的广域城市能够，而且必须提供一个框架，既要保证良好的经济开发，也要保证管理好这种在受保护的乡村和野地环境中的城市发展。由于西蒙兹先生一直从事规划工作，因此，他的论述对实践的指导性很强。他深谙未来的规划不仅需要全面精通物质环境规划的原则，而且也需要熟悉把理想变为现实的政治环境、经济因素及心理方面的知识。

本书突出的特点在于作者能够很好地从丰富的传统和过去的经验教训中提出自己的观点，而不是简单地将过去和未来折中。作者提出的许多观念来自于已建成、有代表性的实例。通过照片、示意图和富有激情的论述，作者告诉我们，从现在到将来有序转变中，如何建设最好的城市，并把它加以扩展。

作为约翰·西蒙兹的朋友我感到非常自豪。通过著书立说和从事大量的规划工作，西蒙兹先生为促进风景规划事业的发展做出了很大贡献，同时他指出，人、社区和城市可与地球建立更为多产、和谐、有益的关系。

鲍勃·格雷厄姆参议员

前　言

　　《21 世纪园林城市——创造宜居的城市环境》一书中关于城市未来发展的理论可以追溯到 100 年前。当时，英国的埃比尼泽·霍华德（Ebenezer Howard）爵士察觉到工业城市并不适合人们居住，并且处在病态之中。城市成为污染、贫困、衰退的渊源，此外，城市周围方圆数十英里乡村的空气和水体也受到污染。

　　霍华德在其《明天的园林城市》（Garden Cities of Tomorrow）一书中提出了一种更为有效、令人愉快的人类居住方式。他提出的主要论点是在每个区域中心设有集中的政府、贸易和文化核心，并有专门化的卫星社区或"新城镇"所围绕，而整个区域是以受到保护的农田和森林为依托。这种理念一经提出立刻引起很好的反响，获得了国际性的赞誉。

　　尽管霍华德的许多原则在原型社区的规划中已被采纳。但是，其要旨——将各种类型的卫星镇在开敞空间构架中相互联系仍需要人们加以贯彻实施。今天，人们对于发展和资源管理有了更新的认识，出现了货运与客运的创新模式、成功的广域城市管理方法和高效的综合规划的技术。这一切都已经为实现园林城市而搭建了一个很好的舞台，这种情景已经超出了霍华德爵士当年的设想。

　　历史学家刘易斯·芒福德（Lewis Mumford）、著名的记者沃尔夫·冯·埃克卡特（Wolf Von Eckardt）长久以来一直是"园林城市"的坚定支持者。人类学家玛格特·麦德（Margaret Mead）、生物学家莱舍尔·卡松（Rachel Carson），还有环境学家，如玛斯（Marsh）、莫尔（Muir）、麦克哈格(McHarg)、布鲁尔(Brower)帮助我们建立了很好的生态学基础工作；还有很多有洞察力的城市学家，如雅可布斯（Jacobs）、特纳德（Tunnard）、普什卡拉维（Pushkarev）、斯布里莱津（Spreiregen）、斯伯恩（Spirn）、克雷（Clay）、怀特(Whyte)、布莱得雷（Bradley）和高莱（Gore）发表了很多真知灼见。此外，在相关领域，如经济学、土地规划法、交通、工程学和系统动力学方面，许多专家也提出了创造性的见解。

　　总之，各种部件都已准备就绪，就让我们把它们组合成一个概念模型，为人们创造更加适宜工作的、更加适宜居住的、也更有表现力的 21 世纪的城市吧！

约翰·奥姆斯比·西蒙兹

致　谢

　　这本专业参考书源于对大量的、通常被人们所遗忘的资料得出的构想，成形于教室、图书馆、办公室、田野，还有对艰辛的个人体验的锤炼。这里迸发着光与热，而绝非是一种轻敲慢打。从某种意义上来讲，这本书汇集了我本人所学到的试验和失败的经验教训，我本人所发现的切实可行的原则，还有我本人要与大家共同分享的观点。因此，这又是一本个性化的著作。

　　然而，作为一本出版物它又必须综合许多知识以及众多作者的创造性的思考，这本书已经做到了这一点。在与我分享这些思想、材料和讨论并使得这一工作成为可能的人们当中，特别要感谢以下各位：

　　感谢我具有洞察力的爱妻玛乔丽（Marjorie），她总共用了数月之久的时间在很棒的电子打印机上打印文稿，并与我多次长时间地交谈，是她帮助我提炼出我们所讨论的观点，进而使之成为本书中的主要论点。

　　感谢詹姆斯 G. 图勒乌出版商（James G. Trulove）、《风景园林》杂志(Landscape Architecture)的编辑麦克尔·莱可塞(Michael Leccese)和 J·威廉姆·汤姆逊(J. William Thompson)，在他们有远见的指导下，这本杂志已经对美国城市与乡村规划和开发工作产生了强大的影响。因此，本书大量引用他们的著作和讨论也是很自然的。

　　感谢 John Wiley & Sons 出版社允许我在美国建筑师协会出版的《建筑、设计、工程和建设百科全书》中引用城市设计的章节。

　　感谢派基·兰姆(Peggy Lamb)和她在 McGraw-Hill 出版社合作的编辑和同事，是他们巧妙地把那么一大堆图纸和文稿变成了一本合乎要求的书。

总 论

　　《21 世纪园林城市——创造宜居的城市环境》一书并非仅仅是一个梦想家的幻想，也不是论述如何创建田园式或貌似花园的城市。这实际上是一本经过验证的实用指导书。本书阐述了如何将人类病态的城市变成繁荣的区域中心，并使之更加高效、充满活力和适宜居住。

　　近来，新闻媒体越来越多地批评各种城市问题。其关注点在日益恶化的交通状况、水资源短缺、犯罪、毒品、贫困、污秽、拥挤、无家可归的人和不断上升的公债。但是，这些新闻媒体却很少提出解决问题的办法，哪怕只是一些可能性。他们很少宣传能够极大改善许多广域城市地区生活条件的良好措施。这些措施包括城市更新、减少污染、资源管理、开放空间规划、新型公园和新的货运——客运系统。这些措施给可以更好运行的、自我持续发展的园林城市提供了广阔的前景。

　　展望未来，我们的城市在许多方面都会非常卓越。这些城市将由更加功能化和更加富有表现力的城市场所与运动线路所组成。它们将是定位准确、相互联系的高密度地区的活动节点。城市衰退的状况即将结束，污染问题也将得到解决。这些城市将生活在受到保护的农田和森林之中。而在这些城市内部也将出现蓝色和绿色的开放空间框架，新的城市将在此周边发育、成长。

　　这就是本书的意旨所在。

文明在于富有想像力地抓住时代的思想精华……

肯尼思·克拉克 《文明》

目　录

1 城市住宅
The urban dwelling

　　关于城市生活的论述以居住单元为开篇，应当是合乎逻辑的。城市中的居住单元与城郊或乡村的居住单元是完全不一样的，或者说是应该有所不同的。为什么呢？其中一个原因就是，城区中土地的昂贵价格，导致这些居住单元的"立足点"更小，地产的买卖是以平方英尺而不是英亩为计算单位。所以，在城市中人们的生存空间必然是很局促的。为了弥补这一缺憾，通常，人们采取了一切可能的手段，使其居住的空间变得更加舒展。

　　在拥挤的城市中，人们生活的隐私和宁静应该引起高度重视；安全感是大家共同的、非常真实的关注点；环境温度趋向极端化；对于大自然的窥视——大地、天空、植物，强化了生活的意义。如果向外看不到开放的风景，我们的视线往往转向内部。在这有限的空间中，物体、色彩、符号则具有更多的作用。所有这些要素都与城市住宅的大小、形状和特征有关。

生活空间

　　就像世界上其他所有生物一样，人类也需要一个"界定"的场地来居住、储存物品、享受生活的美好时光。人类住所的特点在很大程度上取决于其所处场地的特点，因为地理位置不仅决定了特殊的条件和需求，而且还决定了住所的大小、形状和容易获取的建筑材料。当然，城市对于地理位置、气候、问题和机遇的反应也各有不同。然而，就城市住宅而言，其文雅的外表下却流露出许多独有的紧张和压迫感。

城市生活的本质是聚中有散。"聚"有其积极的一面。例如，群居的本能深深地灌输在人们的灵魂之中，不论人们漫游在地球的哪一方，都有群居的倾向。早先这可能是出于保护自身的需要，但随后人们发现了在一起创业的便利和从事社会工作的价值。一直以来，群居具有分享、交流的便利和可获得他人帮助的优点。

另一方面，群居也有缺点，比如，太多的分享、过分的交流、太多或太少的帮助。因而随之会导致个性和隐私的缺乏，甚至影响个人的安全感。

在设计或选择城市住宅的时候，应该优化有利的条件，避开不利因素，或者尽最大可能克服这些困难。

空间的扩展

那么如何做到使空间小中见大呢？对于大多数的城市住宅来讲，这是一个共同的问题。对此，建筑师、风景园林师和室内设计师有许多技巧可以使拥挤的居住空间让人感觉更加宽敞。

借空间

扩展空间的方法之一就是视觉上借用附近乃至远处的空间，也就是说，从一个空间中所看到的天空、街景、院子、入口转角在视觉上是属于这个空间的。这显然也就扩大了该空间的范围。例如，如果起居室、餐厅和卧室空间相互渗透的话，无论从整体或局部来看，它们都因借用了共享空间，从而显得比原来更加宽敞。

先抑后扬

通常，当人们从一个压抑的或黑暗的空间出来的时候，都会有更加自由和豁然开朗的感受。在一个小的居住单元中，可以设计一系列开合、大小、明暗相间的空间，这样，不仅可以增加对比和多样化的趣味，而且可以使原来较大、较高的空间变得更大、更高。屋顶的形式和天花板的处理方法也可以起到扩大空间和加强个性的作用。

开　窗

通过许多开窗的方法也可以起到扩展空间的作用。如果窗户小，而窗外风景怡人的话，在两侧设窗帘或百叶可以使人感到窗户很大。如果窗外的景色不好，则需要使用半透明的玻璃或窗帘来遮丑，同时又不影响采光。

城市住宅

在面积有限的城市住宅中，外观和实际的居住空间可以通过以下方式加以扩展：

- 拆除内墙
- 顶棚或屋顶线的多样化
- 恰当的开窗方式
- 灯光、色彩、材质和家具的巧妙运用

方格子状的居住空间内墙限制了每个房间的视觉空间。

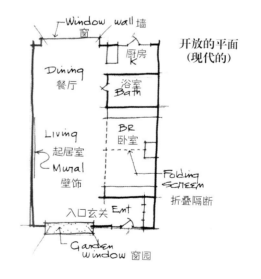

开放式平面，图中显示折叠式隔断和厨房与操作台等高的隔断。

借空间的办法是，去掉占用空间的门和富有想像力地处理窗户

阳光与城市住宅
除了常规的开窗外，阳光还可以从"窗台温室"、穹顶窗、天窗、高侧窗
或落地窗透入联排住宅中。

大窗户或落地窗，可以使人们在房间或居住单元内欣赏到丰富的城市天际线，繁忙的街景，或是一面色彩、阴影饶有趣味的墙体。

甚至窗外附近装有烟囱、水箱和防火楼梯的屋顶也有戏剧性的设计魅力。当人们只要采光而不需要观景的时候，就可以使用高侧窗、穹顶窗和天窗。

简　洁
联排住宅的祸根在于喧闹而杂乱。

生活在压力之下的日本人很早就认识到简洁、优雅空间的价值。用自然木材和稻米纸做的推拉门，以及草编的榻榻米，使得主人本身而不是其物品显得很有特色。在这些优雅的空间中，人的脸部、衣着，甚至最简单的物体都有令人惊叹的视觉效果。

在传统的日本住宅中，几乎所有的物品都要包装和贮藏起来。但是，通常在某个区域有一个并不起眼的壁龛，上面展示着精选的艺术品，有时伴有插花，使满屋增辉，喜迎宾客，这也意味着一个特别的时刻。这种巧妙的展示所产生的令人愉快的效果以及由此带来生活空间的变化，对于从事收藏与展示物品的人来讲是很有启发意义的。

From dark to light,
From compressed to free,
From rough to the refined.

由暗到明
由抑到扬
由粗到细

在同一楼层，调整屋顶和顶棚，可以加强空间感，强调个性。

材　质

有时候，大型的乡村住房或郊区住所具有强烈的视觉效果，如沉重的石墙，粗犷的柱子，镶板的天花，雕刻的门框和过梁，大胆前卫的地毯和布饰图案。然而，城市公寓并不能这么做，否则效果就会显得过于强烈了。

在城市住宅中，线与形的简洁胜于华丽的装饰，精细的墙面、略有线角的家具和自然的抛光更为合适。同样，手工艺瓷器，精细编织的尼龙，棉、毛制品，也与城市住宅相协调。所有的家具，包括餐具和厨房器具都能体现出主人良好的品位。

从城市宽大的街道到城市住宅内部的寝室，最好有一个有序的转变，即从重到轻，从闹到静，从粗到细。

色　彩

就像质感一样，色彩也可以使人产生从狂躁到宁静的跳跃变化的感觉。如果有人欣赏偶然出现的华丽色彩但又不喜欢亮丽色彩和强烈对比的话，那就应该让他到马戏团、博物馆和剧院里去欣赏这种色彩。在那里，人们既可以欣赏，也可以远离这些色彩。但是，在小小的城市居住单元中，这种持续的炫目效果会令人感到疲劳，最终令人感到厌倦。除此之外，浓烈的色彩还会使空间变小。然而微妙的色彩和色调的作用则恰恰相反。比如，白灰、柔黄、暖灰，不仅适合屋子的其他特点和用户的要求，而且可以让人感到放松和亲切，使空间看上去更宽敞了。

光　线

笔者在此举出许多有关光的特性的目的是帮助人们明确有哪些更适用于城市的住宅。例如，人们不可能选择那些耀眼、闪烁、晃动、抖动、直射、炫目和令人眼花的光。人们也不会选择红、蓝、灰黄、杂色以及光线强烈、鲜亮或锐利的光线。人们很可能会选择柔和、温暖、反射的光线，也许会用某种特殊的色调或照度来满足人们特殊要求。

空间可以用灯光照亮。光束可以用来强调形体的边缘，表现立体感，或形成复杂的阴影。光可以集中照在桌椅上，或专门照射一个平面艺术品。光具有协调、区分和统一的作用。即使在最简单的居住空间中，光也可以扩大空间感，丰富人的视觉体验。用光不当会破坏一个空间或空间的序列，用光得体则能产生梦幻的奇迹。

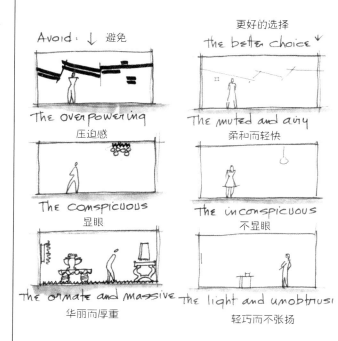

空间调整物。厚重的形式、粗糙的材质和显眼的形式减少了居住空间的视觉尺寸。柔和、不张扬和轻巧的形式可以扩展空间。

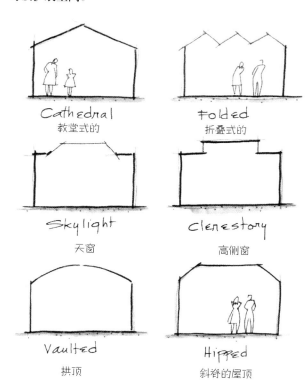

在同样面积的楼层，调节屋顶和顶棚可以加强空间感和个性。

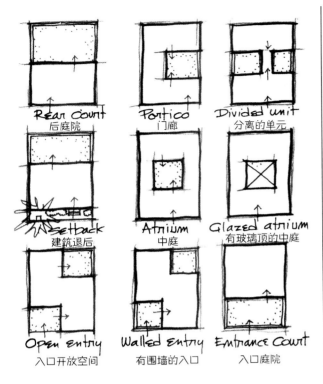

Rear Court
后庭院

Portico
门廊

Divided unit
分离的单元

Setback
建筑退后

Atrium
中庭

Glazed atrium
有玻璃顶的中庭

Open Entry
入口开放空间

Walled Entry
有围墙的入口

Entrance Court
入口庭院

有围墙的院落和有天窗或穹顶的中庭，给城市住宅增加了宜居性。这里介绍的处理方法比把后院直对着街巷或邻居要好得多。

图 像

图像特别适合城市住宅。它们不占地，其色彩和趣味很受欢迎。图像可以塑造或调整空间的基本特性。或用变化的主题适应情绪与季节。它们可以为每个空间或整个住宅建立色系。

一幅印刷画或手工画可以使墙壁增辉。从杂志上剪下并放入镜框的图片，可以让空间充满炫丽的色彩，如异域的鸟类、缤纷而飞的蝴蝶或艳丽的热带花卉。对于水手来讲，一幅画或一张照片就会让他想起他曾喜欢的世界上的某个地方，思绪飞到窗外的远方。以森林、山川、大海为题材的壁画配以灯光可以将尽端的墙体或生活空间延伸到无限远处。

标 志

标志是用图像或三维手段表现物体、场地或思想的。首先，标志很具象，能表达强烈的情感。如十字架、旗帜、鸽子、美国鹰。其次，还有表达平和感情的，如苹果或苹果树，象征着家庭生活。一株标志性的松树，可以引发人们对荒野的感情——群山、鳟鱼、蹒跚的狗熊。此外，石头、花卉或海中贝壳都代表了大自然的奇迹。

住在小小的城市住宅中，人们会感到好像远离了自然，远离了熟悉的环境和亲朋好友，而绘画或雕塑这类标志，可以缩短这种距离，放飞人的精神。

神秘感

不论设计何种尺度的空间，都要懂得含蓄的价值。不能让人一览无余。应该让人不断有所发现，并使空间建立良好的序列。

比如，在规划布局中，引导人们的注意力可以用这样的方法，即每个序列体验的展示由引导空间、发展空间和结束空间所组成，每个序列又成为下一个序列的开始。

我们有许多方法可以创造期待感和成就感。这就像一段乐曲或一幕戏剧。最简单的序列展示方式，就是清晰而又精心地设定游线，巧妙引导人们从一个观景点到另一个观景点。或者可以引进一个概念或专题，然后，根据线索一步步展开，直到故事完全揭晓。有时候看上去并不相关的线索放在一起时就需要人们去慢慢品味。当一切真相大白时，人的心情也会随之达到快乐的高潮。那么，这样做与扩展城市住宅空间的界限有何关系呢？如果你能对此全面理解的话，你就会发现，这种关系真是太重要了。

室外空间

人们可以有很多方法将自然引到城市生活空间中去，比如，从窗户可以看到外面的树木花草，从穹顶窗可以看到天空。自然界的风光和物体可以用图像来表现，如绘画和照片。运用自然材料和成品也是一种联系——就像对标志物的引进一样。此外，还有一些更直接的方法。

室外生活空间

出门不需要走几步路，就可以创造许多室外生活的乐趣。如果在建筑的正面，稍后退一点就可以腾出空地来布置树木、坐凳、常春藤小广场、郁金香或是盆栽植物。

在室外地坪，用墙、门围合的庭院可以保证安全和隐私，并形成由室内向外看所产生的宽阔的窗景。庭院里可以有泳池、铺装地、小品，也可以有药草园。如果宅基地进深更大的话，可以做更大的庭园或建花房。

即使是很少使用的阳台，也可以把该层的空间向外扩展。对某些公寓住户来讲，螺旋楼梯可以通向屋顶花园。而起居室可以通过挑台、室外坐墙或围合的院子来延伸空间。

室内花园

不论是否利用穹顶窗或天窗，人们都可以将室内花园建成令人愉快、活生生的景点，种植池可以放在落地窗前或位于房子中间光照良好的壁龛下，并垫上防水托盘。循环的喷水池或拍打石头的瀑布会带来美妙的音响和生机。挑窗的前空间可以做成微型温室。

观叶植物

在过去，人们认为观叶植物不能使空气清新，现在人们发现它们似乎有这种作用。来自世界各地盆栽或桶栽的植物形状大小各异。有些植物的枝、叶可供观赏，有些植物的花、果观赏价值很高。选择恰当的标志树可以在墙角形成迎宾氛围，这就是活的雕塑。对于喜欢观察植物动态的人来讲，培育盆栽植物就可以形成城市生活的新天地。

插 花

插花不需过于复杂，花盆或水盆里的一株花，也许，

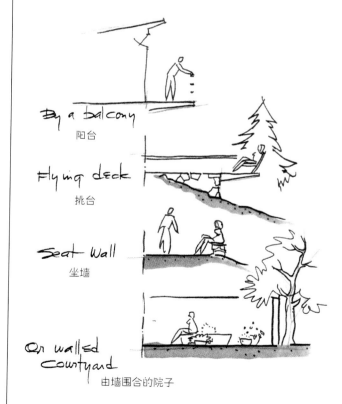

室内空间的延伸
扩展室内空间可以利用室外阳台、挑台、坐墙和由墙围合的院子来实现。

比成丛的花更有效果。也许，人类最高的艺术形式之一就是精心设计的插花，它融合了创作者对自然、哲学和设计的理解。也许一片秋叶、一束海丁草、一盆野草、一条果壳裂开的七叶树树枝，就已足矣。如果没有这些东西的话，从杂货店买来的一篮橘子、柠檬或菠萝，也能将人们的生活与果园、农田联系起来。如果城市住宅中没有大自然的精彩与优雅的话，那这个住宅就是不完美的。

动　物

为什么在中国有些年逾古稀的老人会随身带着篓装的蟋蟀呢？他们也许并没有意识到这是一种人与昆虫王国之间紧密的联系。

在美国的乡村社区，没有必要将蟋蟀放在篓子里，因为在农场和谷仓有许多小动物。这里，随处可见燕子、乌鸦、兔子、浣熊，偶尔还可见到鹿。但是在城市中，我们常常感到与其他动物疏远了。但我们不必为此担心，因为在室内可以有狗、猫、鹦鹉、水箱中的鱼，或是在室外有喂食槽引来的金花鼠、松鼠和毛茸茸的动物朋友，这一切就能维系我们与自然的关系，并使我们得到很大满足。

联排住宅

欧洲的城市住宅大部分的墙体都是共用的。美国的城市传统住宅也是如此，如在巴尔的摩、费城、堪萨斯和旧金山，但是由于美国后来有大量来自农村的家庭，他们不愿紧挨着居住，而是要求有更多的呼吸空间，这就引发了一种要在每户之间建一个小院子的潮流。从表面上看，这些窄小院子能提供隐私、光照和空气。但实际上，这类院子常常成为杂乱的室外贮物场或垃圾场。而且也没有什么隐私而言，因为许许多多美国的年轻人和年长者都是通过邻居家的窗户学到了许多有用的东西。

在当代城市中出现了回归到联排住宅的潮流。通常，人们对此采用了新的形式和规划方法。

为什么要"联排"？

为什么要建联排住宅单元呢？首要问题是因为在重新开发的城市中，有限范围内高昂的土地价格会导致更高的居住密度。这种密度只能被多成员家庭所接受。那么，这是否意味着独立住宅不会在城市中建设了呢？不，不会这样。由于在更加拥挤的内城，房地产价格很高，所以，只

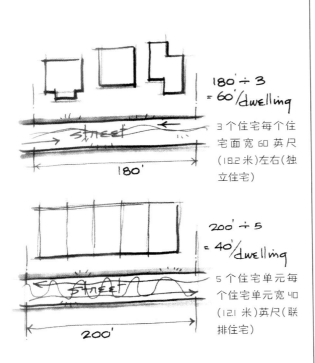

在传统的联排住宅设计中，住宅单元呈直线排列，直接面向临街的噪声和冲突。

$180 \div 3 = 60'/dwelling$

3个住宅每个住宅面宽60英尺（18.2米）左右（独立住宅）

$200' \div 5 = 40'/dwelling$

5个住宅单元每个住宅单元宽40（12.1米）英尺（联排住宅）

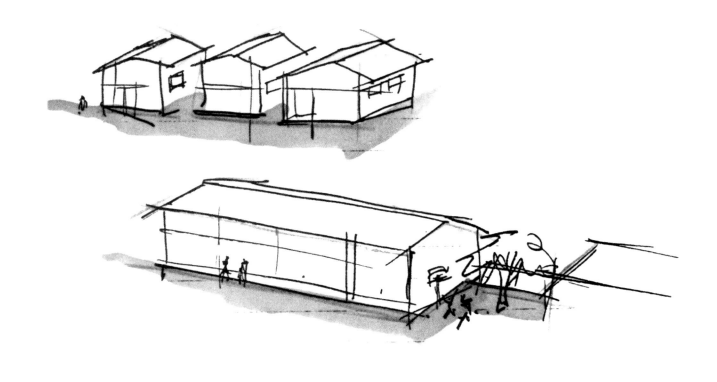

联排住宅和独立住宅
在城市狭窄的地块上，与联排住宅相比，独立住宅会浪费宝贵的空间，私密性也不强，联排住宅旁的侧院可以更好地利用空间。

有多成员家庭用这种联排住宅比较合算。而在重建的外城，因为有新建的开放空间，所以有独立住宅的邻里应该会有其相应的地位和吸引力。

其他优点

  联排住宅除了可以使得每个住宅单元的地价便宜以外，还可以降低建设和维护成本。和独立住宅相比，联排住宅由于共用墙体，每个单元至少有一个或两个外墙变成内墙。联排住宅的屋顶一般都是连续的，刷油漆和其他维修工作可以一次连续施工。而且由于大约仅有一半面积的建筑暴露在外，其相应的制冷和暖气费用也降低了。

而且可以好好利用联排住宅的侧院的空间，也可以多建几个住宅单元，从而降低房屋造价。

缺 点

创新的设计可以减少甚至消除联排住宅的大多数缺点。通过使用隔气层，墙体可以完全隔音。最近出现了一种可以进一步减少噪声的"三明治"技术，目前，同类技术的研究仍在进行。

就隐私而言，人们所知的在古罗马和古希腊盛行的零地界概念，就是完全用墙体围合可以保证私密的室内外生活。

联排住宅公认的缺点是"聚"得过分了点，各种城市住宅的近似性仍然是城市生活的现状。通过组合与共享开放空间，我们可以减轻这种压力。把错用和使用不当的地区变成规划良好的环境，从而提升土地使用率和宜居性。

可替代方案

对一个有3~7个单元的联排住宅来讲，单元外部的规划似乎受到了限制，美国早期的联排住宅，是一个个单调的板块，直接面对狭窄的街道或人行道，通常这种房子有栅栏围合的后院，面对胡同，后院有路，可通向厨房、餐具室和后门。后院的主要功能是服务，有时用来种菜养花，布置草坪或沙坑。满街区到处都是这种模式。

对此，最简单的改进方式就是将联排住宅的单元向前后方移动，打破单调的临街立面，提供更有吸引力的入口空间。

随着大窗户、四季落地窗和室内外生活一体化概念的出现，产生了新的联排住宅规划形式。这导致了前庭院或活动空间的产生，并最终使住宅分解开来围合成各种形式的院子。现在，人们已开始运用墙体围合的概念，将室内外生活空间更好地结合起来。

组 合

由于人们要求更自由、更舒适的生活方式，住宅和相关生活空间自然应该更加紧密地结合在一起。许多新的规划方式已经形成，而且有更多其他的形式还在不断出现。

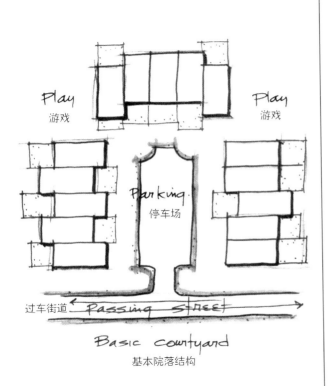

Play
游戏

Play
游戏

Parking
停车场

过车街道 Passing street

Basic courtyard
基本院落结构

在这个基本院落布局中，建筑以围绕街边广场组合，街道上没有停留的汽车，停车很方便，并且每家入口小院植物可以很有吸引力。

住宅单元的组合

呈片断的板式联排住宅过于死板，即使将每块联排住宅做得更加宽敞其效果依然如此。对此处理的方法有三个步骤：第一步就是将住宅单元前后移动，这在建筑立面上会产生凹凸，形成良好的光影来区分每个房子。这样一来，也就在建筑前面创造了小小的种有大树的起居空间，从而令人想起英国的农舍。第二步就是加大建筑凹凸感，形成单个或多个入口院子。最后一步是在某些情况下，抛弃联排住宅线性的平面，各单元虽然相连，但可以随地形和地块形状自由处理。

住宅的组团

联排住宅形成组团是为了更好地适应地形，创造愉快的生活空间。同样，整个住宅组团在城市景观中的安排也更加自由。这种呼声很高的趋势已经通过建筑规范而成为可能。这种规范松动了以前的一种规范，即所有建筑必须直接面对一个公共通行权路。现在许多高级的市区，住宅面对着人行道、院落、公园或其他公共空间。因此，城市生活就变得更加远离噪声、烟尘和交通道路引发的灾害。

当然，这样做也有很好的经济效益。道路及其照明、排水管、设备管网的大量建设费用通常会分摊给临街的建筑。这种额外的费用通常在住宅价格中占很大的比例。相反，将住房面对远离街道的院子，可以使更多的住宅分摊街道的建设费用。

正如大家预料的那样，整体住宅建筑和住宅单元正在趋向于其侧立面和后立面面对交通和停车场而建，并围合成共享的开放空间、入口院子、游戏场和停车场。显然，这些新的开发方式和将来的开发方式给全新的、更好的城市联排住宅的生活带来了光明前途。

叠　加

就像城市住宅和公寓可以在水平方向相连一样，它们通常在垂直方向上呈叠加状态，一个压一个。为什么？这还是因为地价太高所致。

此外，重要的是这种方法可以使每个住宅单元土地占有率变小，建设更多的城镇住房。如果通过开发商的选择或政府规定，将已获土地给共享开放空间的话，多层建筑住宅区就可以建成真正的城市公园。

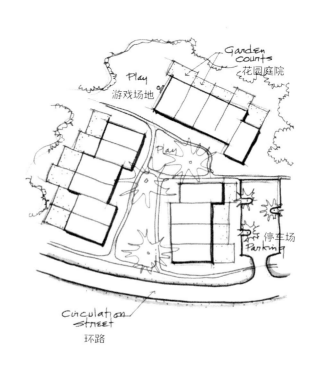

院落布局的多样性

自由布置联排住宅。这种远离街道的居住院落预示着一个更加宜居的城市。

联排住宅院落的演变

直接面向街道的板式联排住宅正在被新型联排住宅取代，这种新型联排住宅围绕着停车场或花园庭院建造，还有安全的游戏场地。减少造价高昂的临街面，可以节省整个支出。这种新式院落布局的形式是不胜枚举的。

On-street living

临街生活

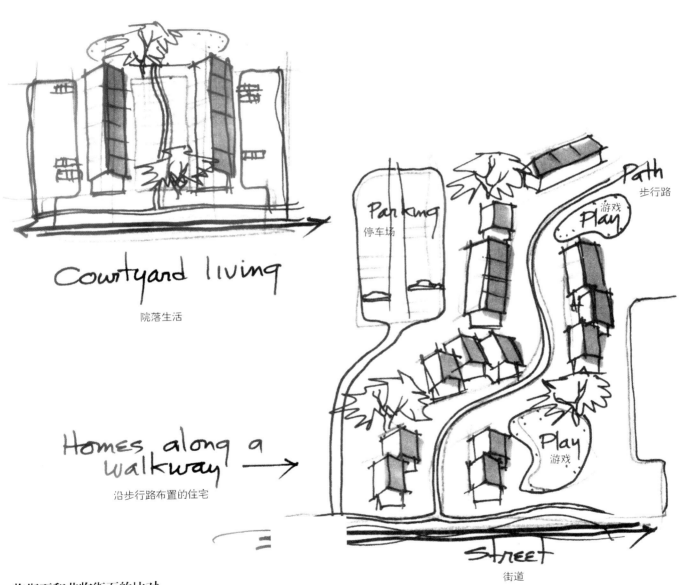

Courtyard living

院落生活

Homes along a
Walkway →

沿步行路布置的住宅

Parking
停车场

Path
步行路

Play
游戏

Play
游戏

Street
街道

临街面和非临街面的比对
住宅的传统布置方式是面向街道。根据先进的规划单元开发
分区法（PUD），住宅可以沿步行路排列，或沿通向学校、公
园或店铺的步行路来布置。

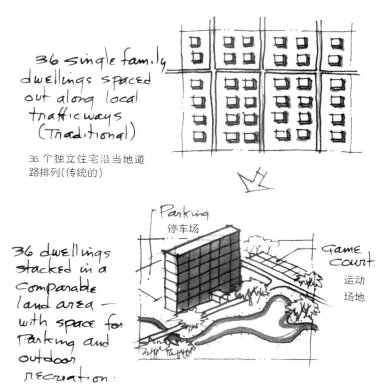

36 single family dwellings spaced out along local trafficways (Traditional)

36 个独立住宅沿当地道路排列(传统的)

Parking
停车场

Game court
运动场地

36 dwellings stacked in a comparable land area — with space for parking and outdoor recreation.

36 个住宅单元叠加在同等面积的区域内——还可以腾出场地可供停车和户外娱乐

叠加产生共享的开放空间
把住宅单元统一到多层建筑中去,居民可以住在一个娱乐公园中——通常还可以节约可观的日常开销。

主题多样化
在过去的几十年里,多层公寓楼的外观和宜居性经历了巨大的变化。公寓楼的规划布局从沿着城市交通线两侧呈规则式分布,转变为丰富美观的建筑组团。

高低错落组合
对于多成员家庭来讲,高层住宅、多层住宅和花园公寓以及联排住宅都很合适。建筑组团中多种形式的组合给潜在的使用者以更多的选择,并给建筑本身增加了趣味性和多样性。低层的单元可直接面对近处景观元素。站在高层的公寓上则可以欣赏远方更为开阔的风景。从高楼看低楼,低楼屋顶处理就显得很重要,低楼的屋顶可以是娱乐场所、"地画"、屋顶花园,或三者的结合。

在我们郊区的独立住宅是为一个家庭设计的,这个家庭是由外出工作的父亲、待在家中做家务的母亲和两个孩子组成。现在的家庭如此之小,以至于孩子和大人都有必要走出家门到社区中与其他家庭交往。这为更高密度的,拥有公共设施的住宅模式提供了充分依据。

高密度并不意味着人们失去了隐私。相反,你可以获得很多,比如,一家店铺、一间咖啡厅、一座美丽的公园和为孩子设置的游戏场地。

克莱瑞·库珀·马库斯

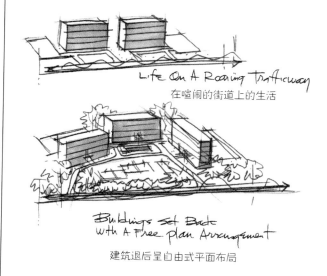

Life On A Roaring Trafficway
在喧闹的街道上的生活

Buildings Set Back with A Free Plan Arrangement
建筑退后呈自由式平面布局

远离街道的公寓组团
公寓楼可以从街边向后退并组合成受人欢迎的、实用的、开放空间。

高层和多层住宅的使用意味着有俯视机会和提高居住密度，以获得有用场地和开放空间。

花园式公寓和联排住宅是多户房屋的集合体，让人们在一个自然的环境中更加亲近树木、水景和大地。

独户城市住宅日渐成为为少数特殊人而设，他们愿意并能够为更多隐私、更大面积和其维护付出更多资金。

那么是什么因素决定理想的这种住宅组团密度呢？主观臆想，或是限定性的分区制都不能决定住宅密度。相反，住宅密度只能因场地而异，而且必须基于对将来可能产生的影响和表现进行研究性评价。前提是这种用地开发模式与当地政府远期规划相一致。合适的住宅密度意味着把建筑综合体或其组成部分协调地融入附近和更广泛的环境中，同时，所有所需的交通改善、市政设施和其他服务在居民入住前应全部到位。最后，最佳住宅密度必须满足审查机构的要求，即规划要代表最高水平的最佳的土地利用，并给社区带来的远期利益远远超过任何的负面压力。

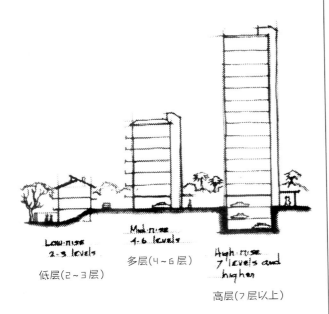

低层(2~3层)

多层(4~6层)

高层(7层以上)

多层建筑形式
低层、多层住宅与大地相连，而高层住宅则与天际线或远景相关。

有孩子的家庭适合在低层而不是高层公寓居住。

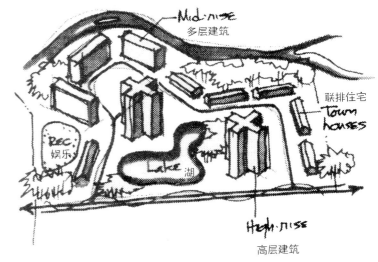

在城市河流或自然保护区的旁边，可采用多种建筑形式

多层建筑

联排住宅

娱乐

湖

高层建筑

高低建筑的错落组合

由统一高度和退红线的建筑组成的单调街道立面正在被更加自由、更令人愉快的公寓布局方式所取代。

空间结合

    规划社区的开发工作鼓励规划师能自由地调整公寓楼，使之面对远离路边的停车场、入口环路或公园。而现状排水线或河道则可以作为线性开放空间专用地，穿插于住宅组团之中。此类相关场地可以归业主委员会所有和管理，或者直接贡献出来作为公共开放空间系统的一部分。可见，通过把未建区整合塑造为相互联系的娱乐的公园般的环境，公寓楼就可以朝向有用和清新的开放空间。

    假如所有市政管网、便利设施、开放空间一应俱全的话，就不会出现住宅密度过高的事情。

    [关于自然] 似乎人们确实想与之再次相连——有一条溪流或有这样一个场所，你可以走到水边或是感受清风拂面……

兰道夫·贺丝达

所有人心中
　　根深蒂固的
　　是一种与生俱来的情感,
　　对于户外……
　　对于泥土,顽石,水
　　和这个地球上的生物。
我们需要接近它们,
　　观察和触摸它们。
我们需要维系
　　与自然那种亲密的关系,
　　生活在自然风景和环境中,
并把自然带入
　　我们的家园和生活之中。

1 城市住宅 The urban dwelling

2 邻 里
The neighborhood

除了可供居住的房子外，城市生活还应该使大家都享受到便利和舒适。比如，杂货市场、药店、理发店、美容店、书摊、花店、餐馆或酒吧。此外，还要有公园，有人们会面和互致问候的空间。有时仅仅是步道边加宽的一个场地，或是大树下的坐凳，就可以起到这样的作用。

在城市茫茫人海中，和谐共存感、认同和被认同感、归属感和分享感都与个人和群体的健康幸福密切相关。如果我们能认同并运用这一真理的话，就会发现其在规划和谐、便利、令人愉快的邻里方面能起到很大作用。

聚 集

那么，什么是邻里呢？实质上，与其说它是一个区域或是一种布局，不如说它是一种感受。邻里就是这样一个地方，大家门挨门，院子靠院子，同处一条街道，彼此之间没有陌生感。那么，从规划角度来说，采取什么措施可以创造和强化这种和谐共存感呢？

消除纠纷

首先，应该尽可能地消除潜在的各家之间产生的麻烦。这方面的问题，可能包括每天出行要穿越别人的领地。或者是按照某家的需要来确定运动场地的位置，却给其他住户带来了烦恼。优秀的邻里规划应该包括建立令人愉快的关系和体验。如果这种规划产生出过多的矛盾或"摩擦"时，就必须重新修改。

引导和谐共存感

从更积极的角度来讲，"邻里感"可以通过提供位置良好的活动场地和相互联系的道路来加强。而且，最重要的是使住宅之间建立良好的关系。凯瑟琳·鲍尔（Catherine Bauer）曾受托分析公共住房的优缺点，她重点研究了住宅组团规模的重要性。她指出从门厅向外张望的儿童一旦发现陌生儿童时，会本能地关上房门。对于作为邻居的青少年而言，同龄的一群彼此互不熟悉的孩子也会产生威胁。甚至对于成人来讲，当他们发现自己的住宅周边有陌生人的时候，他们的内心也会流露出不安甚至恐惧。

凯瑟琳·鲍尔根据自己的发现提出，最有利的住宅组合在数量上应该是 3~12 个，至多 16 个。如果将上述数量内的家庭组合在一起的话，让他们共同享有一个出入口的院子，或其他共同的焦点的话，孩子们则会逐渐相识，知道彼此的名字，男士在相遇时会互致问候并聊上几句。女士则会互通小道消息和食谱。一旦条件合适，友谊便会自然而然地产生。

邻里感

小威廉·H 怀特在他早年关于伊利诺伊公园森林的社会研究工作中给邻里感下了一个最为恰当的定义，他在书中用彩色标记的地图来反映社区中各种聚集活动的数量。研究表明，最好的邻里友谊出现在紧临或靠近的家庭，这些家庭或者是在住宅区道路一侧或两侧，或者围绕着一个共同的聚会地点，或沿着一条共用的道路。几乎没有什么友谊会在后院墙，或是小区路与大路相交的地方产生。友谊也不会跨过许多空地或出现在主要的大道上。友谊形成于人们相遇并相识的地方。

构 成

那么是否有最佳的邻里规模和形状呢？

当学校校车出现的时候，我们才认识到我们需要的平面规划就是围绕小学安排住宅群，并且有到达学校的步行路。在这样的社区里，父母、孩子、年轻人、老人，每天都被吸引在一起，特别是当购物和服务中心也位于或接近于同样的中心开放空间时。

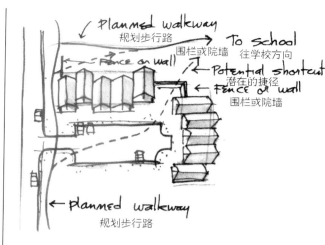

避免潜在的问题
这里的例子避免了两个可能的捷径。

组团与区域
小型邻里组合会使各个家庭之间联系更加紧密。

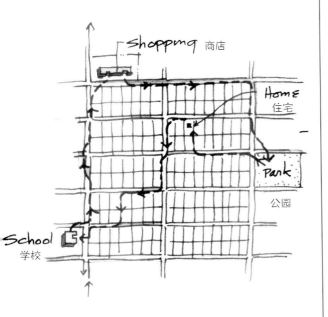

在交通网格上的生活充斥着噪音、烟尘和冲突。从一个街区到另一个街区要经过危险的交叉路口。

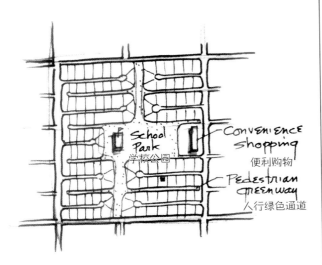

这里，各家各户向内面对人行路、自行车道和公园。对应这种理念可以有无数种形式。

传统生活与没有交通喧扰的生活

先进的居住区规划不仅为邻里提供了便利的机动车通道，还为内部联系设置了无机动车的人行道。

变　量

邻里的大小和布局有许多变量。相互靠近的邻里共同享有学校、娱乐区、便利中心和其他设施。然而，大家都认识到从一开始就应该预先确定边界和缓冲地。这可以利用自然的限制因素做到，比如，利用山脊、深谷、水道、交通线或其他构筑物。每一个邻里应该规划成一个统一的居住整体，并保持平衡。

目前，邻里规划中主要的错误仍然在于利用汽车通道将原来紧凑的布局划分开来。这样一来，人们就会对传统的城市住宅模式感到困惑。这种模式出现在网格道路和高速路分割而形成的单调重复的街区之中。好在我们终于认识到如此单调、迟钝的规划之谬误所在。社区设计成为给居民提供最好的生活经历的手段。这些经历不仅包括没有穿越交通线，而且还包括享受大家共有的娱乐区和自然环境。

至于规模，更小的邻里是由不少于 2~3 个家庭形成的组团。整个邻里规划在面积和人口数量上，要根据人在区内运动的方便程度和人群相互作用的协调性来考虑。其平面形状是由地形、建筑构图和相互联系的路线布局所决定的。不应该预设邻里的最佳规模。

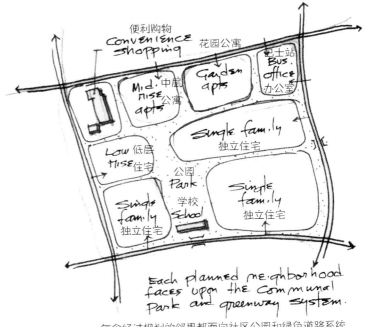

每个经过规划的邻里都面向社区公园和绿色道路系统

分享宜人的环境

众多形形色色的邻里可以分享像学校、游戏场、店铺和就业中心这样的共有设施。车辆通行道和停车场最好设在外围。

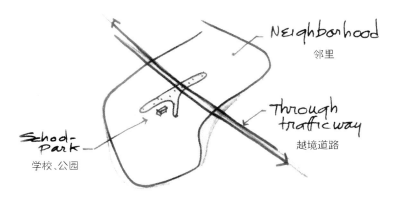

严重错误
绝不要规划一条道路去分裂已经存在的邻里。

机动车通道

车行出入口、行车道、停车场通常布置在邻里的周边区域。当人口密度增加时，如出现多层公寓时，停车场就应设在住房和人行道的下方。不论疏密与否，规划良好的邻里特征就是它们向内或向外都要面对一个安全的、像公园一样的步行区域。在这样的区域里才会产生邻里生活。

场　所

那么友谊是能设计出来的吗？答案是不可能的。但是可以确定的是，有助于人们相识的聚集和会面场所是可以设计出来的。这种场所，可以是大树下的一块铺装场地、供人下棋的桌凳；可以是在学校入口处的坐墙、存车处；也可以是在邻里商店旁边的凉亭或自行车架；还可以是支在建筑墙体上的蓝圈；或是跳房游戏的空间。人们打网球、手球和地滚球时，一个位置良好的球场，可以使原本单调的居住区充满生机。甚至这类场所会鬼使神差般地产生一种聚集感。它们是邻里相互作用的中心——友谊的中心。

规划中的"角色置换"

邻里不仅仅是一种建筑、步行路和停车场的几何布局。邻里的作用不仅仅是有效地利用土地，也不仅仅是将居民与噪音和危险的交通相隔离。简而言之，它应该是一个为人们过上幸福美满生活的，经过很好规划的环境。这包括安全、便利和娱乐方面的考虑。这里应该有属于每个人的东西，这就是"角色置换"发挥作用的地方。实际上，"角色置换"是对城市设计师的要求。"角色置换"是指设计师能够自己扮演成各种可能的居民，从儿童到老人，从

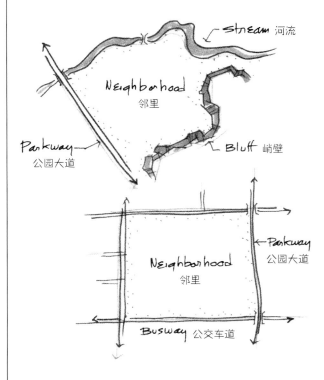

邻里边界
邻里边缘要确定并有缓冲地——如通过自然元素或交通道路来做到这一点。

社区规划意味着创造一个能加强社会接触和团体自豪感的环境。

克莱瑞·库珀·马库斯

创造可以分享户外风景的小花园和舒适的俯瞰场地，使人们更容易邂逅他们的邻居。

珍妮·霍茨·凯

友谊动力场(插图随笔)

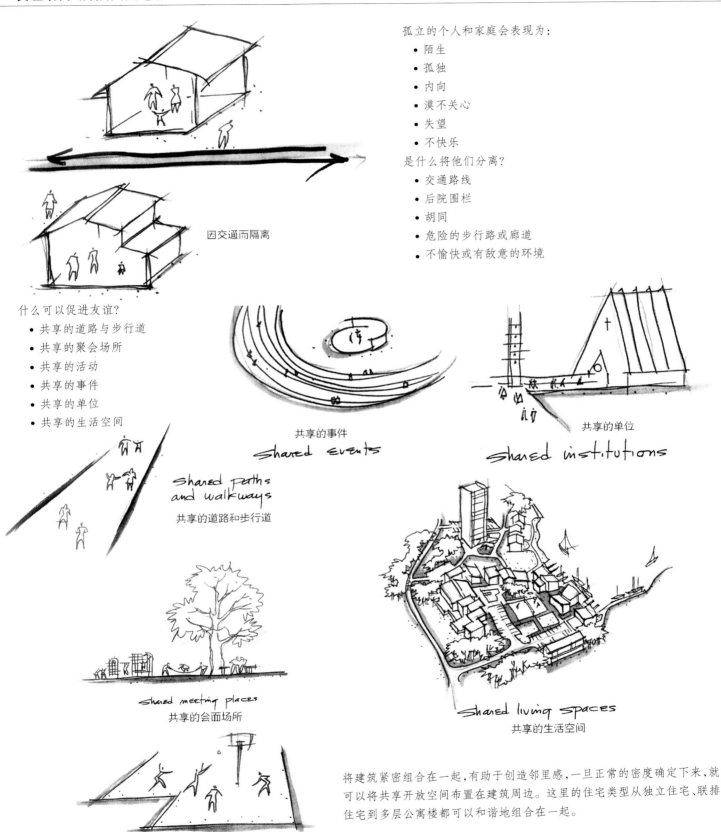

孤立的个人和家庭会表现为:

- 陌生
- 孤独
- 内向
- 漠不关心
- 失望
- 不快乐

是什么将他们分离?

- 交通路线
- 后院围栏
- 胡同
- 危险的步行路或廊道
- 不愉快或有敌意的环境

因交通而隔离

什么可以促进友谊?

- 共享的道路与步行道
- 共享的聚会场所
- 共享的活动
- 共享的事件
- 共享的单位
- 共享的生活空间

共享的事件
shared events

共享的单位
shared institutions

shared paths and walkways
共享的道路和步行道

shared meeting places
共享的会面场所

shared living spaces
共享的生活空间

shared activities 共享的活动

将建筑紧密组合在一起,有助于创造邻里感,一旦正常的密度确定下来,就可以将共享开放空间布置在建筑周边。这里的住宅类型从独立住宅、联排住宅到多层公寓楼都可以和谐地组合在一起。

在规划很好的邻里,友谊往往是自发而成的。

21

单身家庭到大户人家，从隐士到社会活动者，并尽可能为每个人提供机会让他们能做他们最喜欢的那些事情。

诚然，所有未来的居民不可能拥有他们想要的一切。规划师应准备可能性清单，并按优先顺序来作决定。应该将住宅和活动中心的布局放在一块加以综合地研究。每一个中心设计要考虑场地、使用者和预算，从而尽可能地与理想相接近。

由场所进入空间

场所设计要求设计师对空间有所理解，因为所有场所的特点取决于它们的体量特征。将邻里用地转换成空间是有意义的。每个空间小到一个沙坑、一个健身道的站点，大到一个成熟的社区，都要设计成能接受和表达其用途的空间，并按设计师的要求，使之具有所有的移情性、精确性和艺术性。空间取决于其大小、形状、类型以及封闭度、材料、质感、色彩、光线、合理的地坪变化及特性，当然还有符号。适宜居住的邻里很有说服力的标志便是每一个室外空间都能很好地满足其使用要求。

道　路

与场所同样重要的是，邻里道路和内部的交通联系。那么，这些路应该有什么特点呢？

有　效

道路应该给人们提供方便。步行路，就像自行车道和慢跑路一样，应该把人带到他想去的地方，而且要更加直接。如果道路过于弯曲，常会出现捷径。道路的方向和排列必须看起来很有意思——保证明确的点到点连接，在这种路线上要有合理的坡度，避开障碍物，并有利于被横穿的区域和可到达的目标。

安　全

主要交通线最好不在同一平面上交叉。同时，要预防翻车和严重碰撞等不幸事件的发生。路边避免出现幽暗的便于藏匿的地方，并提供符合安全要求的照明。

舒　适

路面的舒适度取决于坡度是否恰当、超车道是否宽敞、路面是否打滑以及道路抵御暴雨、耐高温和抗严寒的强度，

角色置换，再置换，这是所有成功规划的关键。

规划师必须发挥自己的想象，过上那些生活在规划城市中的人们的生活。

今日更多的努力是为了创造场所感。

乔治·皮罗杰

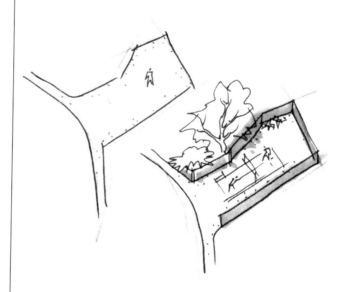

场所变成空间
将二维平地变成三维空间可以达到最佳目的。

在可能的地方，应该尽量用坡道代替台阶，用较长的缓坡代替短的陡坡。设计时要始终考虑残疾人的要求。

愉 快

步行、慢跑和骑自行车的乐趣在于对运动的享受和对于方便到达目的地而获得的满意度，也包括对沿途中所见、所闻、所感而带来的愉快。水平和垂直方向有所变化的运动能强化这种快乐感，比如，轻松地滑行、转圈和下冲。满足感包含人们认为似乎正确的关系和值得到达的目标。快乐是一种兴趣，也是一种幸福感。沿路的行程不能令人厌倦。设计好的道路是值得探索的，而走这样的路则是令人兴奋的。

秩 序

沿着道路产生的线性运动是有秩序的。这是一种由场所到场所、由空间到空间的渐进式的体验——即从明到暗、从旷到幽、从普遍到特殊、从这里到那里。这种全方位的变化包括参与感和成就感。道路的每一部分，就像整个道路一样，也应该有序曲和令人满意的尾声。每一个完整的空间设计不仅应服从于功能，而且还应给那些进入、绕过、穿越这种空间的人们带来趣味和快乐。每一条路是一个故事，一个简单、清晰、优美的故事。

特 征

人们对邻里的好恶感主要取决于它的特征。这个邻里是否与其他的邻里一样？如果它确实与众不同，那么，其不同点是人们所需要的那样吗？好的特征应是一种个性，一种令人欣赏的品质，一种高于常规的特点。那么，什么是可以区分不同邻里的特征呢？

身 份

首先，这个邻里有名字吗？为什么要有名字呢？因为名字包含着一种品位。"小巷"或是"信号山"听起来比"格兰特大街 A 街区"，或西北街区第 44 街 726 号要好一些，院落与广场，甚至游憩场地和小径，都会得益于描述性的专业词汇。这种做法也许有点陈腐，但这是有效地围绕一个共同的主题，为邻里起一系列名字的方法。临水的邻里，可以称之为"航海的"。它也可以隐喻山体、历史内容，或者是自然界的鱼鹰、欧石楠、山楂、铁杉。在运用这一方法时，要适合当地的特点，言之有物，符合其相对

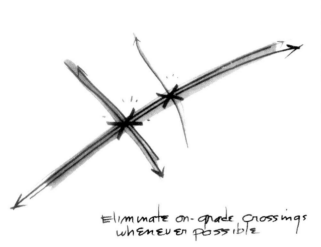

Eliminate on-grade crossings
whenever possible

极力避免道路水平交叉口

人行道—车道交叉口
步行路、慢跑路、自行车路与道路或街道的交叉口是事故多发地。

应的重要性或宏伟性。这种命名增加了一种识别感，也使人们容易认路，并记住方向。

标　志

标志（或标识）对于场所的区分和引导具有重要意义。如果标志破碎、零乱的话，就会引发可怕的混乱。总之，标志越少越好。如果把标志设计成体系，并摆放合理的话，标志就可以成为一个新的吸引点。就表现方法来讲，标志在大小、形状、字体和色彩上要适应于当地特色和功能要求。

场地设施

标识常常可与场地设施相结合，如建筑、凉亭、灯柱、运动场等。在邻里开发中，没有什么比投资配置最高标准的场所设施更明智的选择了。只要拿出建设费用中的一小部分在这方面投资，就可以使人看出什么是好的环境，什么是差的环境。而且，初期在最佳设施方面的花费将大大节省日后维修和更换设施的费用。

熟知风景园林工程的人很早就上过"场地系统"的培训课程。例如，如果没有一种系统化的设计、安装和维护的方案，大学校园很快就会变成一个由各种凳椅、灯具、废物箱、饮水器、标牌甚至排水井杂乱堆积的地方。维修贮藏室堆积了大量昂贵的零部件，而其中大部分永远不会被使用。解决这类问题应将配件、材料、油漆标准化，并使之减少到基本的几种。那么，这基本的几种就成了必需品，同时也有效地节约了开支。

种植设计

在大多数情况下，最佳的种植设计应选择场地上自然生长的植物。显然，这种乡土植物能很好适应不断变化的条件，而且，它能在场地上生长，成为自然景观的一部分。经验证明，乡土植物和其下起伏的地形应该尽可能地保留并保护起来，将建筑和场地围绕这些特征加以调整和改进。如果现有植被和地形遭到干扰，我们就应该使用新的植被和其他所需的植物。如果时间、地点合适，目的明确，种植树木、花草是最好的方法。

种植设计与建立区域的特征密切相关，假定有三个不同的邻里，每一个邻里只种三个树种中的一种，那么，这三个小区的外貌将会有很大的不同。仅仅用这个方法，就可以改变和调整任何场地的特征。由于住房入口的单棵大

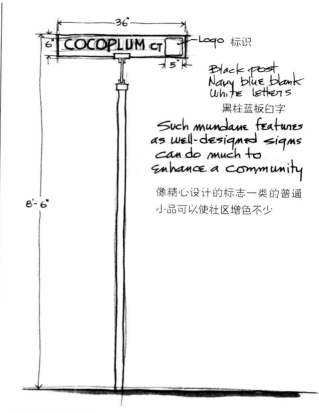

Black post
Navy blue blank
White letters

黑柱蓝板白字

Such mundane features as well-designed signs can do much to enhance a community

像精心设计的标志一类的普通小品可以使社区增色不少

识别性和导向性

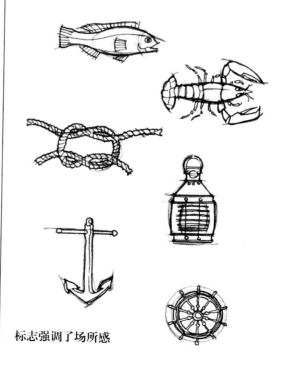

标志强调了场所感

越来越多的地方政府颁布了软硬兼施的政策来保护森林。在辛辛那提,业主可以在城市买下行道树随意使用。

但是,当价格高达几千美元,业主们就会三思是否值得移走这些树木。

研究表明,在绿树夹道的街区房价要比在不毛之地的房价高 21%。

根据加州大学的研究,在一座住宅周围精心种植 3 棵树木可以减少 10%~50%的空调使用。

麦克·莱克塞斯

每个家庭都需要一个容纳植物的空间,每个邻里都需要一座花园。

树在视觉上的重要性远比建筑本身更强,因此,我们在运用植物材料时应该小心谨慎,并加以区分、利用。

有些植物像药草和蔬菜都是可食的植物。有些植物能结坚果和水果,还有些植物的木材、树脂和树皮也可为人类所使用。不论是乡土植物还是外来的观赏植物,其多样化的特征很受人们重视。也许植物最大的作用就是改善气候。在由建筑和铺地形成的区域,如果种上植物,极端的最高气温可以降低华氏 30°。在严冬,植物可以显著缓和凛冽的寒风。

但是,在项目开发过程中,经常出现的问题却是对种植毫不重视,东栽几丛灌木,西栽一棵大树,日后再补种些植物就算完事。或者,由于植物种植施工往往排在施工进度表的最后,一旦工程预算需要削减,最先轮到减少经费的便是种植施工。但是,种植设计根本就不是"园艺欧芹",决不能随意对待这项工作。尽管种植设计内容可以很简洁,但它对所有优秀的园林设计来讲,是必不可少的,它能把建筑、使用区域和场所有机地联系在一起。

氛　围

令人愉快的邻里氛围的特点在于居民对于邻居和生活都很满意。这种氛围可以培养邻里精神和自豪感。这种氛围的营造取决于两方面的因素——优秀的设计和引人入胜的环境,它是一种从健康角度来讲的"干净",即没有污染。在人居环境中所有的不利因素中,污染是最为致命的。污染滋生污染。杂草、废弃物、杂乱、噪音、恶臭和污水都是与令人愉快的居住环境背道而驰的。深受大家欢迎的邻里的特征就是采取任何可能的方式来预防和消除这种环境污染。

邻里情结

许多邻里根本不值得一提。因为它们或是对来龙去脉交代不清,或是确定不了内在的联系。另外,还有一些邻里,人们不知道去哪儿获得信息,也不知道如何才能把事情办妥。

协　会

几乎没有哪一个邻里有自己的经批准的政治组织,并有权收税和发挥政治的力量。然而,我们需要有人来讨论当地出现的问题。研究解决问题的方法,并在同一基础上采取互惠互利的改进措施，户主协会是经过实践检验的一种有效管理机制，其形式则千变万化。

在典型的户主协会中，每家有一票，根据少数服从多数的原则来决策。在某个住宅被卖掉或者被出租之前，土地拥有者对每个居住单元或小地块保留有投票权。为了保持连续性，要起草法律文件和选举官员。户主协会要处理的事情会涉及地方利益。这种事如果交给更高级别的管理层，如自治镇、城市或县，则属于不合法。需要投票决定邻里各种项目的经费来自每年的定额和专用经费。典型的项目包括维修公共区域、安装新的设施、种植花木、申诉、业务通讯和特别事件的发布会。

开会的地方

不论邻里有没有户主协会，在当地的学校或教堂召开邻里会议都是必需的。也许还有许多出于某种理由而召开的规模更小的会议。然而，一个有活力的邻里应该邀请所有居民来开大会。这会令人想起古代城镇的市政厅。在这里每个人都有机会在公开讨论中表达自己的观点，如果这种会议经过由当选官员组成的协会批准召开的话，将会为邻里的秩序和建设性的成果带来更好的机会。

社会学家很早就知道，城市生活中最令人失望和没劲的特点之一就是众多的居民从未被赋予机会来表达他们的观点，或是感到他们的观点和愿望没有发挥作用。在邻里的"小镇会议"上，每个居民都应该有发言的机会。

规划布局

一个人不论住在哪里，只有当他知道自己身处何方，也知道如何到达要去的地方时，他才会感到放心。这就是简单的规划的要点。最佳的邻里布局模式是"脊椎式"、"主环支环式"和"马刺式"。这样就可以让人在短短的行程中，或是走在人流里，或是走在可识别的路上。"脊椎式"和"环式"的布局特点的出现并非偶然。它关乎邻里中心和主题。沿着"脊椎"可以安排一系列会议和活动节点。简言之，这些节点可以表现和容纳居住生活的最佳方面。

邻里的本质在于人们聚在一个健康的、组织良好、既统一而又多样的环境之中。

规划的经济要素

也许可以这样说，在邻里布局规划中只要考量经济要素，就会或多或少地降低宜居性。然而幸运的是，尽管品质有所下降，但往往会节约一大笔费用，同时也可以改善邻里的特征。

临街地带

朝向公共街道的住户，通常必须分摊街道和通行权路内市政设施的建设费用。这些费用不仅包括那些更沉重的高速公路式地铺装、排水设施、照明设施的费用，而且还包括超大的污水管、天然气管和供水管的费用。如果在一定长度内的街道上布置更多的居住单元，可以减少分摊在每户的市政费用。要做到这一点，必须合理地设置街边的院落、住宅组团、环形路和尽端路。

远离街道的市政设施

很久以来，市政设施，如污水、给水、煤气、电力、电讯、管线以及近来出现的电视线，都是布置在街道和通行权路的地面铺装下方。而远离街道的管网则检修方便，不需要在街面上刨挖和封锁交通。在街边或住宅后院地界线外布置电力线和通讯线也很重要，因为在那种位置上，人们不容易发现架空线，也不会干扰行道树的生长，当然就不需将行道树重度修剪来为电力线和通信线开道。通过规划，这种管线通道空间也可以作为相互联系的自行车道和照明良好的邻里步行路。

雨水径流

大多数的地块都有由自然植被保护良好的地表径流通道，如果能够尽可能多地留住地表径流的话，就可以节约大量投资。在植被未遭破坏的地方，住宅组团中的雨水地表径流可以有效地疏导，而不需要建设昂贵的排水系统或采取代价高昂的整地及加固措施。

现状地形

我们应该结合地形来加以规划，用现状地形引导规划。如果选址得当，则居住区的场地几乎不需要通过挖方找坡来对地势加以修改。如果建筑和交通路线与地形相适应，场地的建设费用可以减到最小，风景的特性也就随之保留

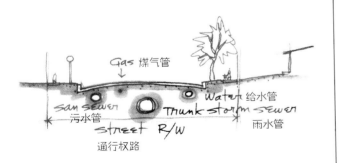

临街的经济性
让住宅紧临主要交通路会提高临街地带的成本，带来灾难和污染。远离街道的住宅组团有许多优点。
临街地带建设成本特别高，每个住宅都要分摊街道路面、道牙、人行道、照明、污水管和大型市政管网的建设费用——这会占去每个家庭 20% 的开支。

2 邻 里 The neighborhood

了下来。

自然风景特色

我们要保护好湿地、草地和丛林。它们的存在和优美的风景就是选址的首要因素。在河道和湖边规划中，要留出足够的缓冲地来保护它们。

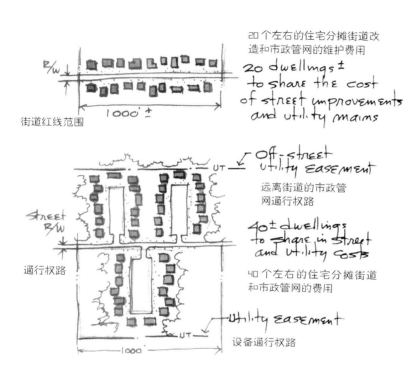

20 个左右的住宅分摊街道改造和市政管网的维护费用

20 dwellings ± to share the cost of street improvements and utility mains

街道红线范围

Off-street utility easement

远离街道的市政管网通行权路

40± dwellings to share in street and utility costs

40 个左右的住宅分摊街道和市政管网的费用

Utility Easement

设备通行权路

节省分摊费

街道路面和地下大规模市政管网的庞大建设费用要由邻近的住户承担。这是一项常常被人们忽略的建房与租房费用的主要组成部分。在一定长度街道内的住户越多，每户承担的费用就越少。

我们应该做到让人们既容易走到草地和丛林的边缘地带，与之融为一体，又能保留住其主要特色。这样做不仅可以减少间伐、排水、挖方和重建地被的费用，可以形成不能复制的、现成的风景。

开放空间

我们要创造邻里的开放空间。甚至在城市邻里改造

临街住户会承担更多的费用，面临一些危险和污染；远离街道的住户生活在花团锦簇的环境中则有更多的优势。

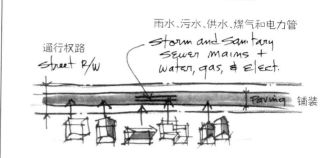

雨水、污水、供水、煤气和电力管

Storm and sanitary sewer mains + water, gas, & elect.

通行权路

street R/W

Paving 铺装

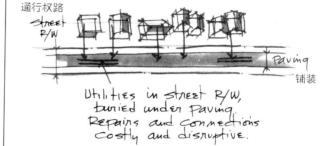

通行权路

street R/W

Paving 铺装

Utilities in street R/W, buried under paving. Repairs and connections costly and disruptive.

通行权路上的市政管网设施埋在铺装下。维修和接管都是耗费昂贵并有破坏性的

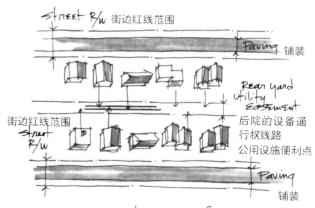

street R/W 街边红线范围

Paving 铺装

Rear yard utility Easement

后院的设备通行权线路
公用设施便利点

街边红线范围

street R/W

Paving 铺装

Easement in rear for utilities, community paths, bikeways, off-street play.

宅后的设备通行权路可以布置市政管网、社区人行道、自行车道和远离街道的游戏场地

市政管网的传统布局与先进布局相比较

中，许多地形元素也可以保留下来，或者恢复并加以利用。在没有破坏的开发区，创造邻里空间环境的可能性更大。我们可以将在图上标出的需要保留下来的元素和区域，结合到开放空间中来，给邻里提供缓冲区、自然排水系统、娱乐场地和相互连接的通道。通过预先规划整个邻里，可以把后期零碎的设计公开听证会和零星的建设费用降至最低。

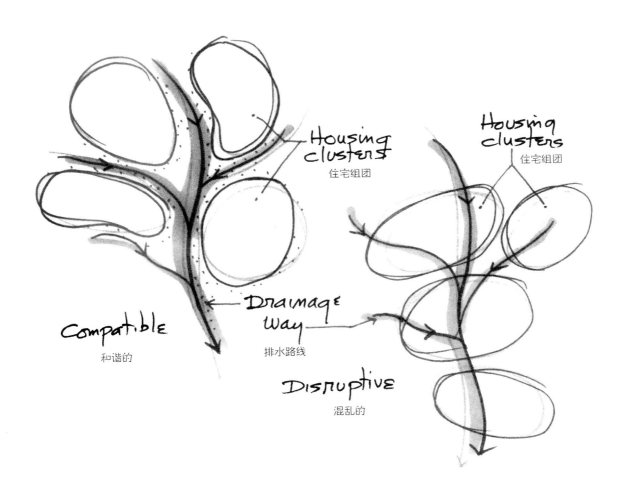

保留排水通道
一旦开发项目阻碍或干扰了雨水自然流动的路线，建设费用的提高和后续的问题就不可避免。

扩　建

在任何分阶段开发的地区，分散开发建设是很不明智的，其总体效率也不高。因为这样一来，为了这些分散的地块，所有的道路和管网都必须建设安装完毕。通常，这就远远大于现状所需的容量，而安装、维修和运行成本都很高。更好的方法是只将建设许可证发给从现有建设地块向外延伸的项目。这样一来，现有的住宅可以免受零散建设项目的干扰，而且整体费用也降低了。

新的邻里

人们对于邻里的看法和感受是不断变化的。其发展趋势在于更轻松、更愉悦、形式更加自由，更加不拘谨，不墨守成规。线性排列的独立住宅和沿街的联排住宅正在让位于自由排列的"豆荚型"组团，即各种大小和形状不同的住宅都围绕着步行空间形成各个组团，其内部有道路相连，而车行路和停车场均在组团的边缘地带。

现在符合模数的预制建筑构件更加轻巧、不很耐久，成本也较低，可以用这些构件组装成罗格式的形体，做成多种立面建筑围绕院子或邻里中心形成封闭和开放空间。在这些微型"村庄院落"中，生活更加有群居的特点。老年人与年轻人在一块生活，富有阶级和中产阶级的人住在一起，居民通常就在住地工作。建筑中可以分隔出小房子作为家庭办公室、音响室、手工艺品店或者作为社区其他服务设施。这样的院落比传统、单独使用的邻里更为完整、更有可持续性，更有创新精神的邻里会安排同一行业的人共同管理，共享所有权，共同管理开放空间、花园、娱乐区。许多人都发现这种院落使用更方便，价格合理，而且更加令人愉快。

在邻里空地中填充或建设可以增加其活力和真正的地产价值。

邻里可以从新老融合之中受益。孤立的老年村——不论如何丰富或完备——只是"甜美的地狱"。只有那些"金色年华"的老人参加社区生活，社区才不会变得无聊乏味。

像丹麦合用住宅这样的例子为邻里引入了新概念，几个家庭可共用厨房、餐厅、育儿设施，甚至日用品。

组团规划就是指在给定的场地上，总数相同的住宅比在传统分区规定的情形下，组合得更加紧密。前提是由此节省的土地要用于社区开放空间或其他设施。布局越紧凑就越可在整地、铺装、公共设施和其他节约更多开支，而且这些开支将由那些潜在的居民分担。这对所有利益相关人都有好处。

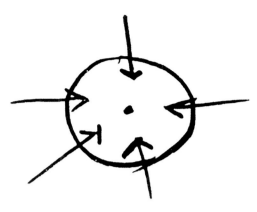

聚集

邻居需要会面和聚会的场所。图中所示就是街区可能
采用的形式之一

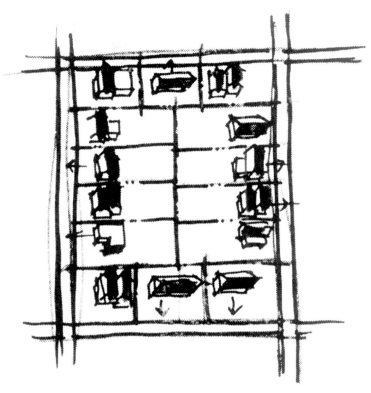

临街住户
被地界隔离
独立维护

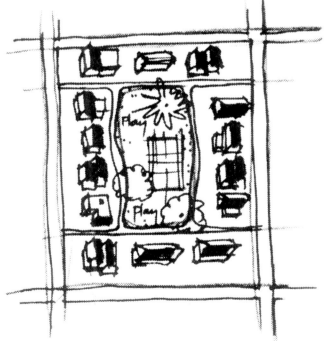

邻居
内向焦点
团体参与

邻里感
共享的空间、道路和焦点，都有助于加强邻里感

3 社 区
Communities

　　关于城市社区这个话题，究竟从何说起呢？因为它们在个性上是如此的不同。许多城市都有各种各样的居住区，如奢华的豪宅，位于山顶的或滨水公寓，还有购物中心旁陈旧的员工宿舍。而在更老的城区，还可以发现同族人的住宅群，如德国人、立陶宛人、波兰人、荷兰人、意大利人和希腊人，近来还出现了东亚人和拉丁美洲人的居住社区。我们应保护这类居住区的生存和发展，并学习其优点。但是实际上，这种令人愉快的小区，却又常常是置身于乏味平庸的城市衰败区中的孤岛。其周边到处都是颓废的廉价房和破旧的贫民窟。

　　在大量难以区分的住宅群中，有的院落或政治区在某些方面像普通社区一样，有学校、商业区、警察局、消防局，有人们常来常往的地段和共同的地标。但在这里社区感消失了。尽管城市问题专家把这种拥挤的地区称赞为充满活力的和激动人心的，但是对大多数住户来讲，这里简直就是生活的地狱——充斥着贫困、疾病、污染、毒品和街头暴力。

　　还有些居住区情况更好些。总的来讲，它们基本不受外界影响，也比较清洁，更加绿色。这些原本是城市边缘的居住区却被向外蔓延的城区所包围。虽然其中有一些保留有少许个性，但是其主要特色都随着破坏性道路的增加和自然环境消失而丧失了，这种自然环境曾经是它们存在的理由。现在，许多衰退的居住区与看起来就像联邦住房管理局最低标准的公寓，以及由网格道路包围的、曾经令人骄傲的独栋房居住区拥挤在一起，现在都变成了配有家具的出租房。窗外的招牌林林总总，有齐特拉琴课程、

33

服装加工、看手相等。大多数必须生活在这里的人都渴望有更好的生活环境。

复 兴

不久前，日益破旧的社区几乎没有希望得以整修。一旦恶化开始，衰退的"病情"就会无情地传播开来。在它身后留下的是曾经更加美好时期的住宅残片和不能更新或重新开发的成片社区。一旦有冒险精神的企业家想在此建新的住房或作为其他用途时，他会希望充分利用这里的地价来建设足够规模的建筑，然而，这时总会有那些不让步的地产拥有者要求巨额赔偿金。结果，投资者不得已将目光放在城市地界外的乡村，从而进一步弱化了城市，并加大了城市蔓延的速度和规模。

更 新

美国人习惯以危机为动力。在过去的几十年里，病态破碎的城市以及住房病的危机急需有一揽子法律层面的"治疗"手段："止血、健身和治疗"三者并用。此外，还要动"外科大手术"。总之，新的治疗措施充满希望。现在大多数城市都通过财政投入来鼓励住房拥有者修缮房屋。政府自助和受助的住房计划已成为积极的力量。团体可以申领低息贷款来为地区发展提高档次。欠税房和闲置房以及其他地产以诱人的条件提供给个人或投资集团来从事更新小区的建设。

在社区衰退之初，其实并不需要采取很多措施来从事更新工作。这些工作可以由邻里协会、市民行动组织、服务和园艺俱乐部，甚至某个具体的领导人来加以实施。有时候，城市管理机构也参与进来，比如，发起街区清洁运动、改变行车路线、街道改造、种树计划或建设街边公园，虽然城市通过"维修"的奖励手段来征用和再销售被弃建筑物，有时也会扭转局势，但是这种工作主要归功于个人的努力和在城市更新开始时出现的优秀范例。

清洁·维修

清洁院子或房产常常会起到表率作用，并在邻里之间、街区之间引发"滚雪球的"效应。由俱乐部、教堂或青年团体资助的邻里和社区清洁运动首先从清除垃圾开始，进而发展到建筑、院子的修整、刷油漆、做窗盒、种树以及

住在社区意味着要为了共同利益而和谐共处。

社区是由在主要活动中心周边聚集的邻里而形成的。

"快速搞定"这种单一目的更新城市的方法将被多种的方法所取代，即受助的邻里自助项目、更新的鼓励措施和支持性的公共设施改进项目。

为鼓励城区更新,降低苛刻的建设标准是有帮助的,也常常是必要的。兼顾新建和改建项目的规范,可以消除主要的障碍。

其他修缮措施。在空地或空墙上篮球板和篮球筐、照明良好的大树下的凳子或是交通岛上的花坛都可以创造一种地方成就感和共享感。城市街道整修和服务的好坏取决于居民的努力。许多市民行动项目开始时规模都很小，如费城街区花园计划和"巴比特同伴"活动，但随后却扩大了，不仅改变了整个社区外观，而且也改变了他们的看法。

更新并不都是要求更换。因为新的东西并不都那么好。东西损坏了是可以修好的。其实，有些弯曲的、凹陷的、褪色的或锈蚀的物体有着独特的美。失修的屋顶或褪色的墙体反而给人以舒适的从属感。就像曾经平坦的铺地被树根或霜冻弄得起伏不平一样，甚至从石缝中长出的苔藓还有一种欣然的情趣。满身结节、姿态的奇特古树比形状对称的幼树更有味道。剪枝和清洁工作也没必要做得太彻底。藤蔓植物和野草根本不需要养护就能生长茂盛，趣味无穷。野生的臭椿、桑树、奥萨橘树，往往会从不起眼的角落里长出来，其枝叶和阴影柔化了景观。

许多独栋住宅和邻里重新获得了新生。复兴项目有时是由外部事件引发的，但更经常的是由热情的领导人把大家的力量凝聚在一块，从而形成复兴任务的队伍。典型的情况就是，大家开小姐会议时热情高涨，并请来专业指导人员，从而启动了项目计划，尽管起初见效很慢，随着时间的推移，几乎毫无例外地，其最终的成就是令人印象深刻而精彩的。

重新开发

一旦社区的衰退扩散开来，就要采取更加强有力的措施，即团结政府和私营企业两方面的力量。通常，州政府授予当地重新开发单位以巨大的权力，该单位可以利用这种权力根据全面复兴的需要来给相关地区重新定位，收购（必要时征用）地产，重新进行街道规划和土地利用规划，并在条件成熟时进行地形改造，铺装新的路面以及安装设备系统。然后这个开发单位将邀请私人开发商，在新社区的框架下，购买经过批准的地块进行不同类型的开发建设。在重新开发计划顺利进行的地区，每个人都会因此而获益。该单位要约见地产承租人并向他们提供必要的社会服务，并给他们提供更多的住房（通常为临时性的）。经过改造的邻里可以为人们提供更高质量的生活品质，开发商也可以从中获利，而市政投资回报则来自土地出售、节省治安与消防开支以及地产税的净增加值。这种重新开发会使整个

也许现在需要的是放弃郊区而抓住旧城本身进行改造，减少汽车，插进更多公园，开设杂货店，将街道改作步行大道，人行道用作游戏场地，甚至要用最传统的方式，即作出一个总体规划。

珍妮·霍茨·凯

3 社 区 Communities

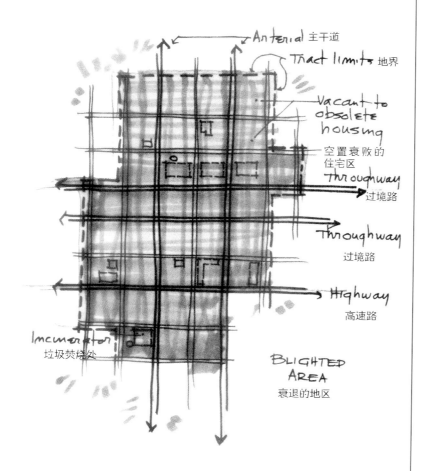

Anterial 主干道
Tract limits 地界
Vacant to obsolete housing
空置衰败的住宅区
Throughway 过境路
Throughway 过境路
Highway 高速路
Incinerator 垃圾焚烧处
BLIGHTED AREA 衰退的地区

衰退的地区

这是个假设的城市地区,因为荒废的住宅、空旷的商店、废弃的工厂和蔓延的破坏而饱受折磨,已经衰败到不能更新的地步。每个城市都有一些这种病态且有传染性的地区,它们出现在城市边缘,并殃及附近地区。这些地区需要分阶段进行城市重新开发工作。这些地区可以使用国家土地证用权购买过来统一改造。因为留下来的居民可购买在其他地段置换的住宅或商业建筑,因此这种场地可以逐步清理。当然,一些需要保留的纪念性建筑和其他特色地段不包括在内。新的社区中心可以通过城市重新开发单位与私营企业共同开发建设。

邻里的更新,始于零星的清洁和改造活动。如有需要就会产生受助的更新计划。接下来,强劲的重新开发工作可以将乱糟糟的邻里改变成新的活力中心。

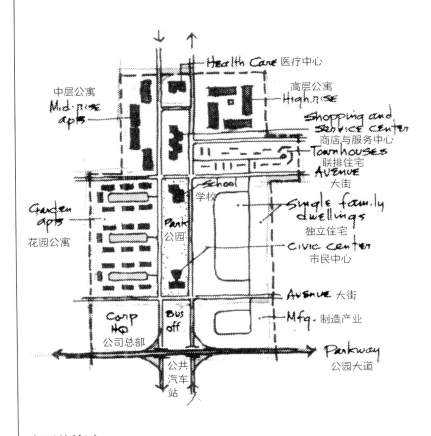

复兴的社区

在这里主要的过境路已经改造，其两侧已没有临街而立的住宅。所有其他道路线已被腾空并重新规划成环路或尽端路。这个集中的多功能中心周边布置购物、商业办公楼、职业或医疗广场，有活动场地的高中以及社区—市民—文化活动区。这样经过重新规划的社区核就能将问题场所变成该地区的财富。

区域受益，因为这是一种唯一的可以让衰退的社区逐步重塑，并进而更新的手段。

中心化

　　社区更新的主要战略是把分散的部件重组到规划好的活动中心来。成功的社区都有明确的目的或主题，如商业、办公或医院设施。典型的做法是，把这些设施和其他支持设施与服务设施，围绕一个中心步行广场布置成组团，快线车或公交车可直接到达这里，周边有许多类型的住房。外环路为汽车离开和停靠提供方便，同时，也是固定的边界来保持该中心的密度和活力。第36页上的图，反映了一

　　今天，我们的目标在于建设更为丰富的多功能的综合体。这不仅包括办公和销售的功能，而且还要全面安排好住宅、商业、市政和单位用地，这些用地要与基于行人体验的更新计划协调发展。

阿兰·华德

3 社 区 Communities

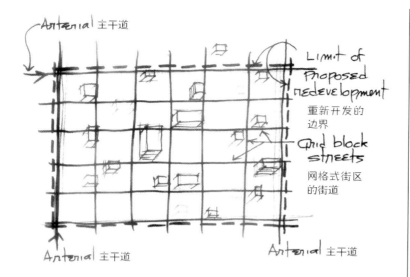

分散的商业设施

在这个再典型不过的实例中,一旦可以拿到一些地块,商业企业就开始遍布于衰退中的邻里。

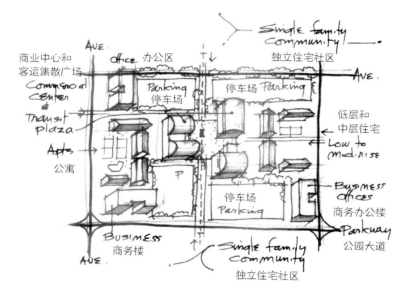

经过规划的商务中心(经过整合的超级街区)

这个新的或是重新开发的组团,围绕交通广场布置,其优点在于便利、集中、统一而又多样化。

个典型的城市状况,办公室和其他商业建筑分散在一个主要是住宅的邻里。这种常见的错置造成许多矛盾。住宅被商场、学校、游戏场分开,商务建筑则位于边缘地带。

通过重新开发,商业及办公功能布置可采取中心化的

郊区在变成小城镇，因为产业正从市中心外迁，出行——上班的模式发生了变化。这就是下一代的小城镇，即蔓延成节点或其他形态的聚合体。

罗杰·特西克

很有必要提出大胆的理念，并愿意为此立场承担风险，进行抗争。

彼得·罗斯查德

要达到某一点，你必须发动整个系统。

理查德·哈斯

你没有必要再建设那种哥特式或乔治亚式的中庭了。现在的那些院落已经保留着宁静而怀旧的美妙空间。你可以在此基础上编织过去，但不能复制。

黛安娜·鲍莫里

有一种很好的设计方式就是，尊重差异，珍惜历史，欣赏技艺和感谢那些先于我们的建造者。

哈利·波特

方法而达最佳状态。而网格街道型住宅区可以用更适合居住的邻里和社区去代替。在这样规划的中心地区，办公楼可以直接与边缘的公园大道、服务设施、便利店以及居住组团相联系。

演 变

规划经过指导的社区或城市才可能是最好的，这绝非空穴来风，因为大多数美国城市的现状是如此糟糕，就是由于没有明确的方向。对此，我们没有任何借口。特别是，因为在未来的20~30年内，美国还要建设或重建与所有现有建筑等量的项目。如果善良的、信任他人的市民知道，他们的领导人已经或者还没有为他们规划出某种未来城市的话，同样都会感到震惊。我们的城市必须依靠明智的领导和科学的长远规划，才能经历一个不断改进的转变，即有秩序的演变。

归属感

但凡更加成功的邻里和社区中心，不论是新建或是更新，都有许多共同的特点。其重要的第一步，是大力疏导交通——在居住组团、办公区、商业区旁边或是人们步行容易到达场地或地下安排充足的停车场或多层车库。改造方法就是用各种步行道、通路和院落将街区整合成步行区。诱人的小品、灯具和图片更增添其魅力，此外，还有雕塑、展示、旗杆、旗帜，甚至偶尔能触摸到的风铃、挂饰和悬挂的花篮，都会让人驻足观赏。

复活的老建筑，再次给人以场所亲和力。这些多年的老建筑令人肃然起敬，具有难以复制的内在活力。也许，三角屋顶、华丽的檐口、生锈的铁栏杆、精致的大门、长满绿锈的铜灯与灯柱，都可以令人想起另一个时代和另一种生活方式，如华盛顿的乔治镇、圣奥古斯汀的老街区、圣安东尼奥的传统河边步道或新奥尔良的波本街道环境，很少有新的场所能有如此迷人的魅力。

而新与旧结合的范例当属蒙特利尔市壮丽的老城区。"传统城市"最好的特色仍然存在，并没被清除或玷污。而且恰恰相反，新的高层商住楼把老城区烘托得更好，这些新建筑巧妙地结合进人们熟悉的街道和活动区，并织入城市的肌理。上班族和居民白天出入于新建筑，夜晚则享受着美好生活和热闹的环境，正是这种新与旧的协调，才能使社区如此令人惬意。

历史性的地标、令人喜爱的会面场所，甚至古老街道的名称都要尽可能地保留下来，以维系人们熟悉的邻里联系。尽管为了统一的主题，需要使用相同的建筑材料、铺装、色彩、标识和符号，但是每个区还应该保留自己的特点。

最重要的一点就是创造不受干扰、令人愉快的序列体验，即当人们在步行路和场地行走时，不受交通不畅和道路交叉口干扰，不受闯在同一地面上的货车干扰，不受银行和办公楼卖弄的立面干扰——这种立面已经取消了在建筑首层长长的商品橱窗。社区中心只有在像岛屿一样的步行天地里，才可以让人们完全享受和充分体验社区中心所带来的活力。

网格街道病

当我们在研究重新开发邻里或社区时，首先要考虑的就是或者在网格街道的限制和障碍中来开展工作，或者是对其进行改动。最好完整地保留现有的网格街区，只对街道进行小规模地改造。而对两个或两个以上的街区则可以重新规划为具有许多优点的超级街区。在很多情况下，当一个大型社区需要拆除和重建时，首先就要制定新的土地和交通规划。"为什么呢？"也许有人会问。"网格有什么错吗？很多人都是在街边的房子里长大的，他们似乎都喜欢这种网格。"

显然，很多沿街居住的人是以怀旧的心态来回忆往事的。房子旁的街道和人行路总有很多有趣的事情发生。像晚餐后遇到邻里的孩子跳绳、跳方格，感受和聆听旱冰鞋的声音，躲闪踏板车的追逐，还有第一次上路骑自行车时的那种快乐。

但是，也有人会记得小艾米丽和坐在婴儿车里的妹妹遇到的事；托尼追球时，球夹在了行驶的汽车中间；或是一位白发邻居老人想去买 500 毫升牛奶，可是原来的那家商店都不知去向了。

大多数街边发生的事情也只能在有街边的地方发生，比如游戏场或去学校的自行车道就在路边。尽管街边的生活仍然是众多家庭的生活内容，但是，许多人会发现，事情可以变得更好。就日常生活、安全、交通量或从纯经济的角度来讲，自从有了马和马车以后，网格型的邻里就不再有什么意义了。

每条机动车道都是夺命线。

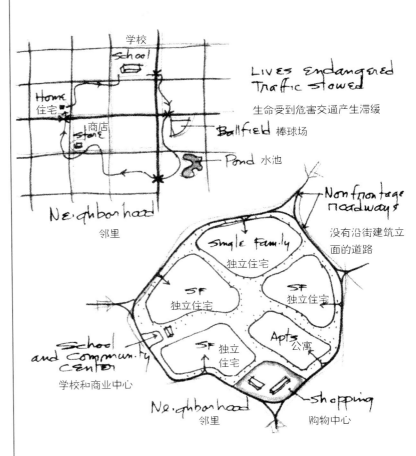

街道的交叉口或是穿过公园的步行道
网格型街道的交叉口会使人丧命或残废。超级街区和经过规划的社区可以消除这种危险。

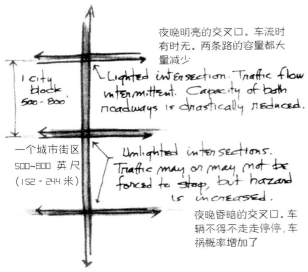

完败的城市交通
很难想象还会有比这种貌似便利的网格更危险、更低效的街道模式和交通图。

适宜性

　　那么在什么时候，这种网格才更为合适呢？在许多情况下，对于已经存在的网络街区及其相关建筑绝不能在短期内把它变成另一种街区布局。在这里的改造和修缮工作可以缓解其过于严谨的状态，减少汽车和人流之间的矛盾。要尽可能拦住过境汽车，并使其绕行。同时要把街道变窄，拓宽步行道，方便布置街道设施和植物。这对住宅和商业区都是有利的。

此外，网格型街道很适合土地相对平缓的地方，这里也没有妨碍几何构图的景观。如果采用这种布局的话，其主导要素就是条形或矩形地块的大小，这种地块可以最好地容纳各种规划的土地，减少道路交叉口数量，避免单调。

这种几何型网格在以建筑为主要特征的街区更为有效。因为建筑物通常是直线的。在街区或超级街区足够大的地方可以在路边布置需要临街亮相的建筑。而住宅、步行活动、场地和内部通道则可以内向围绕园林庭院来布置。

弯路

弯曲的道路通常出现在城市中地形有变化或不规则的地区。如果把严谨的网格路网加在地形起伏不大的土地上，不仅会妨碍风景的多样性，而且还会大大增加在雨水、污水系统和土方工程上的投资。地形变化越大，造价就越高。

在校园或社区规划中采用平面上自由弯曲、纵向上随地形起伏的道路，既不会严重破坏景观，同时也很经济。这种弯曲的道路，不仅能展示最佳的景色，还可以为该区域提供最适合的建设场地。这种曲路非常符合大家所渴望的自由与自然的氛围。在丰富多样化的风景基底上叠加，网格型的街道或道路模式将遭到诅咒。

网格型街区住宅的改进

网格型街区的住宅面朝交通大道，彼此之间背靠背或背对着小胡同。在这里几乎没有什么宝贵的生活空间，因为邻里的面积有一半是被铺装路面和停车场占用的，而建筑又占据了大部分其他面积。由于空间越来越拥挤，这样的邻里最终会走向衰退。然而，我们还有很多提高宜居性的可行措施，甚至能够扭转这种颓势。

封闭街道

临时封闭街道会产生长远的影响，这种临时封闭可能是因为热心的人们安排了仲夏的街区晚会，也可能是因为某一种族的人举办节庆活动。城市管理部门会允许这样的活动，并设临时路障。美好的愿望和精神使大家都意识到，没有交通干扰的生活该有多美好，进而人们最初的一些要求就可能变成请求永远关闭街道，将其改成步行街。

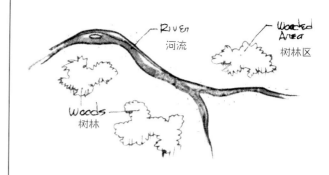

自然场地
自然风景环境是和谐均衡的。根据它的特点进行保留和规划，从各方面来讲都是会令人满意的。

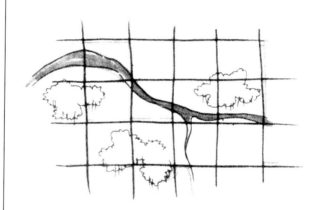

叠加上的网格型街道
叠加的网格型街道破坏了场地的自然特性。整地、排水和建设费用也都会过大。

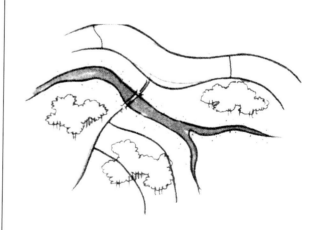

布置弯路
曲线形的街道随地形起伏，保留了地形特征，并以更少的代价提供了更多的宜居性。

如果可以将街道变成一个真正的空间，那么关于社区的本质这一幕，比起你可以做的其他事，你会有更多的要说。

邦妮·费舍

校园是美国的发明。它打破了建筑和风景之间的平衡。从某种意义上说，那儿的建筑就是为形成空间而设。

黛安娜·鲍莫里

索尔斯伯利(英格兰)古城平面布局以"西洋棋盘"为特征，或者说它有着大型的、命名的、直线型街区，其中，住宅、店铺、小路和开放空间随意安排。

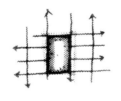

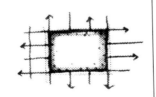

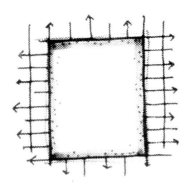

创造超级街区（通过封闭街道）
超级街区可以通过先进的规划或封闭街道来创造。

重新设线

在典型的网格型街道系统中，几乎没有司机愿意沿着网格驾车，匆忙中他们只走"之"字捷径。因此，封闭被选中的某段街道不会产生什么负面影响——除了让司机多花几分钟以外。事实上，这会鼓励穿行该地区司机绕过当地居住区，而行驶在主干道上。因此，每个封闭的街区可以消除越境交通，给邻里以林荫开放空间、安全的娱乐区和本区的停车场。

封　闭

封闭街道可以采取以下几种办法，如把建筑、公园、广场设在路上，同时开辟绕行路。通过取消捷径，将原来的过境路降级为区内路，这样一来，一个全新的场所感就产生了。

超级街区

对于很麻烦的、穿越力很强的现有街道的网格结构，城市设计师必须探索各种解决问题的办法。一个被证明为行之有效的方法就是创造超级街区。可以把两个或两个以上独立街区组合成一个更大的校园式的岛。保留并拓展现有建筑或其他设施的最好特征，并制订这个新组团的规划，配置停车湾、停车场和开放空间，从而使其变得完善起来。

这种"校园规划"可以将城市网格型街区变成更大的超级街区，也可以通过更大规模的重新开发来实施。这种"校园规划"与"腾出城市"密切相关，"校园规划"可以提出比常规的、严谨的临街布置更为轻松的方案。为了保护最好的景观特征，建筑物可以成组、成团地布置在步行空间的内外。该区的进出车道和停车场布置在小区外侧。甚至最小的有着同样或更大建筑密度的场地，也可做成一个花园式公园。

拓宽廊道

即使在旧网格的限制下，我们也可以创造出新的、更加自由的交通模式并改善道路用地之间的关系。通过扩大通行权路，可以软化严谨的网格型街道并消除许多交叉路口。但是，街区其余被占据的空间怎么办？这难道不是浪费有价值的开放空间吗？不。首先，交叉路口腾出的土地作为通行权路的面积远小于街区的面积。同时，这些拓宽廊道里道路两侧的开放空间可以布置雨水资源管理的洼地

3 社　区　Communities

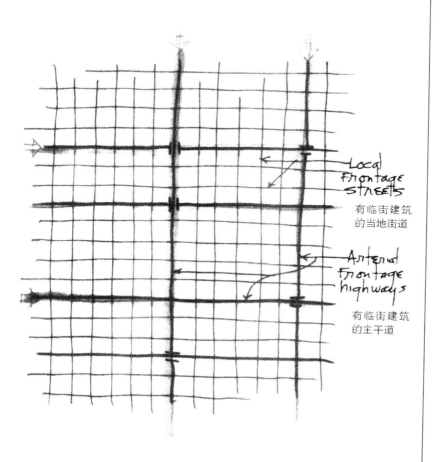

Local Frontage Streets

有临街建筑
的当地街道

Arterial Frontage highways

有临街建筑
的主干道

网格街道的生活

这是大多数美国城市旧城区典型的土地使用模式,在这样喧闹的交通道路上的生活,一点儿都不值得推荐。

和水池、种树的土丘、自行车道、步行道、慢跑路、游戏场和其他娱乐设施。

通过采用先进的、不断发展的规划,市政当局可以用概念图来展示渐近的方案,即把交通、社区和城市本身整合在一起,并分期实施。

重新设计交通线路

交通线路是可以变化的。有时,可以在平地上的现有网格模式中,把双向路改成单向路,从而会加快交通流量,减少边缘矛盾。而且,在当地街道网络中不应该鼓

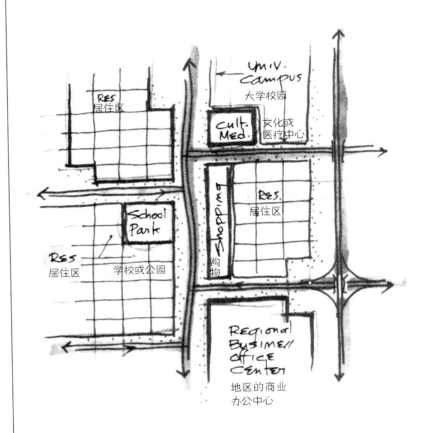

经过改造的城市地区（分期重新开发）
这里，通过腾空典型衰退的街区，将网格模式转变成超级街区，用拓宽的且没有临街建筑的公园大道将邻里统一起来，每个邻里又有自己内部的道路。

励越境交通，要将这种越境交通转到附近交通干道上，这可以通过降低行车限速、安装信号装置、重新设计或封路而实现。

改善路线

　　在设计上改善交通的方法是，通过修改交叉路口、增加弯路或重新排线。全面的邻里重新开发和全新社区规划的可能性是无限的。经过重新选址，交通路线可以沿着山谷、水边和其他景观元素，采取自由的形式，可以让车辆绕行，而不是穿越密集的居住、商业或文化中心。为

拓宽高速路是对村庄和小城镇的破坏。更好的方式是将高速路弯曲、绕行，并有方便的上下通行路与村庄和小城镇道路相连。

把交通留在新的郊区项目的街道上，并不是解决交通问题的目标。

乔治·皮罗杰

3 社　区 Communities

了安全行车和乘客愉快，可以通过设计限制公园大道的连接路。

规划社区

通常，全新社区的产生是城市重构工作的一部分。一旦选址与资源和需求关系良好，一旦规划与交通模式和客运线路相结合，新社区就可以正式"腾空"过分拥挤的老城区。新社区可以分期分批地建设，从而把老的网格城市的局部变成更加理想的适合当代生活的场所。

新社区

近来，我们发现"规划社区"很有前景。它们与普通的社区相比最大的不同在于从一开始这种社区是作为功能体来计划和设计的。其目标是在一定范围内为一定数量的住户提供尽可能优质的生活环境。有些规划社区在中心城内部或附近，其特点是完全城市化的。一些低密度的规划社区处在边缘地带，不论哪种情况，社区最终的人口要在一定范围内预先确定并实施分期入住，从而满足要求和土地的承载力。

这种规划社区，适应于自然景观特征。其设计达到节水节能。其规划采用高低建筑的组合形成多种建筑形式，提高了土地利用率，同时又保护了大块的开放空间。规划社区的周边建有自己的学校、商业中心和产业园，还有内部的步行道、自行车道和娱乐系统。规划社区比常规的网格型街道社区更有优势，因此，有不少城区都在按照这种新的模式拆除重建。

土地友好型社区

尽管许多新建社区主要目的在于建造更令人满意的住宅，但是，由于同时引起大家对大规模土地开发的关注，这种社区也产生了好的副作用。例如，20世纪30年代的绿带社区，是由投资机构和规划师有意而为之的作品，即把统一的、完整的住宅和谐地融入自然风景。在他们的引领下，其后还有很多机构和规划师在这方面继续做出了贡献。这种社区的宜居性、可持续性和投资回报的好处令人信服，以至于有知识的地主和代理商也加入到规划过程中来。

如果我们创造出酷似费城市中心区那样的网格型街区的物质环境的话，我们真的希望20年后它们可以不再像费城市中心区那样发挥作用吗？

里维斯·D·霍普金斯

……要寻找一种秩序，就要把有关成分打散重组，然后，以一种有趣的新方式组合。

威廉姆·约翰逊

[关于社区规划]你必须做的就是要找出你乐于做的事情，然后打造出你乐于做这些事情的场所。

伊外蒂·梅勒，6岁

承载力是自然或人工系统如高速公路、市政设施或公共学校的一种能力，即维持住给定人口的需求而不退化。

……公共空间将变成形体的源泉……令我有这种思考的原因是：人们对于聚集、社交、讨论、购物等公共空间重要性的敏感程度在增加。

彼得·雅各布

我们塑造社区，然后社区反过来塑造我们。

自由形式与网格式社区(插图随笔)

大部分美国社区长期以来一直呈网格状。在汽车到来之前,这是有意义的,如果地势平坦或略有起伏,也没有特别需要避开或保护的风景。

但是汽车出现后,网格型街区众多的"慢行"交叉口对车辆交通来说,是低效率的。对儿童、老人和其他居民来说,棋盘式道路过多的交叉点也是令人苦恼和危险的,甚至是致命的。

最近,许多规划社区证明还有一种更适于居住和行车的模式。这两个对比图只是一种假想。

网格型街区的生活

网格型街区的生活

典型的城市网格型街道社区几乎没有什么优点可言。

- 住宅和学校直接面向交通繁忙的街道。
- 开车者和步行者都行速缓慢,并且在每个交叉口都面临着危险。
- 独立住宅占去了过多土地,给开放空间、娱乐或自然元素几乎没有留下任何余地。

自由布局的社区

新型或重新开发的社区有多住户住宅楼,在相同大小的土地面积上,可以为更多的人提供更好的生活方式。

- 车辆和步行交通都更自由、更安全。
- 独立住宅组团、联排住宅和公寓大厦并不拥挤,它们可容纳下2~10倍原有独立住宅邻里的住户。
- 学校、商店和所有邻里都可以与公园里的道路和夜晚明亮的交叉路口连接。

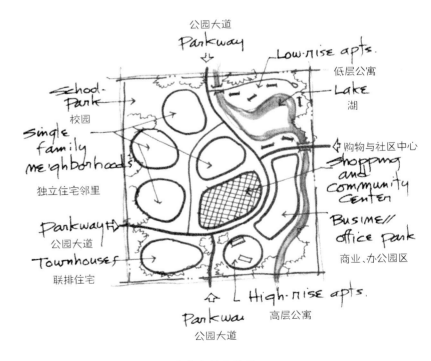

自由布局的社区

保留、保护和开发方法（PCD方法）

　　对于新社区候选场地的勘察工作应该井然有序。规划师可以采取空中及其他勘察方式，具体主要是通过飞机、汽车，特别是步行的方式加以考察，从而划出大致的保留、保护和潜在的开发范围。

　　保留方案要包括具有很高生态和风景价值的土地、湿地和水面。人们最关心的是运行中的自然系统的组成部分，比如，山丘、潮水湾、湿地、溪流或其他水体。保留方案还要标出特别肥沃的土壤、独特或主要的植被、标本树、美丽的灌木丛或其他风景优美的东西。此外，还要包括重要的考古挖掘地和历史性地标。所有这一切都必须保留下来而不受侵扰。

　　在保留区的周边，就是保护地带，这里也要标示一些虽没有保留价值，但也有特色的内容。这些过渡性缓冲带可以有小径、自行车道，公园大道，也可以是社区开放空间的边缘。这些增加的功能是相互和谐的，而且不需要对其风景特征做大的改变。这一点至关重要。

　　最后要标出最不敏感的、生产力最低的地区，这种地区通常为台地，可以划分为适合间伐、塑造地形和开发的用地。

　　这种PCD基本模式是自成系统的。用PCD法把土地分类的策略不仅适应于未受干扰的、自然的台地，而且也适应于高度城市化地区的重新开发项目。在没有使用PCD法的地区可以据此创造或再造。

环境保护

　　现在，关于环境和保护环境必要性的话题越来越多。环境中所有动植物和有机物都互相依赖。最终大家认识到这样一个事实，我们都共享并贡献于生命自生、自持的生物圈，我们都是在大自然中同呼吸共命运的居住者，我们都在这里。我们开始认识到，作为人，我们生来就没有权力去污染空气、砍伐森林、排干河流、降低地下水位和污染大海。

　　我们放肆无情的破坏活动在城市地区表现最为明显。那里几乎没有留下自然风光，也没有我们最喜欢的树丛和湿地。没有喷泉，没有水池，甚至那些山体也被推平，堵塞了水道和排水沟。我们的城市正在无情地扩张，似乎要吞噬越来越多的乡村。这是不是为时已晚了呢？不，这还不太晚。

　　只有当规划部门在墙上挂出变成概括性的PCD图（土地将来用途）的时候，它才能作为规划的有效依据。

　　生物群落由植物、动物和微生物的自然联系构成，它们之间互相依存。

　　土地利用如果倾向于保护生物群落的完整、稳定和美丽那就是正确的。否则就是错误的。

　　　　　　　　　　　　　　　阿尔多·利奥波德

城市地区是生态学试验的验证场所。

里奇·帕里斯

当城市风景的结构和形式符合自然进程时，城市的功能性和可持续性会发挥得更好。

安妮·威斯顿·斯伯恩

在人类行为领域依次有三个道德标准。第一是个人之间的关系；第二是仍在发展的个人与社会的关系；第三是人们重新发现的与生俱来的土地道德标准——人们依附于它，也有责任保护这片人类的栖息地。

人类对生态系统的影响呈小量递增之势，因此，仔细监控是至关重要的。

黛安妮·王

环境保护要做到有意义，就需要一套监测系统。每个地区都需要有监测站构成的网络系统来记录不同类型的使用和开发所造成的影响数据。这些信息可以在资源和水平超出限度前给我们以警告。

解决任何问题的方法是，必须先承认它的存在。现在，全世界首次认识到急需为所有生物保护并恢复更加健康的生存环境，我们把它称之为"新生态意识"。

早在 1864 年，乔治·帕金斯·马舍（George Perkins Marsh）在其经典著作《人与自然》一书中，首次警告我们人类愚蠢的破坏性活动"是粗鲁的"，（人类）要关注干扰有机、无机世界自发过程的所有行为；强调恢复受干扰的协调的世界以及从物质上改善被浪费的、被耗干的地区的重要性和可能性。

后来，他继续坚持己见，并证明了人对自然法则的破坏会有灾难性的反应。但从长远来看，如果有机会的话，自然是可以自愈和宽容的。我们已经了解到充满希望的经验教训和真理。尘暴区可以稳固。流域可以复绿，泉水可以重又流出，溪流可以恢复到原先的状态。退化的农田可以恢复生产力，贫瘠的城市可以在开放的空间环境中重新塑造并重建，成为繁荣的中心。

为了做好保护和改造工作，我们必须从现有条件开始，必须考虑问题和可能性，必须制定计划，并为城市更好地发展以及最好的实现它做出规划。我们必须监测并公开进展的结果，以作为城市重要的建设成就。

假如"奄奄一息"的伊利湖可以苏醒的话，假如曾经是地狱般的匹兹堡能复兴的话，假如蔓延的芝加哥可以在 100 平方英里（259 平方公里）新的森林保护区重新改造的话，那么每一个城市都有希望和美好的前景。

现在还为时不晚。

保护运动

如果没有"环境保护主义者"，我们几乎就不会在公共领域有什么州立或国家公园、野生动物保护区、自然的河流、湖泊或海岸，甚至也不会有受到威胁的自我维护的湿地。如果没有莫尔斯、卡哈斯、平考斯和泰德·罗斯福，我们的城市和城镇会"漏出来"渗透到乡间和荒野，甚至到最偏僻的山脉和林谷。如果没有保护，我们将会过度地放牧、伐树、钻探石油、开采天然气和挖矿。

如果没有保护的传统和力量，我们城市的大部分将会是贫瘠的砖与混凝土的延伸——没有山体、溪流或受到保护的开放空间。就像《圣经》中预言的那样，早期的保护主义者，狂热于正直的决心和有说服力的主张。对于他们，美国人民心存感激。

为什么现在在许多地方，社会的各阶层，对当地的保护团体并不那么尊敬呢？因为在公共会议和听证会上，这些团体通常被认为是吵闹、不进取、没有变化、阻止进步的小团体。因为在受尊敬的保护主义大旗之下，他们常常为了个人目的的，而不是为了公众利益进行纷争。人们对他们产生的这种感受妨碍了真正的保护事业的发展。

另外，有些名声很好的保护团体在不知不觉中给他们正在寻求保护的、不可修复的土地造成了不可弥补的伤害。通过采用"封锁和拖延"战术，他们强迫土地拥有者零零碎碎地卖掉土地，而不做一个全面的规划。结果就出现了更高的建筑密度、飞快的建设速度和生态上的灾难。而更好的方式是要鼓励在这类土地的长期规划中的互相合作，共同收益。

辽阔大地的综合规划要服从于严格的环境控制措施、环境法规和环境影响分析。这种规划要求留出并保护自然系统，如山丘、重要林地、水道、水体、湿地，把它们作为社区的主要财富。这是唯一的不用征地、而把大自然赋予我们的土地永久维系下去的手段。

真正的保护主义者了解到要想获得持续努力的成功，就必须更积极地参与区域规划的过程。在这个过程中，他们的专业技术将受到欢迎，并得到应用。他们可以支持，并帮助确定实施保护区域内最好的自然和历史资源，同时可以帮助制定更协调利用周边土地的质量标准。

社区组成部分

简而言之，土地利用规划就是在合适的地方给每个社区功能或组成单元分配一块大小和形状合适的土地。当然，此类地区大多位于要开发的区域内。在初期阶段，地块的形状是概括的或是呈团块的，同时它们彼此之间关系最好，并且与地形关系相协调。这是一个不断地为了获得更佳效果的试错过程，最终会找到最佳的答案。

交　通

与此同时，在划分土地利用地块时，要确定如何把这些地块互相联系起来。因此要设定车行路线，这些路有的在平地，有的在半地下或地下，有的要抬高，还有的要架空。通常，他们的通行权路能够满足雨水管、污水管和公共设备管网的布置。此外还要设置尺度上更小，但却是很重要的，步行道、自行车道和小型电车道。还要在湖面或河道开辟游船路线，作为交通规划的一部分。这里关键要把每个交通路线与其他所有路线和土地利用规划相

开发对决资源保护是这个国家当今一个重要的议题。

丹尼埃尔·韦斯罗

开明的保护可以在为后代保护和保留自然资源的同时，让人们明智使用并享受自然资源的乐趣。

可持续发展意味着在有生命的风景中每一次改造或开发都不会对自然系统造成长期的、重大的负面影响。广义上说，可持续发展涉及面更广，包括污染控制、再生循环、土地改良、区域规划和资源管理。

保护运动，只有当它是正面的并富有活力时才会成功。而在一个富有活力的社会中，如果只求稳定或满足于现状则会导致保护运动的失败。

  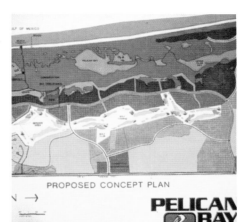

Johnson Jobnson & Roy   *EPD*

                    Oehme,van sweden & Assoc.   *Robinson Fisber Associates*

                    Peridian

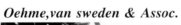

Theodore Osmundson & Assoc.　　*Wakkace Roberts & Todd*（*Paul Barton*）*Peridian*

Oehme, van Sweden/M.Paul Friedberg　*Oehme, van Sweden & Assoc.*　　*Oehme, van Sweden & Assoc.*

WBA : William Behnke Assoc.　　*Garrett Eckbo*

Oehme,van Sweden & Assoc.　　*EPD*　　*Von Hagge Design Associates*

Thomas Church

Miami Lakes Community

Peridian

Robinson Fisher Associates

Royston Hanamoto Alley & Abey

Royston Hanamoto Alley & Abey

Clarke+Rapuano

Oehme, van Sweden & Assoc.

Sasaki Associates

EPD

WBA:William Behnke Assoc.

Oehme, van Sweden & Assoc.

Royston Hanamoto Alley & Abey

J. Roland Lieber

协调。

在美国新的重新开发的城市中，高速的快速轻轨运输将起到重要作用。众多高密度城区很快会有轻轨站，而在轻轨站有安全、方便的路通到周边的社区。对许多居民来讲，这将减少家庭对汽车的需求。他们可以步行、骑自行车或乘小型电车来往于轻轨站广场。在这种以轻轨站为主的中心，配套一定面积的与家庭生活有关的如居住办公楼、工作室、幼儿园、裁缝店、手艺店将会进一步减少机动车使用率。人们发现这种方法给社区生活带来了趣味和亮点。

居住的功能

将所有住宅开发项目远离社区中心，会给居民带来交通上的不便，同时也会使太多的人集中在一个地方。相反，住宅的位置安放应该仔细考虑住宅间相互的关系，住宅与地形特点的关系，住宅与交通路线的关系，住宅与就业中心的关系以及住宅与已规划好的设施的关系。主要的汽车道可以设在社区内部或附近，但决不能偏离。

学　校

从理想角度来看，小学对邻里生活和活动是很必需的，而中学、社区学院、大学以及它们的图书馆、会议室、礼堂和体育场则会对社区产生重要影响。由于社区主要的行人活动方向是学校，所以通向学校的道路应该与公园相连，或者拓宽为绿道。

购　物

除了学校以外，作为社区内的活动场所，还有各种各样的便利和商业中心。因此，要在策略上给它们巧妙地选址，以便为那些步行、骑自行车以及沿街道开车来的人提供通道。但是，由于商业中心是由货车或更大的车辆供货，因此要给它们安排好与区域高速路网的联系。

就　业

规划较好的社区和所有最新的"新镇"都有较好的就业基础。除了一般的劳动力——职员和服务工人外，有一些人受雇于学校、娱乐项目、专业或其他商业办公室以及轻工业园中。大多数居民就业在社区内的现象是很少见的，因为机会远在社区之外。但是对很多人来讲，白天工作的场所应该从家步行一会儿就能到达为好。建在社区内的就业中心，还有其他的优点，因为这样的工作场所给附近的

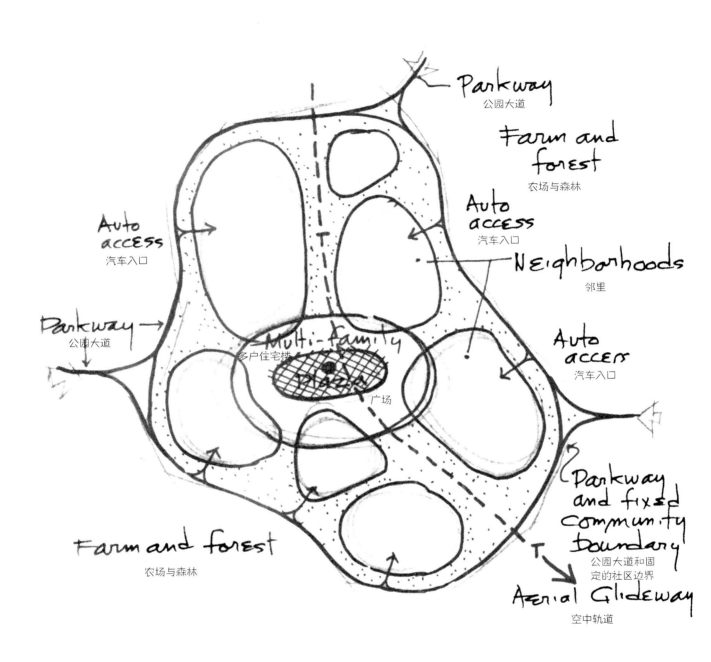

Parkway
公园大道

Farm and forest
农场与森林

Auto access
汽车入口

Neighborhoods
邻里

Auto access
汽车入口

Auto access
汽车入口

Parkway
公园大道

Multi-family
多户住宅楼

PLAZA
广场

Parkway and fixed community boundary
公园大道和固定的社区边界

Farm and forest
农场与森林

Aerial Glideway
空中轨道

以轻轨站为主导的社区

一旦大片城区或城郊的土地可以用来规划新的社区时,我们可以围绕着中央轻轨站广场布置很好的社区,在本案例中,各种类型的邻里都布置在空中轻轨站的周围。

作为主要的集散点,这个广场就是典型的密集社区中心。其四周环绕着公寓楼、花园式公寓、车站、广场、商店、餐馆和办公楼,数千居民只需步行几分钟就能到达,从而不需要开车到其他车站或中心城市的核心区。

独立住宅和联排住宅的邻里与周边的公园大道有车行路相连,这里的居民可以步行、骑自行车或乘小型电车,穿过令人愉快的开放空间公园和娱乐区到达社区中心。

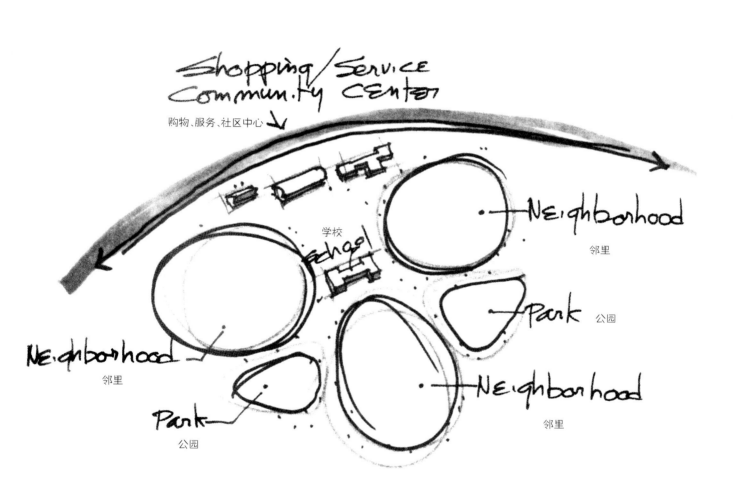

共享的社区设施

邻里可以共享公园、学校和便利购物中心。

居住区带来了多样性和活力。严格来讲，"卧室"社区像这个名字一样让人昏昏欲睡。

娱　乐

娱乐并不是一个人必须去什么地方才能实现的。娱乐最多只是日常生活的一部分。尽管特殊的娱乐形式（如体育、场地比赛）需要特殊的用地，但是娱乐也可以简单到沿着一条令人愉快的路步行或慢跑，或穿行在游戏玩耍的孩子中间。优良的社区有着许多令人愉快的事要看和做，这样的社区是"一个有趣的可居之处"。

基本原则

现有的衰败状损害了我们的社区。很多人对此持批评态度，痛斥由于开发失控而造成的恶果，理由很充分。这种失控的开发已经对附近的土地拥有者造成伤害和损失。由于缺乏相关法规，这种干扰随处可见，如公立学校旁边的酒馆、幼儿园旁边的汽车修理厂、维护良好的住房之间硬挤进来的小型自动售货店和河边的垃圾场。这种干扰会对人产生压迫感和不适感，并造成各种的污染。有时这种干扰的出现是不经意的。但大多是由随心所欲的行为所致。其原因在于美国人的爱好有所不同，对土地使用有无可争议的权利。这表现出对邻居的不关心，完全无视自然的地形、特点或力量。总之，这种干扰违背了人类行为法则，破坏了自然的法则。这种不恰当的土地利用告诉了我们纯机会主义野蛮的故事——只考虑个人索取，或者说损害大多数人的利益。

有机发展

灾害和干扰性的开发都不是自然界中的有机发展内容。在自然界中，所有元素奇迹般地各得其所。它们互相适应，互相依赖，互相作用，互相支持，和谐相处，以至于在水陆地带，动植物会形成"社区"。而且，这种"社区"表现出对能量和材料使用上的经济性。众所周知，草秆结构能抗风力并有韧性，在疾风暴雨中高大橡树的枝干竟然可以在剧烈的显动中达到动态平衡。在自然界中所有规划安排和结构形式，都来自于对环境的敏感反应和并具有高效性。

人们在观察蜘蛛织网过程之后怎么还会建造出结构如此笨拙的房子呢？人们在发现树丛的适应性和草地的和谐

巧妙构思的开发项目只会增加而不会减少周围的地价。

现代主义……就是将风景当作一张抽象画，在上面弄些物体,名曰建筑。

彼得·杰考布斯

一旦人们的需求迁就了赢利的压力，社区就完败了。

使自身适应自然的形式和力量正是生命有机体的特点。

专业的讨论会引起很大反响，一方面，开放空间的支持者提倡组团住宅，风景园林师们寻求土地的自然轮廓，自然露出地面的岩石、珍稀树种，完好无损的自然特征决定了如何设计。有机是一个表述运行状态的词。另一方面，一群新的建筑师则喜爱复活直角的世界……

菲利浦·朗登

性之后，怎么还能去干扰破坏土地呢？人们在了解了珊瑚礁、蚂蚁山或河狸坝的经验后，怎么还能建造出不和谐的住房和社区呢？人们怎么能在规划中不去理解也不去运用真正有机发展的永恒原则呢？

有机发展表现为个体的有系统组织。从理论上讲，有机发展运用到规划和设计中是指行为直接反应于需求、时间和场所——有利于个体和群体的健康发展。有机发展是社会性的。首要的是，社区和城市都是社会性的，它们渴望系统的组织，因此在社区和城市演变中有机发展是很需要的。

如果有人问我们能从自然界学到什么法则运用到社区设计中来的话，答案显然就应该是，有机形式的创造原则。被人热捧的人文科学实际上仅仅是感知、整理和运用自然界形成的普遍法则或"道"。破坏就是制造问题和灾害。遵循和利用就是体验和谐。

先 例

历史证明，世界上最为和谐宜居的社区，不是在今天而是在古代文明时期。

例如，在古代的中国，社区的建设要精心考虑，不仅与自然地形相协调，而且要和地下的能量流动路线、日照范围，以及无垠、复杂的宇宙星系相协调。山脉和河谷与自然植被、农田、村庄和城市和谐地交织在一起。

在许多文明国度中，如埃及、亚述、爱琴岛、小亚细亚、斯堪的纳维亚，每一个住房、镇、市的规划都与自然的地形、特点和力量相协调。它们都是人工自然的延伸，在各个方面都巧妙地适应于其地方特色和建筑基地。

稍后时期的美洲印第安人也能与自然和谐地相处，"成为所有生物的亲属"。日复一日，年复一年，他们的生活由标志和季节所引导，如狩猎的活动、浆果的成熟、鸟类的迁徙、槭树浆汁流出的时节。美洲印第安人获取大地的恩惠，又不玷污大地。他们对自然景观不仅仅是尊敬而且还有畏惧。他们崇拜白雪皑皑的群山、太阳、星座以及茂密的森林、深深的湖泊、奔泻的瀑布所产生的神灵。今天，几乎没有什么人能够如此敏锐地了解自然界了。然而，随着时间的推移，甚至城市的居民也可能会再次体验与自然界法力和永恒法则相适应的满意的生活。

现在，我们深刻感受到人们迫切需要更加清晰的结构、更加和谐的景观和更加舒适的社区，我们正在研究如何把环境意元素的意识贯穿到规划和设计的过程中去。这种方法是古代建造者的本能，它一直处在被人遗忘和重新发现这样一种反复循环的状态之中，在古代，有机的方法很可能被认为不过是"常识"罢了。这种"科学方法"的名称，将属于21世纪，经过许多世纪的埋没——人们逐渐知道这就是"综合规划"。人类只是刚刚开始重新了解它的基本原则。

综合规划

简而言之，"综合规划"就是将一切规划在内。这种规划工作首先要开展大范围的区域环境调查，仔细研究项目地点的情况。这种规划包括所有与土地相关的方面，如地形特征、地质结构、植被、生物群落、水源和排水方法等。还包括货运和客运网络、交通枢纽网、公共设施、固体废物的再循环、税收、管理的各种模式。这种规划还涉及保存、历史保护、教育、医疗和娱乐方面。综合规划寻求最佳的、可能出现的社会、政治和经济的适应点。它涵盖了人文科学与艺术的内容。实际上，综合规划是对世界现状最真实的感受。

谁？

那么应该由谁来做这种综合规划呢？应该由谁来为社区、城市乃至区域做出综合性的长期规划呢？不论在哪个政治权力管理范围内，这都属于规划委员会的工作。该委员会成员可以是任命或是选举产生的，但是不管怎样，这些委员必须是尽可能地在政治上独立，尽最大可能代表广泛的社区领导力。委员们参与讨论并确定规划目标和政策，并审议和指导改进的规划。实际的规划工作应该是由一个既有灵感又能激励人的统帅领导一批人来完成。为此需要组成跨学科的小组，而且通常还需要有一个科学顾问委员会给予帮助。没有哪一个人，甚至当代的达·芬奇，能够在现今的领域内有渊博的知识来独立承担全部的规划工作。

通常，在更小的管理权限内，规划委员会和其主任就可以参与和审查规划顾问小组的工作。这种方法的优点就是可以给任何一种研究带来更广泛的经验——成功的、失败的，以及从其他综合规划工作中学到的东西。

许多土地拥有者和私人开发商拥有或雇用自己的规划小组。在此种情况下，显然私人的小组应该与当地规划委员会及其成员密切合作，互利共赢。

在这个演算推测的时代，只有少数人相信我们已经注意到自然界从我们过度消耗资源中恢复的能力是有限度的。如果说臭氧层日益恶化、温室效应日益明显以及不可再生资源日趋贫乏这些事实还不够的话，那么想想我们现在已经发明了一种可以在几小时摧毁所有生命的武器足以使我们清醒。现在，我们必须教育并强调生存大计而不是过度消费，必须恢复生机而不是掠夺自然。

迈克尔·费特林汉姆

在渐进的城市设计的每个转折点，都需要试验和改革。同时也有必要不断吸取世界各地前卫的艺术和艺术家的最新观念。

真正的城市设计不能听命于一时的狂热，也不能受制于形式或"某某主义"。它的发展必须有我们对人的理解和对自然的表现作为回应。城市设计是保护和创造人与活动、建筑以及自然之间融洽的协作关系的一门科学和艺术。

社区规划像所有的土地规划一样,是一个渐进的过程,它常常开始于简单的土地利用概念图或者图示的计划,可以概念化地表示大致的面积和社区组成部分之间的"完美"关系。

1. 示意图:在初步规划中,土地利用区域可以根据社区不同活动的需要,概括性地画出其大小和形状。表示内容可以因项目种类的不同而异。在本例中,包括两个或更多的邻里,一个拥有校园和运动场的中学,一个社区购物——服务中心、文化中心,可能还有商务办公楼组团。根据规划的社区特点也可划出一些区域用作会议中心、宾馆和汽车旅馆、保健设施、医院或轻工业园。

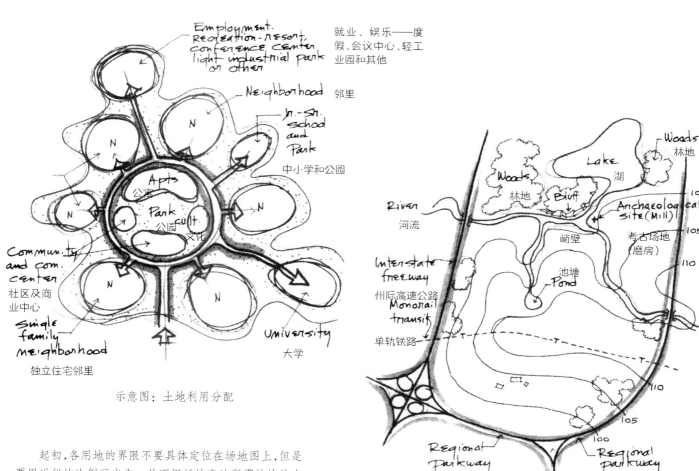

示意图:土地利用分配

起初,各用地的界限不要具体定位在场地图上,但是要用近似的比例画出来,从而概括地表达所需地块的大小和地块之间最佳的关系。同时要用草图来表示社区组成部分和它们之间的相互关系。

勘查图:地形勘查基础图(简化图)

2. 勘查图:地形勘查图是精确的工程数据资料,表示出地产的界线、设施线路、土地和水文资料以及相关的建设项目。如果把这些因素都考虑周全,一个完整的地形勘查图可以精确地图示,所有凸起的土地和地下的特征包括建筑、矿产或隧道、设施线路、植被覆盖及其他诸如此类详细规划需要的信息。

3 社 区 Communities

优秀的社区规划都有高效的组成部分示意图，它适应地形，并为人们的使用和乐趣保留了最佳的风景特征。

3. 分析图：在这个领域中，地形勘查图可以进一步表达场所的限制性条件和可能性。在这个现状分析基础上，"保留—保护—开发"的界限可以勾画出来。有些地区需要原封不动地保留，有些地区可以有限度地加以利用，而那些生态效益低下或价值不高的地区最适于开发。

4. 概念图：要把土地利用示意图与有注释的地形的勘查图进行验证，并调整或完善以达到尽可能合适的程度。这种结果虽然还只是初步，但记录了社区的基本设计理念或"想法"，这就是社区概念规划，而且仅仅用简单的图形来表达，没有固定的大小。通过反复比照，可以进一步对此进行调整和精炼，以便绘制新社区的详细施工图。

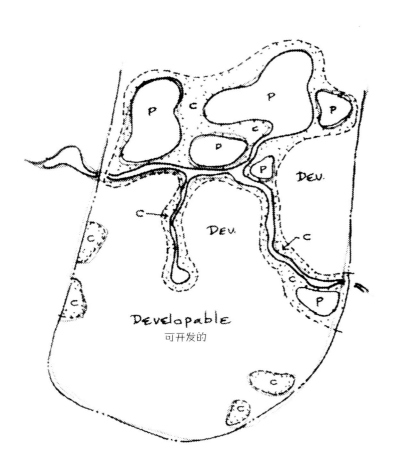

分析图：确定"保留—保护—开发"区域

P—保留

C—保护（有限利用）

Dev—开发

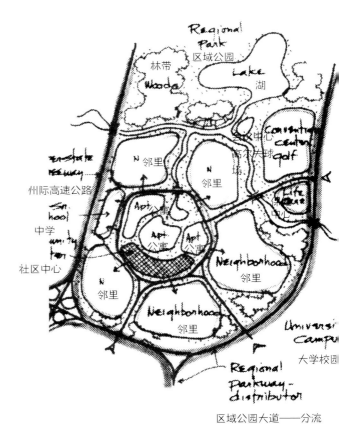

概念图：概念性社区规划（简化版）

只有当规划的土地利用和道路与地形协调一致，深入细致的研究工作才能就位。概念合理了，项目才能成功。

综合性土地规划需要一支包括科学顾问在内的跨学科的队伍，以确保改动的方案不会给现存的生态系统造成过多的压力。

在新近出现的跨学科队伍中，规划师、风景园林师、建筑师、工程师与科学顾问共同工作——这是确保更有效的城市规划的关键所在。

设计评论家们常常为缓解上一代人造成的无序蔓延而制订的总体规划争论不休。

珍妮·霍茨·凯

为什么？

为什么要规划我们的城市和社区呢？为什么不让它们像过去一样，不受限制、无精打采地自我发展呢？这是因为这样做的结果是灾难性的、代价高昂的。如果没有规划，我们的社区就会像从前那样，在一块一块的土地上建设，而根本不关心地块以外的事，没有布置学校、商店、工作场所、娱乐区，也没有提供交通解决方案。缺乏长远规划将会导致"扩散"，出现被绕行的地块、空地、条状商业带、网格型邻里、扎堆的高速公路。没有规划，我们只能发现太多相似的东西。

因此，只有将城市和社区所有组成部分规划在一起，保持平衡，同时与自然和人工环境相协调时，才会有人们期待的健康生活环境。

怎么办？

其实综合规划工作的过程并不神秘。它是一个有秩序、有逻辑的、可以逐步实施的工作。

首先是目标。第一，要概括而不是空洞地描述要达到的目标；第二，要列出更加具体的内容，即实现目标要采取的行动。

应该准备一系列相关的基础图纸，内容包括现有地形、土壤类型、钻孔测试位和标桩。还应该有当地和区域的土地利用图、分区规划图、交通图、主要设施图、就业中心和商业地区图。图中应该标出学校、图书馆、博物馆、医院、教堂、会堂和其他文化设施。此外，还应该有图纸来表示气候、生态和环境因子，这些因子因地区不同而有所不同。

研究对象应包括从规划部门、其他公共机构图书馆和私人那里获得的相关资料。资料收集工作的核心在于管理并记录唯一需要的资料。接下来的工作就是场地分析，这种分析要经过在现场徒步、乘车、坐船或直升机的实地勘查，经过耐心、细致地调查后才能得出结论。

计划书要尽力排列并评估所有必需的和令人满意的社区的组成部分，内容包括其特征、面积要求和最好的关系。这种列表必须非常全面，因为一旦这些组成部分放进概念规划之中，就很难再将其他疏漏的内容加进去了。

我们一旦拿到计划书和标注的图纸，就可以先开始研究土地利用和交通方面，探索各种可能性。然后将这些研究钉在墙上进行对比分析，审阅或修改，其考虑因素包括表现状态、经济投入与产出、可预见的政治支持、公众接受程度。这种不断改进的研究工作最终可以形成最可行的概念规划和与之相关的支持证据和数据。

什么？

什么是概念规划，如何使用概念规划呢？顾名思义，它是用图来表示工作小组对优化远期可能性的思考，它不是细节完全、严格制订的"总体规划"，它也没有被公共机构正式"采纳"，因为这样做会使它失去重要的灵活性。如果这种规划被采纳并作为公共记录的话，日后要想再对此做点小的改变或完善，都需要举行公开听证会。理想的情况是，可将这种规划由官方审议并"接受"，作为远期的"概念导则"，而日后各个阶段更具体的建设方案都要据此进行比较和测试。为了获得必要的开发许可，各个具体的方案必须与这种导则在理念上保持一致，并在内容上不亚于导则的要求。如果在方案汇报会上，人们确定这些先进的、细致的规划很优秀的话，那么，这些规划就会被通过。然后，概念规划可以据此修改并更新其相关的文件。只有这样，不断改进的远期社区规划才能适应新时代、新技术、新问题和新的机遇。

每个广域市的社区都应该从发展、进步的角度进行研究，因为综合规划永远不会结束，而是在不断地完善之中。我们采用灵活的概念规划作为导则，就会通过有序地改进产生令人瞩目的变化。

分区规划

分区规划是由其制订者设想出来的。它依法确定区块，采用不同的规定，严禁不适宜或破坏性地使用土地，并鼓励人们恰当地利用地产。不幸的是，在实际运用中，分区规划的限制作用被扩大了，结果创造性的规划和更新的动力被大大忽略了。自从分区规划首次使用以来，大多数美国城市的形式就不再是来自一个激动人心的概念或积极的导则，而是来自官方所接受的专横的"分区"要求以及许多僵化的限制。

这种掌握在机会主义的公共官员中的分区的权力——或者说是由死搬教条的工作人员来行使这种权力，不仅会使人们失去对于需求、机遇或生态因素的敏感反应，还会阻碍发展。

然而，分区规划在重要土地利用控制的前景上也有模

规划的过程是一个系统性的方法，用来决定你在哪里，你在哪里可能会更好，以及如何最成功地到达那里。

所有合理的规划都始于一个目标和具体内容即明确表达要实现什么和实现它所要采取的手段。

最好的规划在于建立重要的框架并为创造性的个性表达留出空间。

直到最近，城市规划还只是在做二维的交通布局，并根据严格的分区规划来从事街区和地块的划定。

通常人们认为分区规划是人为的而有破坏性的举措，它是以彩色的、多层叠加的土地利用图为基础，而这种图与地形系统、承载力或预计的需要没有什么关系。

鼓励性的分区规划正在呈现出新的形式。除了从"组团规划"和"规划单元开发"中可以获益以外，开发商们还可能因为多种原因从附加的住宅单元或增加的建筑面积中获利。就住宅而言，这包括提供低收入房、便利中心、自行车道、娱乐设施和开放空间。在其他不同类型的开发项目中，开发商的收益可以来自步行街旁的店铺、建筑退后、广场、日托中心，临时停车场或历史性建筑的保护。

在引导现代城市规划运动并修正其目标的方面，《明天的园林城市》比任何一本书起的作用要大得多。

刘易斯·芒福德

糊的一面。如果有精明的专家来管理把它作为合理规划的动力，并保证其符合明确目标和标准的话，分区规划将永远是强有力的工具。例如，规划单元开发条例、城市服务分区、分期竖向分区规划都是成功的例子。

分区规划这个词正在被授权所取代，即授权使用某人的土地。授权的意义也还在变化，既要考虑严格的私人所有权，也要考虑为长远的公共利益的贡献。

新城镇运动

美国的城镇规划传统有着牢固的基础，比如，圣奥古斯汀、萨瓦那、威廉姆斯、伯格、新英格兰村等，还有些井然有序的乡村社区，如从缅因州到肯塔基州到处分布的震教徒居住地。由于范围扩大，成千上万个新社区和城镇在全国各地建立起来，——从海的这一边到那一边，其中大多数的社区和城镇没有作过规划或者最多也只是稍有规划而已，而有些社区和城镇既作过概念规划也作过详细规划。每一个社区或城镇，通过研究都可以为未来新城镇的规划师提供经验和教训。

园林城市

当我们为将来规划寻求改进的方法和方向的时候，我们也应该回头研究一下历史，特别是要了解一下那些早期的理想主义者。在他们当中没有什么人可以和埃比尼泽·霍华德爵士的作用相比拟。作为一个英国的社会学家，他在19世纪末期为当时拥挤、肮脏的工业城市的压抑生活寻找了一个出路。他的理论体现在《明天的园林城市》。虽然只是一个小册子，但它对日后所有城镇的规划产生了巨大的影响。

尽管该书的题目在如今的规划领域中被频频使用，但是几乎没有人能理解它的中心思想。而刘易斯·芒福德则深谙其道。芒福德曾经深受霍华德理论的影响，他一直按文明发展的进程来研究城市和城镇的发展，并加深了我们的认识。那么究竟是霍华德的什么思想对芒福德产生了这么大的影响呢？简而言之，那就是将古老而又年轻的城乡融为一体的创意。

霍华德和芒福德都对这样的城市不抱希望，即城市与其周围区域相分离，乡野受到城市的侵入，而且其贸易与文化中心功能关系被否定。霍华德寻求的不是城市和乡村的堆砌，而是经过规划的城市社区的组合，这种社区小心地融入周围的广域城市区域。它们形成一圈规划的活动节点或社区，这些节点或社区，呈组团状围绕着中心城市。

在他的概念图中（霍华德只做了概念图），每个卫星社区有一个中央公园，其附近就是住宅和方便的市场。这种住宅组团周围是宽阔的绿色开放空间或公园，这种绿色开放空间又围合着学校和运动场，并把社区相隔离。再往外，在环形的道路和铁路之间，有各种各样工厂、商业办公房、仓储场地和服务设施。在整个区域之内留有足够的空间作为租赁花园、果园、葡萄园和娱乐区。而且由于每个社区具有一定的界限，它也就因此能够"浮在"受保护的农田和森林组成的绿色海洋之中。

应用与推广

霍华德一生中曾尝试和验证过他的许多思想。他首先帮助过伦敦附近的试验镇莱奇沃斯（Letchworth）的规划以及随后附近的威尔因镇（Welwyn）的创立。在霍华德理论和具体建议的指导下，这两个城镇规划的成功，使得"园林城市"深得大众人心。1927年，美国第一新镇、位于新泽西州的莱得伯恩（Radburn）是由亨利·怀特（Henry Wright）和克莱伦斯·斯坦因（Clarence Stein）合作规划的。莱得伯恩由于是按园林城市理念而建，因而作为汽车时代的社区而受到热烈欢迎。该镇的显著特色之一就是其中心有一大片机动车禁行的绿地延伸到联排住宅的领地中，各个住宅都面对着它。有汽车通道和停车场的服务区则在建筑后面，从而步行与车行活动就分开了。超级街区和人行地下通道更加强了这种分离。

在20世纪30年代，有几个模范"绿带"社区也是效仿莱得伯恩而建。这一活动是联邦政府郊区重建管理局赞助的。这些分布在马里兰州、俄亥俄州和威斯康星州的社区带动了许多其他园林城市体系中社区的建设，如匹兹堡的查姆村（Chatham）、洛杉矶的鲍得韦因山镇（Baldwin Hills），并在美国形成全国性的花园—公园城区的建设。

随后爆发了第二次世界大战。

欧洲的战后城镇

由于遭受到闪电战和轰炸的摧残，大多数欧洲城市停战之后迫切需要建设住宅。在欧洲，最好的社区规划是或多或少地将园林城市的概念与美国建镇试验方面的创新方

新泽西州莱得伯恩的"新城"是根据埃比尼泽·霍华德的原则及其"园林城市"的理念规划的。它被称为"汽车时代的城市"，其特点是超大街区、尽端路、楼群、互相联系的开放空间和机动车禁行的步行街。

法结合起来。然而在"清洁和绿色"的热潮中，人们认为早期建设的战后城镇做得过分了。这在英国尤其如此，许多功能挤在一起，各种类型外观相似的房子互相分离，甚至与购物区、游戏区和咖啡店分开而设。居住区里甚至没有酒馆和九柱戏的场所，难怪许多居民对这种空旷的新环境感到厌烦，而宁愿选择回归到拥挤但是有更多故事发生的城市。其他的战后城镇也有其弱点。就像美国的许多城区一样，有些只有单一阶层的居民，有些则布局太宽松或太局促，有些则重复到了单调的地步。有些过于拘谨或者太建筑化。有些镇像苏格兰的古姆伯诺德（Cumbernauld）或者德国新镇格皮乌斯（Gropius）难以让人忍受，甚至有点冷酷。上述这些新城镇共同的缺点就是缺少人们要做的事，缺少令人愉快的场所和附近的就业机会。

但是，不管怎样，欧洲新镇比早些时候美国的新镇要有许多先进之处。比如，斯堪得纳维亚新镇更加适应于现状地形，并创造出宜居的户外空间。这些新镇的设计更加注意组合，而不是"罗列"场地小品和照明设施，更加注意运用喷泉、雕塑和花卉展示。它们的中心购物广场是一个令人兴奋的、喧闹的地方。

在投资方面，欧洲新镇也有许多值得我们学习的地方。并非仅仅受个人或企业投资者的利益驱动，这些镇都是由一个财团规划、投资、建设和运行。这个财团代表了金融机构、社会组织、劳动者和政府的利益。这种优点是多方面的——其中有更多合作，社区也因居民的经济背景、业余爱好和技能多样化而丰富起来。在许多社区中富裕的家庭和贫困的家庭住在一起。

瑞典斯德哥尔摩非常成功的新卫星镇在交通和高效率方面是别处无法与之相比的典范。位于镇中心客运站富有活力的行人中心的周围是多层公寓，其公寓主人几乎不需要汽车。有车的住户在远处宅院里，而步行或骑车很容易到达这种中心广场。此外，这些住宅还与小镇边缘的环路相连接。在整个邻里院子里穿插有游戏场、体育场。沿林荫道有很多的趣味场地。除了学校、教堂和剧院外，还有社区会客室、图书馆、日托所。这些都是真正意义上的工作和生活的社区。

美国现状

再回到美国，当欧洲战后城镇正在规划和建设之时，我们仍在摇摆不定，而且远不仅如此，到处都有以惊人速度和吓人的布局建设的新居住区。其中大多数在概念上有

我们现在真正在做的事情已经不再遵循基于功能分隔的阿基米德几何分区法了。因为现在人们意识到这种分隔造就了近乎贫瘠的郊区环境。

罗伯特·凯特尔

绿带园林城市的韵律。它们绿化的程度和方式很不相同，因为其成因各不相同。有些镇几乎完全都是住宅，如位于重新开发的超级街区和内城的住宅。有些镇则规划成了混合体，或是住宅与其他功能的结合体。在美国曾出现过煤矿镇、纺织镇、港口镇、码头城市，还有铁路镇、机场镇、河湖镇、滨海镇和新规划的山地社区。海松镇成为居住性的度假胜地，并很快被希尔顿·海德阿美利亚岛、贝利肯湾所效仿，此外，在大西洋、太平洋的海岸以及内陆地区都有这种胜地。

更大的新镇莱斯顿（Reston）和哥伦比亚镇（Columbia）也出现了。哥伦比亚镇的规划在当时具有综合性。其详细规划内容包括医疗、继续教育和更多的公众活动。从社会的角度上讲它发展得很好；从经济角度上讲也是如此，因为它给许多企业家有很好的回报；从政治上讲它并不成功。因为从一开始，它就走到政府的对立面。主要原因在于联邦、州和当地的机构还没有懂得大尺度、综合规划的巨大好处。

通常，平庸的仅考虑本地块的规划很容易通过有关机构和当地官方的批准，只要这些规划符合已有的关于小地块的规定和建筑规范就可。然而这些规定和规范通常已经过时，并会导致不断形成丑陋的城市地块的局面。它们很少考虑分享公共开放空间、学校、场外交通、饮用水井地或污水处理厂。然而，就一般情况而言，能够提供全方位利益的良好规划和创新的社区，在每个转变时期都会有困难。我们怎样才能做得更好呢？我们要通过大尺度的规划来管理水资源，提供开放空间网络，创造紧密结合的邻里。

经验与教训

欧洲城镇的规划经验告诉我们，相对隔离有好处——至少每个新镇都有其自己的特点，并且其周边有开阔的乡野。这些新镇大多数都在中心设有广场和商业街，人们通过机动车禁行的路线可以步行到达这里。这种镇里有自己的学校和社区中心，多数还有医疗设施和日托所。在有环形路或车站的城镇，其广场通常由建筑所围绕，这些建筑首层是商店，二层以上是办公室和公寓。它们的后面是更低的房子，在镇的外侧和高速路方向逐渐变得稀少。

从负面效果看，战后镇有一种强调纪念性和建筑统一性的倾向，并且有一点因为各种用地被分隔而产生的乏味。

广场——社区生活的焦点。

马克·查帝斯特

在某些情况下，缺乏灵活性，这是因为总体规划从一开始就强调要严格遵循细致的总体规划的要求。

继续演化

新城镇最为显著的优点是在其规划和设计中有改革和创新的机会，同时它也带来有价值的观点，如节能、系统分析和环境保护。新城镇规划鼓励使用新材料和新技术，同时还引入模数制的建设。也许其很大的突破在于强调规划布局，将人与活的景观和谐融为一体。在当代新城镇规划中，也有一种创造更有意义的社区感的新动力。未来新城镇和社区将在此基础上发展，并扩大这种优势。

财务资助

仅仅以利润为动力的住宅开发，如私人开发商所做的项目总是有些独断专行的味道。他们往往偏爱富人，而几乎不为办公室职员和服务人员提供低收入住宅。这种开发项目并不关心被侵占的农田和被"赶走"的人。它们无视城市的困境，并加快了城市腐败和衰退过程。显然，如果这种新社区是由更有代表性的、关心社会的团体来投资的话，公共利益会考虑得更周到。

适应地形

结合地形使建设与运行的成本降低是其许多优点之一。最好的场地特点要保存下来供人享用。土地地价的增值是因为有更加公园化的环境。这样一来，负面影响减少了，邻居更高兴了，公众观点更加支持，因而规划很快就会获得批准。这些可都不是小事啊。

人的主导性

规划最佳的居住区是那种为所有受影响的人提供最愉快、最有价值的体验。对于居民和使用者来讲，要提供安全、舒适、有效和有幸福感的住所。优化的居住区也应该能产生归属感、分享感和对更大社区的贡献感，这一切都应遍布在整个区域。

完整的社区

因为没有一个社区能够满足居民所有的要求，问题在于为了舒适应该提供什么？最好的答案应该是"所有都有理由预期到的或者更多"。由于每个社区的特点和大小都不一样，要考虑的元素也就不一样。但基本内容无疑应该是

随着我们对生态环境相互依存关系的理解逐渐加深，敏感的土地规划变成了一种伦理道德。巧合的是，开发商们也发现这样可以获利更多。

能方便到达交通站点、学校、商店和服务场所、会面地点及娱乐场所。所有这些都要处于吸引人的环境之中。对许多潜在的居民来讲，就业机会也许是决定因素。社区的完整性还应包含无形因素如多样性机会和选择。

规划过程

在各种土地开发活动中，综合规划首先要保证土地利用和管理部门的远期目标一致。规划就是要通过一系列研究和比较分析，来探讨各种可能性，并将对场地及其环境的负面影响减到最低程度，并将可能的价值最大化。综合规划要吸收并回应潜在的使用者、居民和当选官员的思想和观点。这些规划要在公共论坛展示，以便分阶段的评审和最终批准工作的展开。

综合规划过程的本质在于保留自然系统和优异风光特色、保护足够的开放空间缓冲带，并集中在场地最不敏感的区域进行合适的开发活动。

设计导则

由于在规划早期阶段，可以确定大型社区的概念规划，因此各组成地块的详细设计最好能分阶段提出，从而符合有关效能标准。只有这样，才能保证今后持续的开发活动能够适应不断变化的需求和条件，以及更新的技术。

人们所珍视的"多元而统一"的理念是优秀设计的标准，而只有当设计师能够在这种自由和令人兴奋的框架中工作时，才能达到这种标准。

机动车禁行的生活区

在以莱得伯恩（Radburn）和随后其他城镇的方式来规划更宜居的"汽车时代"社区时，其重点是将机动车道与步行路和聚集场所分开。如果处理得当，这对于开车者和步行者都有好处。我们要继续寻求改善这种关系的办法。

相应地，需要记住的是，规划社区通常在中心有一个开放空间网络，通向中心广场或相互连接的院落。这些都是为行人及其行为而布置的。当然，紧急救护车除外。乘客下车点和上车点可设在广场一侧或多侧。这样可以创造具有行人尺度和吸引力的机动车禁行的区域。

为了方便汽车所有者，机动车道和出入路口应该围绕步行中心规划。人们可以在这个环行公园大道上自由通行，这里几乎没有平面交叉口和过街通道。一旦这样的社

Vehicular traffic moves inward from the Periphery

车辆从环路进入里面

Vehicular 车辆

Pedestrian openspace moves outward from the community center

步行开放空间从社区中心向外扩展

Pedestrian

行人

自由流动的路线

区的中心之间由公交车道、单轨车道或其他快速路相连的话，开车者、乘客和行人都能享受到无与伦比的自由运动。

是网格还是绿地
能创造真正的社区感?
我们能否摆脱
那反社会的、汽车的环境,
摆脱今日网格扣住的郊区,
拯救风景并在新社区创造人们交融、
娱乐和成长的场所?

珍妮·霍茨·凯

4 城市
City

　　这是一种怎样都挥之不去的感觉，无论我们听到多少有关城市弊病与问题的负面意见，我们仍然把城市看成是必需的场所——在那里有人的活动。

　　为什么是城市呢？研究城市历史的专家几乎不可能不用城市来勾画出一个历史上强盛的国家。这是历史的经验。然而，在人类高科技的黎明到来之际，两极分化的大都市就不再是一个正确的前提条件了吗？这种可能性是存在的，而且还有其存在的缘由。由于数据的存储与检索系统的便捷、通讯的迅速，人们不禁惊讶于信息和思想的传递不再需要许多实体。这在一定程度上是可行的。核战争也已成为对人口集中的一种威慑力量。此外，一直以来总有这样的问题，即究竟在一块地上可以建多少房子？换言之，就是究竟有多少活动可以组合在一起产生互动，而又不至于引起混乱？然而，总的来看，还没有人反对集中的活动中心，因为人们在那里可以亲自处理事务，也可以体验该区域所能提供的许多最好的东西。

被感知的城市

　　城市生活，首先是被人们所有感觉体验的。视觉、听觉和嗅觉都扮演着有启迪性的角色。触觉和感觉也如此，不仅像双手和指尖那样触摸——肌肉、肺以及酸痛的双脚也讲述着它们关于城市的故事。

　　人们肉眼看得见的城市会给人留下最持久的印象。据说，我

71

们对事物感知到的 90% 都是被眼睛记录下来的——这一对不可思议的眼球体不断地扫描着人们视野中发生的变化，并聚焦在那些对个体来说最有意义的方面。

听得见的城市包含：交通噪音，旋转着的、隆隆作响的、轰鸣着的机器，街道中的哭声和人群的嘈杂声；喷泉偶尔的飞溅声、树叶的沙沙声或是鸟儿的欢歌——提供了丰富的背景信息。嗅觉的探测也远比人所能想象到的生动。即使闭上眼睛掩住耳朵，人们通常也可以通过一个地点惯有的气味识别它。比如，凭借那些非常熟悉的恶臭，可以辨别出包装车间、人行道边的垃圾箱、排出的浓烟、污水坑、下水道排水口等。当然，也有好的气息，人们可以凭借公园水体的清新微风、花店的芬芳气息、面包店的美味气息或是从敞开的餐馆大门里飘出的烤肉串的香味来识别环境。

除了感觉，人的智力也对城市场景进行独特方式的探查，从而形成连续的、关于非理性的或乏味的、合理的或适宜的、可怕的或鼓舞人心的记录。然后，人类情感对于所感知到的内容也做出反应并使之丰富。如同期望和快乐一样，恐惧、愤怒、受挫或失望都会使人们的感知变得迟钝或敏锐。

视 觉

第一印象往往是最难忘的。所以，既然大多数居民希望他们的城市能被很好地感知并留下美好的记忆，我们在做规划时就应考虑这一点。当然也有少数例外。在州际高速公路建成以前，城市内道路大部分是令人沉闷的行程，需要经过众多大型油罐、储藏物品的院子、小店铺和贫民窟。现在高速公路在许多城市中心会在 1.6~3.2 公里内绕行，因此，这样就有机会建立通往城市中心或在其周围的美观路线。

无论是通过水路还是高速路进入，城市的入口确实是令人难忘的，有些例子值得一提，如有着自由女神像的纽约港口、圣地亚哥或西雅图、来自旧金山金门大桥的景色或巴尔的摩市的码头区。从高速公路上，当人们沿着密歇根州海岸进入密尔沃基，沿着密西西比河上游进入明尼阿波利斯市的保罗大街，沿着波托马可河进入华盛顿或快速穿越匹兹堡的金三角之上的峭壁和隧道时，都会情不自禁地发出惊奇而又兴奋的感叹。

景 色

如果说某些城市景色优美的入口只有短短的一段话，

未来的城市会见证更多的图像、符号和理念的运动和更少的人的运动。

城市的好处是各种不同的团体和个人可以紧密接触。

用来作中心商业的地方就是正在被重新寻找到的城市中心本身。

威廉姆·H·怀特

卡耐基教育促进基金会曾对 1000 名大学生进行调查，题目是：什么是选择一所大学的最主要因素，60% 的学生认为，学校的视觉环境最重要。

理查德·瑞杰特瑞克

我们在车道上可以欣赏到比其他道路更多的风景。甚至在野外活动的人花费比在风景中散步更多的时间来驾车穿过。很难想象有些事情已经影响我们所处的环境并更多地影响我们观看身边世界的方式。

威廉姆·D·瑞利

边界的使用使公共空间充满活力。

波尔·弗兰迪保杰

每个人都喜欢在美的地方来回散步，或者走向优美的地方……

阿瑟·多顿·摩尔

优美、有序和人性化的环境对每个人来说是最基本的。

哈里·波特

我们还可以直接利用戏剧性的景色。这可以和新的或原有的建筑、聚集地、旅客常走的道路或俯瞰的景色有关系。大多数地区都会有优美的景色存在，可以把潜在的观众带入恰到好处的联系中。

途经的景色

经过规划，持续的序列景色可以变成每日城市体验中一个令人愉快的部分。这只需要对穿过或经过景色优美地区的人行道、自行车道、公园大道和其他路线进行很好的排列。新的环状路、快速客运线路也能提供很好的景色。还有许多城市中的水路，特别是那些等待发现的水路。在辛辛那提、芝加哥和雷克蒙德，有许多令人瞩目的范例是通过滨水地区的整治来提升市中心的形象。

步行的体验

在复兴的城市中，发生的最大变化无疑是步行道和步行区的再次引用，使人们摆脱机动车辆在视觉、听觉上的喧闹。因为不受这些干扰，居民和游人将会重新发现，设计丰富多样的城市景观是为了吸引和取悦他们。在城市中心会有可爱的小庭院、蜿蜒的小路、户外咖啡座、带有喷泉的天井和布满鲜花的台地，还有大树庇荫的步行道和广场周边排列着的商店，与步行路同属一层。办公室和公寓则占据上面的楼层。滨水区则有亲水的栈道和散步道。

在市郊的街区和社区，其内部的林荫路和周围开放空间的结构将为步行和娱乐活动提供一种全新的景色。在这里，人们会重新发现最初与自然接触产生的那种原始的满足感。

屋顶风景

美国城市的屋顶生硬空旷，几乎没有例外。由于暴露而没有遮蔽，它们在北方的冬天是寒冷的，而在夏季又炎热，大大增加了支持它们的建筑和它们周围建筑的空调费用。一年四季中，如果从邻近高层的生活和工作空间俯瞰，它们大部分是不美观的。再加上混杂着一系列常见的水箱、机械设备和丢弃的杂物，它们看上去就像是空中的贫民窟或废墟。屋顶空间被浪费了，在城镇土地如此昂贵的情况下，难以置信的是允许有如此多宝贵的户外空地不被使用。

对此，我们可以做什么呢？这种可能性是无限的。在屋顶铺装地上，可以布置多种游戏场地，如推圆盘游戏、套环、壁球或地滚球。或者在午间工作休息时或下班后在空中玩玩排球的感觉也会不错吧？也可以在屋顶布置房间，设健身房、健身跑道、有玻璃穹顶的桑拿浴房或是四季短程游泳池和温泉区。通过风景点的设置和种植植物后，这些屋顶娱乐空间可以营造得更加吸引人。

当然，屋顶空间也可以是屋顶花园。有充足的阳光和水源，营养液栽培是挺自然的。屋顶上采用轻质土床或种植盆，可以收获丰盛的药草或蔬菜，用于食用或在下面的市场出售。盆栽的矮化果树或墙面攀缘植物不只是装饰性的，它们也可以产生像无花果树、梨树、酸橙树、柠檬树那种迎宾的丰姿。同样，藤架因葡萄而顿生光辉，层层的墙体借助草莓可形成瀑布。

木条台板、种植槽和精心挑选的植物可以把一个荒凉的屋顶变成一个真正叶绿花繁的凉亭。把肉质植物、鳞茎植物和一年生植物种植在容器里，对于城市园丁来说是一个理想的解决办法，同样的，开花的蔓生植物可以攀缘在格架上或墙上。如果选择恰当的树木、灌木、草坪，不需人工的精心照料，也能生长良好，为每个季节增加情趣。种植技术需要有透水性铺装、沙砾和其他覆盖物。当然，屋顶也是适合水池、喷泉、壁泉、镶嵌图案和雕塑的场所。那些被改造过的空间不仅使周围的一切变得愉快，而且在辅以夜间照明后会成为受欢迎的休闲、进餐、观赏夜空或欣赏城市夜景的场所。这样做除了有节省建筑取暖和降温开支的优点以及植物蒸发带来的清爽效果外，这种对邻里的视觉升级也能为所有城市居民增加享受。

气候调节

将树木、地被和户外水景引入城市不只是为了美观，它们可以明显影响周围环境的常年温度。例如在夏季，有树木遮蔽的草皮、浇灌过的种植床和水景周围区域比起旁边暴晒的块石路，表面温度要低大约华氏 30°。在冬季，即使是枝干光秃的树木仍可缓和凛冽的寒风。种植床也有适度的调节作用。对所有城市开发项目，如邻里、公寓楼或高层住宅、购物中心或办公园区——其规划得到正式批准获得开发证书的一个条件，可能就是提供一定数量的大树或进行特定区域的绿化。

阳光、背光面和阴影也可以影响小气候。通过对户外的观察，我们发现建筑的高度、大的构筑物和涉及季节性日照变化的建筑布置都是重要的考虑因素。不要忽视它们对冬季主导风的阻挡和对夏季宜人微风的引导。从建筑上讲，有天棚的散步道、拱廊、柱廊、中庭、室内庭院和屋

Neglected

被忽视的地方

Utilized

被利用的地方

城市屋顶

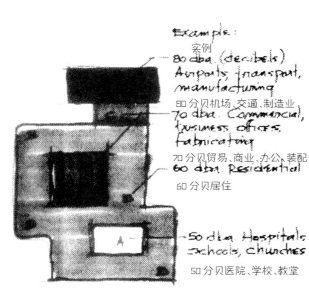

Example:
案例
80 dba (decibels)
Airports, transport,
manufacturing
80分贝机场、交通、制造业
70 dba. Commercial,
business offices,
fabricating
70分贝贸易、商业、办公、装配
60 dba. Residential
60分贝居住
50 dba. Hospitals,
schools, churches
50分贝医院、学校、教堂

顶花园也应该作为设计元素。

但是毫无疑问，在城市气候改善中获得的最好益处来自环绕和贯穿城市的开放空间系统和森林保护区的树木和自然地被。

声　音

分贝是测量声音强度的基本单位。声音有好有坏。人们不愿意听到的声音通常称为"噪声"，几乎没人会欣赏它；悦耳的声音如同音乐。但是即使是音乐，也会被某些听众当成是噪声，尤其是声音太大或与时间、场合不相称时。对于所有噪声而言，分贝越小越好。

协　调

适度的声音不会带来干扰和不适，而且还会使听众感到愉快。噪声的干扰可能会危害健康甚至心智的健全。在城市中，确保声音协调的最好方法就是分贝分区制，它可以把过多的噪声限制在区域限定的范围内。医院、学校、教堂和会议厅是安静区；居住区、公园、植物园和办公系统可以增加一些音量，如同购物和商业区一样；运动场地会产生更高的声音强度，这里最好予以隔离；轻工业区和运输中心因其嘈杂的汽车交通也应该被隔离。

在所有的长期城市规划中，这种分贝分区制不能应用得过于武断，但应作为首要的考虑事项。

对于控制污染的问题来说，有些人认为改变对他们本身并没有多少益处，所以必须让他们看到改变后的益处。

噪声控制

噪声可以通过距离、阻挡、偏转和吸收等方式来减弱。让公路或噪声源远离易受影响的地区，或者把它们隔离的方法是可取的。在这种办法不可行的区域，用固体构筑物、穿孔或镶嵌的石屏、土丘作为屏障会取得惊人的效果。声音往往会向上飘，所以在希望安静的地区，抬高像球场这种噪声源，使其高于周围环境是有根据的。

植物可以吸收噪声，虽然不像期望中那么有效。但从心理上讲，能看见道路在植物旁边会减少明显的交通噪声，也减少其他的负面影响。

听觉享受

某些干扰性的噪声，如从公路或机械设备传出的那些噪声可以通过其他与之相平衡的声音变得柔和或隐蔽。人群的嘈杂声是一种遮掩，适当的背景音乐、一处叠水或瀑布也可以做到。

很多有特色和亲切的声音为城市生活增添很多乐趣。例如，那些浑厚响亮而又和谐的教堂钟声、进行曲激动人心的节拍或广场音乐会轻快活泼的变奏。我们也欢迎小摊卖主的吆喝声、吉他的独奏声或音乐家们夜晚聚集在一个角落里即兴演奏的乐曲。现在，城市居民开始愈来愈欣赏那些恬静的声音，像微风中树叶的沙沙声或是路边喷泉水花的溅落声。

气味

如果我们认为城市是恶臭的，那是因为亲身体验过的缘故。即使是在这个对环境严格控制的时代，我们仍不得不想办法消除那遍及我们城市大部分地区的恶臭。我们不必费心对这些嗅觉侵犯者进行分类。我们对它们太了解了。

对污染的控制，现在越来越受影响而且得到最大限度的支持。但是常常有固执的反对者最热心于一场接一场的行动——个人抗议、抵制、给报社写信、请愿和政治压力。不久前，许多一直不明白你过去在谈论些什么的政治家们也着手来减少这种麻烦。其实所有人现在都明白问题的所在和积极行动的必要性。

对于控制污染的问题来说，有些人认为改变对他们本身并没有多少益处，所以必须让他们看到改变后的益处。

触摸

每个人是如何感受城市呢？是通过所有衣食上的舒适与否来进行感知的。难受越少，舒适就越多，对这个城市"感觉"就越好。

舒适度是由惬意的感受来衡量的，例如，冬季里的温暖和减少室外的活动以及夏季里的凉风和阴凉。行走距离的长短和上下坡难易度也是舒适度的一部分，如同对脚下人行道的控制。甚至长椅的弹性和弯曲程度、斜坡的坡度或栏杆的高度也能增加身体的舒适度。所有这些都是规划和设计的内容。

人这种高等动物主要靠手和脚对周围环境永远不停地探索。眼睛，是一种间接的形式，也是细微调谐触觉的传感器，因为它们把光影转化成质量和结构，并把色彩转化成"冷"和"暖"。每一个人，无论年长或年幼，从头到脚都是敏感的接收器。所以，我们靠着自己的感觉和对事物感知的方式，在令人厌恶或有吸引力的物体与物体之间、地点和地点之间接触环境。

美国人一直有权利生活在自由而又有序的社会中，我们认为自由是应该的，最近，我们开始对"有序"产生了疑问。

智力活动

人不仅是感觉动物，也是思想者。当事物与其更佳状态之间有差异时，人们就会烦恼。经验证明，当事物不按照人们的伦理模式或自然法则运行时，失望、痛苦，甚至全部灾难都可能会随之而来。

作为动物的现代人类，我们认为危险和不卫生的环境应当避免，显然，我们生存空间中对安全或健康的不良威胁以及各种形式的污染都必须加以消除。我们总是寻求那些接近理想的环境。经过思考和学习，我们发现当环境改善之后，我们对"理想"的概念就会变得更好，即一个应该通向进步的事实——期望越高结果越好。

感情

感情也应包括在印象中，因为被感知的内容常常被一个人的情绪状态影响。我们的感情变化有着惊人的范围——从低到高，从残忍到温柔，从粗鲁到优雅。所有的城市曾一度被卷入低级的感情中——比如，因为战争产生的盲目狂暴和喧闹。在毁灭的历史事件中，值得指出的是，每一个历史上的文明社会都是建立在另一个社会的灰烬上，几乎没有例外。如果在关键时刻头脑辜负了我们，那么社会残余可能也是我们自己所能留下的。所有的城市也曾一度被趋向崇高的感情浸透过。不然，如何解释人们对音乐、艺术的伟大作品、对宏伟的园林作品或对像索尔兹伯里、圣马可、朗兹或查特教堂这些建筑极品具有那种不同寻常的热情呢？

市民自豪感

全世界的市民具有的更崇高的情感之一就是那种市民的自豪感。古雅典人具有它，伴随着良好的动机和恰当的尺度。他们对待生命中所有事情——他们的身体、精神、神庙和城市那种很有思想的方式现在仍被尊为基准。古罗马人赋予文明社会更深的意义，即法律和秩序。接下来，君士坦丁堡的公民创造了一个城市，它在我们关系到文雅礼貌的那些品质方面，或许至今仍未被超越。拥有好的设想和好的管理的城市是人类成就的最高形式——这种信念在这些过去的城市身上得到了印证。

我们的成功，如果一定要指明，也许不是建造这个世界上最伟大的城市，而是建造这个伟大城市所用的先

伟大时代的伟大城市是理想的具体体现——依靠文化、场所和时间成为"理想"的城市。

———————

城市化等同于多样化。多样性越丰富，人的群体越大。人的群体越大，在城市逗留的时间越长——城市就越成功。

———————

城市的激情来自不停息的活动。

理查德·布鲁克黑斯

气候、文化、宗教和历史都有助于形成墨西哥的广场和公共开放空间强烈的民族色彩。在这里，建筑和景观都可以满足节日活动、市场和求爱的要求。

玛利奥·斯杰特南

进知识。

事　件

在这一周，城市里究竟发生了什么事情？如果答案是"无可奉告"或是"事情很少"，那么，这个城市就不会有多好。一个繁荣的城市总是有很多事情发生着。

事件以多种多样的形式出现——从庆典到灾难应有尽有。积极的事件有节日游行和音乐节、乐队演奏和彩旗飞扬，所有的人都陶醉在快乐的喧闹中。那里有集会、商品交易会、汽车展、房展、鲜花、小动物和划艇；运动场里有体育比赛，竞技场里有球赛和杂技表演；画廊里举办展览，河里有游泳比赛，而街道上有赛跑活动。人们从四周聚集到城市来欣赏交响乐、歌剧、戏剧、露天演出、芭蕾舞和参加特殊的宗教仪式。也有一些小的节日，每个社区或小区，会有自己的体育比赛、学校演出、音乐会、演讲、集市、俱乐部活动和烧烤聚会。这些都有助于提供一种归属和共享的感觉——那就是美好生活的感觉。

在密西西比河表演船的传统活动中，沿城市河道和滨水区的新船队展示和音乐游艇已经成为大家熟悉的季节性焦点。风俗久一些而规模小一些的事件包括流浪艺人的街头表演；有人独自随意弹奏着吉他，戴帽子的流行乐队在人行道上表演，在中午时分，弦乐队或管乐队坐在广场喷泉的旁边——所有这些都增添了趣味和生气。

消极的活动包括罢工、抗议、粗暴的政治援助和失控的示威活动。这些事件跟城市规划有何关系呢？从宏观上看，几乎可以说城镇规划开始于这些事件，也因为古老的城市就是围绕人们的聚集地、田地、市场、教堂广场、喷泉庭院和内部交通线路建造的。每个行为或事件都需要一个适当的地点——越相称越好。所以，在对城市活动中心的规划设计和对它们的位置、特征的描绘中，最好能预见所有可能发生的事件并为其做好准备。

参　与

就市民对市政事务的参与来讲，一度在老城的集会上详尽公开的讨论，退化成了如今市政厅里的闭门决议。这一点要改变过来。因为糟糕的城市状况由此而产生，因为人们要重新得到发言权，目前投票者已获得越来越多的机会表达他们的意见。现在当地人们关注的大部分问题都被列入城市委员会或其他公共论坛的日程，以便讨论和争论。就地区而言，影响交通运输、能源生产和环境保护的问题

城市是社区的社区。

当一个受到影响的地区中的大多数人都理解但反对一个计划的事情时，该事件往往就不会发生了。

今天的建筑学有太多的成分被自我参照的观点和自我意识的与高度文明对话所先入为主。这样就夸大了设计师和委托人。但是丢掉了建筑学所关注的所有问题：创建一个活泼的、人性化的住所，艺术化地表达所处的时代背景和场所以及人们的梦想。

安妮·威斯顿·斯伯尼

通过所要服务的人群参与设计，设计师可以提高自身的才能。

查理斯·摩尔

中心城区的吸引力是依据其密度来计量的。

是例行公事公布于众的。这种趋势不仅可以恢复个人的那种感觉，即他们的意见是有分量的，而且也会加深公众对当前问题及其解决方法的了解。

就设计而言，按惯例是由专业人员——如建筑师、风景园林师和工程师——"秘密"地工作直到呈现出他们的最终意见为止。这样做的明显优点是集中、快捷。它对于设计者而言是直观的、没有妨碍的和令人满足的。但是，在影响到公众的项目中，这个过程缺乏市民的参与，而且常常会出现不被接受的方案——那些不理解方案内在原理的人，那些可能在其他方面有异议的人或那些可能有更好设想的人，都可能不接受它。

最近，人们主要在"与公众同在"或"营造接受意见的气氛"方面做出努力，有些设计事务所在选出的项目上已经开始了一种参与方法。这种方法包括免费的、面对面的讨论，有该社区的市民参与，首先讨论需要和计划，然后描述、勾画出相应的解决方法。市民从而作为贡献者加入了这个过程。在设计的进展以及在最后设计陈述时，参与者常常会被重新召集起来，定期审议并提出意见。尽管在这种实例中，设计方案多少会被冲淡而且过程会更耗时，但这种方法常常是允许的。可以预见的是这种实例实施的概率会大大提高。

通常市民的参与会产生更贴近公众需要和符合公众利益的设计。

特　色

那么有什么东西能将一个城市与其他城市区分开来呢？新奥尔良与圣地亚哥，纽约与华盛顿，芝加哥与旧金山，西雅图与丹佛或达拉斯用什么可以区别开来呢？每个城市的名字都能唤出一个生动的印象——不仅对那些游览者，而且对生活和工作在那里的人也一样。这些印象主要来源于物质特征。其中地形位置是首要的，建筑特征往往居其次。此外，还有文化特征——食物、服饰、音乐、舞蹈和节日。然后是对记忆中特定地点的印象——清晨的集市、阳光下热闹的广场或是在水边可眺望落日的餐馆。还有那些事件——帕特立克大街游行、狂欢节、世界级的决赛、喷泉旁的滑稽表演、集会时所有气球的放飞……

在相似的街道、写字楼，或是每一夜都一样的汽车旅馆，差异是应该被重视的，甚至是路灯的形状或某个码头边货摊上海产品的摆放方式都要予以关注。所以，访问具有特色的地方或城市是多么令人兴奋啊！就像圣达菲市那样，特点越生动鲜明就越有吸引力。既然是这样，城市规划师就有义务去保持和强调那些使他们的城市独一无二的特征。

困　境

　　依据某种定义，城市是人类集中的交流场所。它们具有极性的吸引力，使整个地区有磁核。至少一直以来大多数城市都是这样。但在我们这个时期，城市正在失去它们像地球引力一样的吸引力。其原因主要是因为随着汽车的出现，城市已经逐渐被肢解，变成郊区，它们的活动中心分散了——它们的磁力也消散了。

　　假如我们可以用活动传感器来扫描大都市区域的话，许多地方都会呈现出这样一种图像：从所谓的中心城市模糊的团块中发散出多个线上有黏糊糊的斑点。整个团块加到道路网上，是不规则的、没有可以辨别的结构，没有逻辑性。不仅如此，有些东西错得如此彻底，以至于使整个城市的形态秩序都发生了混乱。

　　如果把城市比作要接受身体检查的一个人的话，其检查结果一定不容乐观。其重要器官已经损耗得差不多了，心脏穿孔、脉搏虚弱、静脉和动脉堵塞、组织坏死、身体残疾、容貌苍老憔悴。曾经精力充沛的城市已经衰老得面目全非，虚弱到接近崩溃的边缘，它们变得越来越衰退。滋补和敷药都已经失败。即使大换血，希望也很渺茫。我们热切期盼生病的城市能多少恢复些活力。然而我们只能指望新一代人去努力了。

　　新城市如何做到与众不同呢？在哪些方面可以有起色呢？我们希望它们有美观的外形——自然、优雅、整洁、健康。我们知道要繁荣城市，必须使它处于统治地位。要有统治地位，它就必须重新成为整个地区的中心，这些是应该达到的目标。那么，如何达到这一点呢？第一步，如果城市状况不稳定，就可以帮着先找出原因。

外　迁

　　对有些城市来讲，越来越多的机会已经呈现在市郊和远处——有时甚至出现在偏远的乡下。住宅的业主面对总体不乐观的趋势非常惊慌，希望尽快出售和搬迁。百货公司正在腾出他们的城市据点或建立繁荣的郊区阵地来取代它们的城市贸易。办公区和工业园正在城市外兴起。大教堂和礼拜堂随着它们成员的迁移也关门了。大学、运动场馆

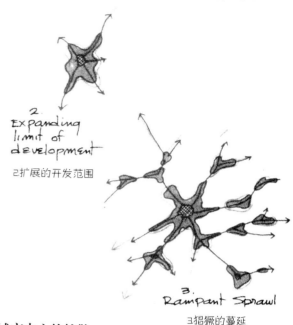

1.早期城市的发展范围

2扩展的开发范围

3猖獗的蔓延

城市中心的扩散
没有制定界限和分区控制的帮助，城市活动区域就沿道路向外迁移。

　　如果说我们目前的城市是失败的，它们就可以作为对更好城市需求的明证。

　　市中心的天然优势是巨大的，但是作为已经陈旧的内城中心，它是荒废的。尽管美国人富有创造力，但仍难以令他们的市中心更新。市中心是丑陋、不便捷、混乱和阴暗的。

詹姆斯·劳斯

　　人们为何要逃离城市？是因为邻里关系的破坏，是因为商业、工业和就业区的分散，是因为更高的税收及贫穷、衰败和对犯罪的恐惧。是对外面的世界更加美丽和更加绿色的向往，也是因为高速公路网的向外辐射加速了这种逃离。

　　除此之外，没有值得留下的理由。市中心既没有吸引力，也失去了诱惑；可以到达的停车场很远而且收费很高。此外，还要走太长的路，穿过太多的十字路口，才能到你想要到的地方。

　　何时人们会重返城市呢？只有当它比现在人们居住的地方更有优势时。

治病之前，必须先确诊，才能开出有效的良方。上述大城市的通病是具有衰败的病征，急需救治。

未经规划的重新开发

大拆使许多曾经繁荣活跃的城市街区成为荒凉的废弃地。（格兰特·海曼图片社）

掠　夺

设备通行权线路形成的切口使得区域性的衰败无处不在，应该将它们组合并规划为交通与管线传输的廊道。（格兰特·海曼图片社）

烟雾般的扩散

这个曾经的美妙风景，已成为失控的城市化方面的典型实例。（格兰特·海曼图片社）

玷　污

　　"电杆污染"又称不加控制的架设电线和标识,一直为人们所长久宽容。(格兰特·海曼图片社)

雾　霾

　　空气污染,污染物和"酸雨",仍然是许多大城市生活的内容。(威斯莱特版权,理查德·富克巴理)

废　弃

　　原先繁荣的商业街如今成了连续数英里长的空置、废弃的建筑。(格兰特·海曼图片社)

贫　瘠

　　这种沥青和砖石的沙漠失去了它的极性吸引力。(威斯莱特版权,C·摩尔)

污　染

　　在大城市的工业设施应该"清除"。（格兰特海尔曼供照）

汽车的入侵

　　潮水般的车道和地面停车场破坏了中心城市至关重要的内在联系。（威斯莱特版权，比尔·罗斯）

腐　烂

　　患病的城市机体组织感染了周边的一切。（格兰特·海曼图片社）

网格锁定

　　在分裂的力量线作用下，城市被拉伸和分区。（美国海岸和地理测量局供照）

空洞的纪念性

　　为何不规划一个小广场,为何不规划一条林荫路,为何不规划一个城市?(肯尼思·M·威勒)

贫民窟

　　贫民窟的生活和失业是混乱与犯罪的温床。(美国户外娱乐局供照)

单　　调

　　这些沉闷的街边建筑群为建设规划社区提供了有说服力的理由。(格兰特·海曼图片社)

被忽视的水路

　　芝加哥一度冷冰冰的外克路已经转变成著名的商住中心。(格兰特·海曼图片社)

一个常见的美国现象是城市扩张在整个郊区中以无规则的状态蔓延,许多不同类型的土地被无序利用,这样侵扰了自然系统,也使已建好的社区变得混乱。目前挽回、补救的迹象几乎没有。

扩散是一种浪费。它增加和重复了没有享受到服务,却要为服务买单的公众的开支,并建立了超越合理需要界限的、不停拓宽的道路和设备线路网络,同时还破坏了郊区农场——森林的完整性。破坏了我们的风景遗产。

扩散只能导致混乱。

优秀的区域规划不应该继续被过时的政治界限的拼凑物所妨碍,它既没有合理的存在理由,又与起伏的地形没有任何联系。

边界要清楚地划定。这样,可加强内部生活并创建与周围社会细致的连接。

黛安娜·鲍莫里

和表演艺术中心正移向那些费用更低、更易到达和更有吸引力的地区。

这种远离城市中心的迁移现象暗示有些事情已偏向错误的方向了。究竟是什么原因能引起人们这样大批的离去?坦率地说,是因为大多数城市正慢慢地但的确是在走向衰败。很多长期居住的居民不再感到他们是在最好的地方生活和工作。渐渐地,城市呈现出一幅荒凉的景象:在交通堵塞的街道、光秃秃的停车场和贫民窟的背景下,从沉闷公寓的街区中冒出尺度巨大的孤零零的塔楼。维护水平下降——如污染、犯罪和税收上涨。当支付大部分税金的那些人离开时,越来越多的负担落在支付能力较低的另一些人的身上。许多迁移到城市中填补空缺的人根本支付不起税金。

这仅仅是我们所设想和预料的,当整个城市区域的优点不再能平衡或低于那些负面因素时,城市居民将会寻找更理想的区域。发现理想的居所后他们就会迁移。这种加速的外迁趋势,可称为"扩散"或城市蔓延,这已成为一个难题。

扩 散

这种观点的重要前提是目前的城市所具有的这些扩散现象。扩散,或城市蔓延,先是那些更为成功的企业和更为舒适的住宅群向周围乡间慢慢散布。随后各种相应的支持服务设施也接踵而至。这不仅会对衰弱的城市中心造成严重破坏,还会以一种网络的形式渗透到无关的农田、森林和沼泽地中,网络中含有不协调的路线和不相称的发展类型。

如何阻止城市这种大量外迁及其对周围区域的破坏呢?只能通过确定界限和控制发展的强制手段来缓解对外部的压力。

地界各有不同。自治区、镇、城、县或广城市的管理有其自己的规范条例,可以据此控制其发展,它们的界线是行政界线。此外,还有自然的地界,如广阔的水体滩地和沿岸,沼泽、河流及划分界限的山脊。还有管线传输走廊、运河和铁路线及其他一些线性的划分。但是,最常见和最有效的分界线就是主要高速公路。特别是在这些高速公路先于远期规划完成之前,而且同时与分区控制方相协调时。

在已规划和确定的城市界限以外,不允许在指定的开放空间保护区里出现城市化——除非是在现有城市中心调整的界限里。不统一的功能逐渐要消除，直到农田、森林和保护区的完整性被修复为止。

边界不明

因为预先确定未来的土地面积需求是有难度的，所以有人反对边界限制的强制执行。他们认为，无论身在何处，交通运输的新模式会缩短距离，而且新型的通讯方式会消除人们自由视听交流的障碍，无论他们身处何方。限定范围是人工化的，毫无意义的。而对确定界限的反对者则提出一种需要恰当应用的"可替代策略"模式，作为推荐的规划方法。他们暗示这可以提供更大的灵活度，但是他们恰恰失败了，从而暗示了这种可替代策略的本质。

增　生

当然，灵活度对于长达数年的分阶段重构城市来讲是非常必要的。但是在应用这种策略时，关于确保可以接受的陆地——水体基础的最好方法，就产生了问题。因为如果失控的扩散活动引发的增生不加以截断的话，城市将会继续分裂，正在减少的开放空间也会被更多同样的扩散现象侵占。在这种情形下，可行的规划可替代方案几乎就不存在了，其政治代价是昂贵而痛苦的。很明显，大城市蔓延

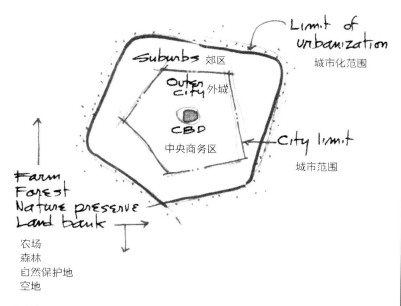

城市扩张区
按照分区制的做法，一种补救的方式就是在城市化区域内建立明确的城市界限。这样外围地区就可以作为永久的开放空间——已预先划定界限的除外。

城市的成功在于保护周围乡村的完整性，而不是仅在城市中做了些什么。

多数新的美国城市开发趋势继续采取郊区扩张的模式。然而，越来越多的设计人员相信，随着交通拥挤的增长、环境质量的下降、大众对步行的兴趣增加，越来越需要更为紧凑、功能更为完整的，以行人为导向的社区中心。

珍妮·霍茨·凯

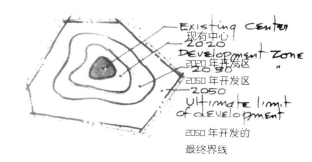

2050 年开发的
最终界线

依据分区原则（管理发展的一种手段）
在可接受的地点规划活动中心时，可以从中心向外发展以确保内部发展和避免扩散。这意味着当首批建设项目被批准时，可以根据暂定日期确定以同心圆的形式开发地块。

城市规划师之间有一个广泛的共识，我们的城市应该满足美好、丰富生活的要求，使生活和工作更加紧密地结合在一起。其前景是更为密集、集中的城市和更加开放的乡间。

虽然近来美国人口出生率有所下降，但是人口统计学家的正确推算显示在下一个十年，人口增长量为1亿人口，到那个时候，有超过4/5的美国人生活在城市化地区。

综观世界历史，当今活着的人比以前死去的人还要多。

安迪·鲁尼

即使在现在，如果所有的食品都按世界人口平均分配，我们都将会营养不良。

所有的事实都可以得出肯定的结论，世界人口增长的界限是人类生存的根本。

的扩展几乎是无止境的。更好的情况是无论何时何地应用这种策略，发展的大城市中心区和周围都会有一个可以接受的预留发展土地保护区。同时，在大都市的星系里，城市中心卫星会是紧凑而有效的实体。

只有通过确定和巩固城市中心，只有通过重建城市开放空间框架和解除对周围农田林地扩散性的侵扰，才能保证持续不变的生产力。只有这样才能为未来城市的发展和复兴提供一个能接纳的母体。

其他问题

在扩散、混乱的城市中，还存在着把人和物从一处运到另一处的难题。交通和运输系统因为交通堵塞和缺乏集散中心而瘫痪。尽管汽车到处都是，却似乎解决不了这一问题。州际快车和运输卡车艰难地通过拥挤的街道，递送那些位于拥挤城市通道中的装载码头上的货物和包裹。物品的储藏和分发同样麻烦。

水、能源和燃料是通过地下或架空的管线组成的不协调的迷宫来供给的——管线的位置经常是未被记录的。当然，还有排除污水、垃圾和废物这种令人苦恼的问题。废弃物被藏在这儿，堆到那儿，或积压在街角路边的箱子和罐子里，直到被叮当作响的10吨重的"恶臭弹"拖走。很难想象还有一种比这更低效率的运输方式了，更确切地说，这是由所谓的"城市系统"造成的。

人口压力

一个有着更多潜在威胁的问题是人口爆炸。因为不仅是很多城市过分拥挤，许多国家的人口也过多。美国在这个世纪内，人口已经多次翻番。人口增加是有限度的。严峻的现实必须被关注，并提出明智的决议，这种时刻正在飞快地逼近。在本书中，我们只能列举出人口冲击的严重性和它对城市决定性的影响。

与人口压力相关的问题是要给无家可归者提供住所，并帮助饥饿、患病和贫困的人。与此直接相关的有吸毒、虐待和街头暴力这些日益增加的危险现象，这些是社会问题——但是就像那些经济和政治问题一样，它们是物质社会规划的要素和城市发展的难题。它们不能被忽略，必须被"考虑进来"。

闯入者

如果说寓言"骆驼的鼻子"有对应物的话，那它就是

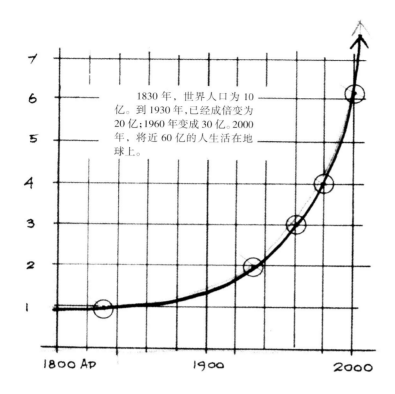

失控的人口（以 10 亿为单位的世界人口）
可持续的人口增长是有限度的。很明显，在未来的几十年里，人类面对最严峻的问题之一就是阻止人口增加。

汽车的车头。

　　无论如何，当代城市的困境在很大程度上可以归咎到汽车上。街道和停车场侵占了如此巨大的城市用地，这种事实已经够多的了，它们削弱了中心城市必要的强度。它们的建设和维护的公共费用简直就是在榨干城市的保险箱。作为对生命有威胁的大道，公路将人与人、商店与商店及办公楼与办公楼隔离开。另外，街道和停车场还强加给城市噪音和烟尘，给不断被迫停止的交通增加了矛盾和危险。就像一朵伴有菌丝生长的可怕的蘑菇，它们已经渗透到城市体内，并且侵蚀了它的生命力。

重要的妥协

　　长期以来，在美国人和他们令人垂涎的汽车之间，一直有一种不知羞耻的强烈爱好。既然这种倾向不可能很快改变，并对城市又有着如此破坏性的影响，现在是到了重新评价这种关系并使其变得可行的时候了。

　　其原因暗示了一种妥协。私家车在没有阻碍的路线上

　　城市干道建立在动与静这样一个动态均衡之上。宽敞的街道两旁为商店和服务设施这种简朴的规划，具体体现就是使顾客、社会活动者和工作人员得到永久性的场所，也为旅行者提供了交通中转点。汽车的发明打破了这种浪漫的均衡，从 19 世纪 20 年代开始，在车轮和脚步之间的平衡倾向到了汽车这一边。

　　第二次世界大战后，汽车引发了灾难，破坏性与分散性成为大小市中心混乱的特点。

珍妮·霍茨·凯

　　开车出行并穿越城市的冲动破坏了原本值得驾驶的意义。

　　实际上，在美国，每个城市都面临不能调和的汽车文化与城市设计之间的迫切矛盾。

威廉姆·D·瑞利

　　欧洲正在经历着和美国过去一样不幸的事，即分解城市，去容纳汽车的流动。

理查德·加里豪斯

　　我们不得不接受汽车，但不能容许它支配行人的环境。

乔治·皮罗杰

　　普通收入的家庭为汽车的花费比其饮食消费多一半的费用，几乎相当于购房或租房的 2/3 的费用。

《国家城市》

当土地价值足够高时,停车场就要建于地下,它可以成为场地的一部分,这样就可以解决这个难题了。

罗伯特·C·凯特尔

面对接下来的几十年,大城市的密度将翻倍,现今的美国城市必须重构很不相同的交通系统。

我们必须要"驯化"汽车,让其融入城市脉络中,并使它举止端正。

阿兰·L·华德

以一种令人兴奋的速度行驶时,性能最好、最舒适。而且在艰难地穿过交通堵塞的城市街道时,私家车又是最没效率、最不舒适和最令人烦恼的,所以私家车应该在中心城区的边界停下或转向,而在穿越周围 90% 的区域时有完全的行动自由。这看上去是一个公平交易。作为城市间的交通车辆而不是城市内部的交通工具,它们可以飞快地穿过和环绕郊区及开阔的乡下,行驶在随心所欲的车道和高速公路上,这样城市中心或城市中央的大片区域就可以改成愉快的步行区。

市中心区无疑是需要街道和林荫大道的,但不需要穿越式的街道或横切式的高速公路。未来城市的林荫大道将会设计成环状的有中转站和配送中心的道路,服务于出租车、公共汽车、新型的客运系统及急救车。为了能接送遍及中心城市的便利车站点上的乘客,入口的回路也会连接更小的当地街道。

那么在中心城市的重要边界会发生什么呢?在界定的交通集散环路上,司机可以绕到最便利的外围车库,或者,如果愿意付款享受特别待遇的话,可以开到步行广场下的专有停车位。高速交通工具可以从市郊的停车场让人飞奔到城市中心,中央商务区内的地面交通将被限制在空间良好的、没有临街建筑的林荫大道,通向或绕行于城内活动核心。

长期以来,这样理想的规划却处在我们反复的考虑之中,因为我们在真正做出决断的最后一刻来之前不愿松开方向盘。现在,我们的社会承受着如此大的压力,这一刻来临了。因为过长的交通运输线路已经大大削减了城市功能,而且几乎破坏了城市作为商业和文化交流中心的首要功能。土地使用和交通运输的新模式需要改变城市中心令人遗憾的退化趋势,并恢复其活力。

至关重要的城市中心

中心城市最好是整个地区政治、商业和文化活动的核心。那些被证明比较成功的例子是结构紧凑、乘汽车和快速交通工具容易到达、提供物资和设施的高效分配方式。现在还包括禁止车辆交通的步行区,它们都有着特别的趣味和吸引力。

也许,未来市区的最佳方式是把它建成一个周围禁止车辆通行的步行街的综合体,并由整个地区的内部路线变化来互相连接。每条步行街或居住区都将专属于一个或更多政治、金融、商贸、文化或娱乐的综合中心,还有附属

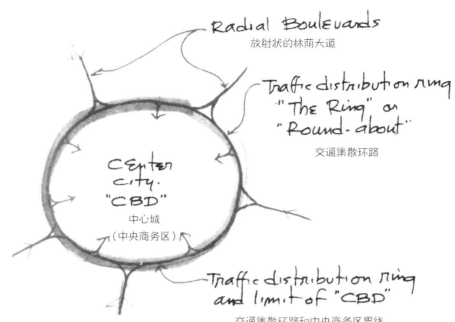

中心城区交通集散环路

预计在未来的中心城区，汽车的越境交通会在外部的集散环路被拦截。车辆会被引导到外围的车库、停车场或当地的车辆入口，分开的货运路以坡道形式与地下机械化分配货物的中转站相连。

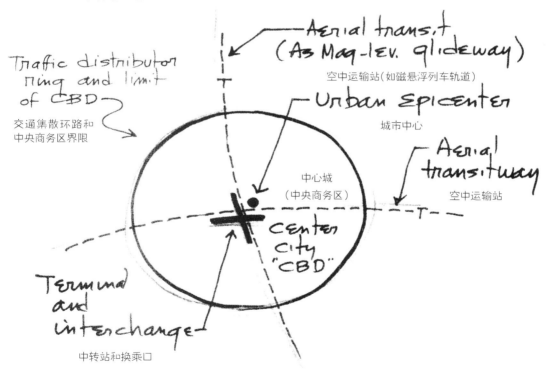

中心城区换乘站

整个地区的快速交通系统中心将会成为整个城市最为集中之地——整个广域城市区域是"最高和最好的"地方。

的宾馆、俱乐部、餐厅和商店。像高塔般直入云霄的和台地式的、有高差变化的建筑联合体组合在广场、庭院和道路周围，形成人们集中活动的一个步行区。

人性空间

低密度和低集聚性的场所会被认为是纪念碑似的、建筑似的或是严肃的，但是，让我们赶紧抛弃这种观点吧。如果严谨的车辆穿行的棋盘街区和邻接的人行道变成一系列花园空间，环境就会变得很人性化，因为这里有人群非常乐于所见和所做的事情。

城市中心一定要有时装店、饭店和咖啡厅、书摊、花摊和所有其他的便利设施。但是不能采用区域性的购物中心和那种铺张华丽的、人们太熟悉的方式。不要再犯这种错误了！如此大规模蔓延性的、用途单一的庞然大物，地面的停车场占地数英亩，会分散并不可救药地削弱密集性城市核心的主要功能。预防它们侵扰最简单的方法就是收缩和确定中心的界线。随之产生的房地产价格上涨，使其可以高价出售给用地多而耗资少的土地使用者，并确保至关重要的密集度。只有用与快速交通设施相连接的租金高的多层写字楼和百货商店才能作为中心商业贸易地区的"锚点"而独立存在。高档专卖店可以分布在其周围。

其他中心城市的店铺和服务设施应该互相交织和支持。至今没有比欧洲和拉丁美洲更好的范例了，那里各种各样的店铺占用第一层和第二层，公寓和办公室建在上面。

有一个经验丰富而敏锐的城市场景观察者已经为市中

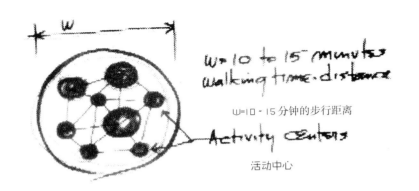

W=10 to 15 minutes walking time distance

W=10 - 15分钟的步行距离

Activity Centers

活动中心

密集而有活力的城市中央商务区
在理论上，这个圆圈代表CBD主要的成分。例如，市政大厅、法院、股票交易所、公寓、商业办公综合体、体育场、音乐厅或市民教堂。连线表示步行环线密集的中心，利于方便和愉快的交流——没有机动车穿行路的危险。

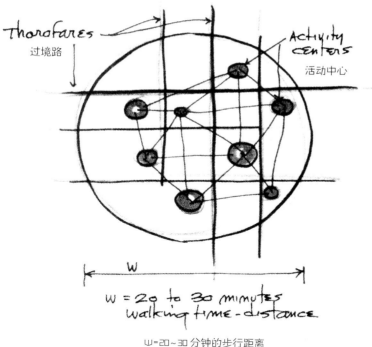

W = 20 to 30 minutes walking time - distance

W=20~30分钟的步行距离

被裂解的城市中央商务区
在这里,各组成部分被主要的交通道路和相关的停车场隔离开。被分裂的
市中心已经失去了它有活力的集中性——就是因为上述原因。

心区聚集地提供了有用的指导方针（指 William H. Whyte,
Jr)。他的许多发现和建议与已经建立的理论背道而驰。例
如,他发现城市公园和广场仅仅是宽阔、树木茂密、安静
或能提供私密性是远远不够的。没有必要将它们装扮得很
漂亮。植物、水体和色彩强有帮助但不是本质性的。

最重要的是城市公园和广场的位置——要靠近可能会
使用它们的人群。最好的聚会地点是宜人且适宜社交的。
作为空间,感觉上它们对于路过者来说是含蓄分隔的,同
时又是视野开放、能接近的。众多的过路人可以令人感兴
趣并产生安全感。人们喜欢观察别人、与别人共处,特别
是和朋友在一起。

一些城市中使用最多的空间通常很小。它们常常只是
隐蔽的角落或小道。在市中心区的道路和空间中,人们期
待有一点点的拥挤,甚至会欣赏它。空间形态似乎并不那
么要紧,而且它们可以有很多形式——从直线形、几何形
到自由形。

座位是一个引人注意的部分——也许是最有吸引力的

内城中最常用的人流集散地并不是大尺度、绿色和"可进入"的那种用地，而是在频繁使用人行路边缘开辟的小块土地。

———

作为内城开发的条件，商店的首层应该排列在步行街道和广场边。

———

购物也许是由最初的步行活动进化而来的。现在作为一个更加娱乐、休闲的活动，因此，它需要有步行环境。

乔治·皮罗杰

特征。即使是一个台面或宽台阶或是花池、水池的边沿乃至草坡、篱笆都是可以充当的。长凳总是受欢迎——倘若它们对于那些使用者来说舒适而且位置良好。因为，虽然"孤客们"可能会挑选阳光或阴凉下孤立的一处，情侣和夫妇却更愿意面对面地靠近，或者并肩坐在L形长椅里面的内角处或相交的台阶上。

三个或更多人喜欢"聚成一团"，这样呈一排的长凳就难以满足这种需要。而可移动的椅子常常可以做到这点。因为它们被公众喜爱和欣赏。

市中心区的这一户外聚集场所有三个最生动的要素，即位置、人和"可坐性"。少量阳光照射的块石路面、头顶上树叶丛和夏季喷泉的飞溅也很受欢迎。

在这里，市中心区将再次像从前那样，有开敞的商店门面和展示橱窗，花店、报摊、成群的店铺和贴有海报、标语、飞舞着的小旗的亭子。在户外庭院和路上都会发现徘徊的音乐家以及买热狗、烤栗子、爆米花、脆饼干、点心和冰冻布丁的小贩。货架上摆满了艳丽的T恤、木偶、跳舞娃娃、旋转风车、抽陀螺和飘浮的气球，还有非洲、印度、拉丁美洲和中国商人提供的雕刻品、项链、护身符和红宝石、翡翠和绿松石制成的挂饰。在这里，公司员工、顾客和穿越室内外如此迷人空间的游客聚集在一起，城市将变得活跃起来。

未来这样的城市中心将提供一个安全、方便和愉悦的环境。

天桥—地下通道

横穿公路的人行天桥或地下通道可能是一个不成功的设计，但如果精心构思，也可能成为一个重要特征。在使用者很少的地方，这种通道是低效能的。这种地下迷宫会让人迷路，或者把行人引到远离他们想去的地方。在使用者很多的地方，这种通道特别有效。这一点在气温变化剧烈或天气恶劣的地区表现得尤为突出。不论有多高，更好的步道是那种在途中可让人观赏到有趣的东西或是做些有意思的事情。

在风景规划中，可将移动的人流与水流相类比。当通道狭窄而平坦时，两者都会流动而不受阻碍。当溪流或河流的水道变宽，流速就变缓。如果沿水道有突出或凹进，或在水中有障碍物，那儿就会出现紊乱。接着就呈现出富有生气的激流、流过浅滩的涟漪、漩涡和安静的小水塘。这样一条河流无论是观看还是体验它都是令人兴奋的。步行的人流也是这样。路线和边界越直、变化越少，通行速

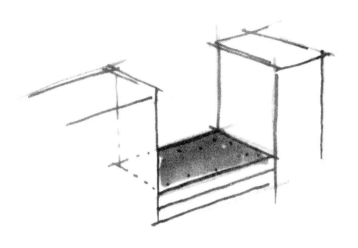

车库顶面上联系两侧的广场

人车分流对于城市更新非常必要。制定规划目标时,人车分流可以由多种方式实现,包括:

- 把小街区统一成超级街区
- 封闭街道
- 高架或降低机动车辆道路
- 在道路上设置架高的广场
- 街区中央广场和通道
- 下层设置的步行区、步行道
- 在建筑之间设置互相联系的广场
- 车库顶面和屋顶的利用
- 空中走廊或天桥
- 排列有商店的空中走廊(如威尼斯的 Rialto)
- 周围的车行路不穿过商业、办公和其他活动中心

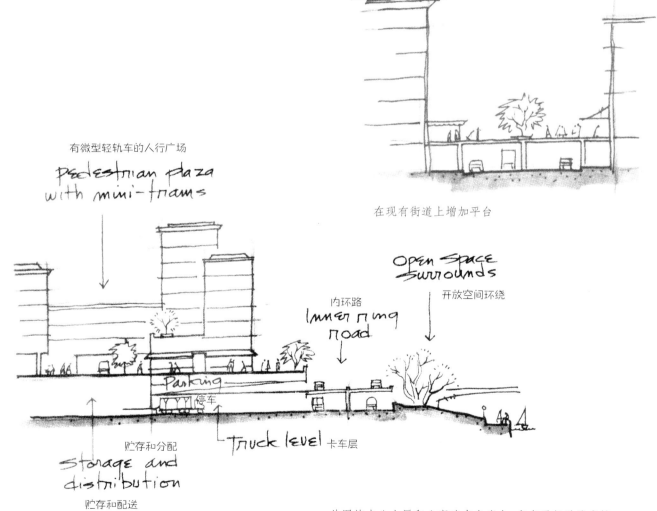

在现有街道上增加平台

有微型轻轨车的人行广场

pedestrian plaza with mini-trams

内环路
Inner ring road

开放空间环绕
Open Space Surrounds

Parking
停车

贮存和分配
Storage and distribution
贮存和配送

Truck level 卡车层

人、汽车、卡车虽集中在一起但又各行其道

外围的办公大厦和公寓建在车库上。卡车通行道路直接通往地下的贮藏室和配送中心。

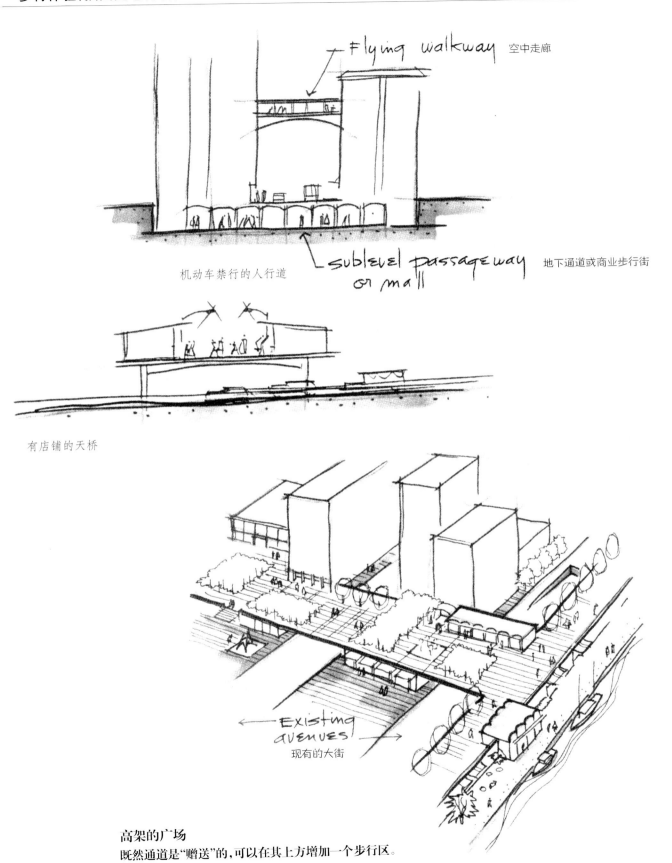

Flying walkway 空中走廊

机动车禁行的人行道

sublevel passageway or mall 地下通道或商业步行街

有店铺的天桥

Existing avenues
现有的大街

高架的广场
既然通道是"赠送"的，可以在其上方增加一个步行区。

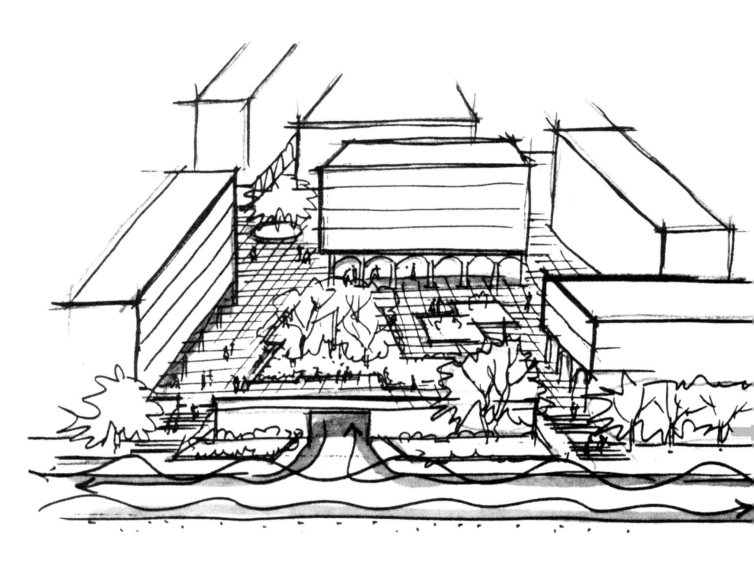

街区中的广场

这是地下车库贯穿街区的一个广场。这些互相交织的空间创造出机动车禁行的聚集场所和宝贵的建筑前脸——店铺和餐厅与人行广场在同层台地上。再上层的是办公室和公寓的首选位置。

为了让步行者——购物者、工作人员和游客——能充分体验城市的丰富和愉悦，必须让他们免于汽车的干扰。通过对市中心区的重新开发和新城镇的规划，大部分的内城区将仅限于步行。

大部分空中走廊和广场原本是不应该修建的。因为它们抢走了正常的人行流量,对交通并没有促进作用。

强化市中心区活动的解决办法并不是必须在空中或地下建立通道,答案应该是取消地面越境交通,回到步行街的模式,让汽车和公共服务车辆在地下或是城市边缘行驶,这样,车辆可以"做自己的事"畅通无阻。

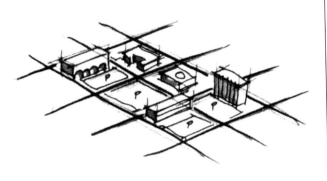

典型的网格式街道布局
城市中心建筑被道路和停车场所孤立。

度越快。蜿蜒而多变的道路减少了人流的匆忙通行,但增加了沿路经历事物的趣味性。活泼的生气可以借助那些行人必须弯曲和偏转才能通过的"拦路石"来提升,可以使用容纳性的拱柱和覆盖物或边缘有吸引力的装置。就像在商业街上,出挑的展示窗、开敞的店面、外卖柜台和展览及户外咖啡座或户外餐厅。所有这些步道上的"强化点"为步行的经历增加了快乐。

定 位

我在哪儿?哪条路通往中转站、城市中心、大教堂或是体育馆?这种问题提问的次数最能评判一个城市规划的好坏。寻找道路的难易程度在所有的土地规划中显得非常重要,这可以通过很多方式达到。首要的是规划图的简单清晰。

是呀!没有什么比令人熟悉的西洋跳棋盘式的街区和道路布局更简单清楚啦!确实如此。当人们要开车或步行穿过城市的时候,必须采取之字形的路线。它需要在对角线距离的一半和每隔90~150米有交叉口。那么,这种棋盘布局真是那么简单吗?其实,无论谁在汽车时代将如此不合逻辑的结构应用到一个新社区,肯定是简单的,因为它用车流将人们从他们所在地和他们前往的目的地分离。那么,这种棋盘为什么还使用得如此频繁呢?这就像人们仍然穿着在口袋上有雨罩的夹克、缝在袖子上无用的纽扣,还有假翻领,除了用来插装饰花外别无他用的切口(现在缝合了),这都是愚蠢的、不动脑子的缘故。人们穿外套而不穿舒适的宽松衬衫仅仅是因为别人这么做过而他们没想过更好的方式。我们现在懂得了不能在有个性的环境里使用这种网格。这种网格模式如果强加在柔和的地形上,不仅相关建设和维护的费用会很高,而且还会破坏、毁掉自然景观。

相反,规划上的清晰,意味着要使用更少的街道和林荫道——这些道路随地形起伏而变化,并可以形成更多可用的免受车辆交通之扰的建筑场地。规划上的清晰也意味着要在建筑之间和建筑周围创造具有引导性和多种形态的步行道,在其两边布置店铺,让人可见可闻喧闹的、宜居的、运行良好的城市。

定位还可以借助规划更大、更多自我持续的超级街区,采用从边缘地带使用的环形通路来实现,也可使用曲折的主干路结构,或是树干式一枝一梢的道路,逐渐向内部延伸直到分散。通过互相连接的焦点和多种形态的广场也是一个被证明可行的平面设置，如同改良的放射状设置。突出的地标如阁楼、尖塔、旗帜、灯塔，所有这些都充当着有益的向导，而那些场地外环境如丘陵、山峰、山谷和河流也给予人们空间感和方向感。

把城市定位在典型的南—北、东—西的棋盘格上不仅会以巨大的、不必要的代价损害地形环境，而且还不考虑和煦阳光与盛行风的力量与影响，以及夏日微风的嬉戏。如何才能像"落后的"马来西亚那样呢？最朴素的村庄，以及其中的每座建筑都被小心翼翼地设计以适应所有的这些自然特征。关于这些问题，我们还要更多地学习，再学习。

安全

统计显示，如果长寿是人们生活的目标，那么，在当今一般的城市里人们都做不到这一点。即使出租车或货车没有撞到你，行凶抢劫的路贼也可能会袭击你。在很多"错位"的城市里，连呼吸空气都有可能致命，城市里充满了排气管排出的烟雾和气体。此外，一些城市的街头犯罪已经到了令人担忧的程度，以至于职员都害怕接受工作。孤立的餐馆被迫关闭是因为顾客担心在街道往返时有生命危险，甚至一些广场和林荫大道也变成了无人区。

这种状况可以通过规划改变吗？毫无疑问，这是可以做到的。随着城市更新和再次开发，最近很多区域严重犯罪现象几乎已经停止。清除罪犯潜伏的场所和空荡荡的建筑，并安装照明设备是有帮助的。但更积极的做法是设置那些实用有特色的内容，在夜晚把人们从家中吸引到店铺、咖啡馆、书报摊、餐厅、画室和底部照明的大树下的座椅区，或是一个灯火辉煌的喷泉旁。如同欧洲的古老城市以其散步者和魅力而闻名于世，当代的蒙特利尔、棕榈海滩、卡梅尔、旧金山，新型步行城市将提供在市内更高公寓楼层上的住宅，以便人们在夜晚把生活搬出门外、下至街道。

到目前为止，有关步行城市中安全性最有效的因素就是高速、大流量交通的减少。随着宽阔的过境路被公车道路和小型交通回路所取代，整个市区将会从汽车市区变成人们的步行市区。

适 宜

适宜等同于恰当。适宜意味着人能在最适宜做某类事的地方做那类事，它意味着能轻松地把眼前密切接触的事物放在一起。

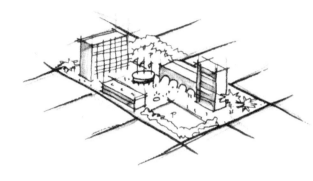

整合过的街区
通过这种超级街区"校园"式的规划，建筑关系、汽车道和人行道都可以有所改进。

由繁忙的商业街、组团的庭院、紧密的邻里和聚集的社区形成的城市都趋于自我巡视。本地的监控比起防护钢网和外墙,有更好的保护作用。

商业办公楼、公寓和商店是相互依存的,它们在一起会更好地运行,混合部分越丰富,效果越明显,在世界范围内,经受时间考验的成功模式是:商店沿步行街而设,而办公区和公寓在商店的上层,商店和餐馆生意兴隆,居民可以步行去工作和就餐,这样,漫步的人群可使整个街道更为安全。

开车进城的人越多,就会有更多的人因为交通阻塞而决定住在城外。

在分层的城市结构中,低层应保留作为停车和处理货物之用,步行道与商店、餐厅和集散场所都在同一层。上层最适合建办公区和公寓(越高层,房租赢利越多)。内部空间或是屋顶空间可以设小型剧场、酒吧、咖啡厅、健身俱乐部、娱乐特色的保龄球、游泳池和游戏场。

广场已被打散成许多小块,并分散在不同的地方,一些在室内,一些在户外,有的是公共的,有的并不是那么公共。大众生活的结构变得更为复杂。

马克·杰迪斯特

我们正关注着更为真实的美国的广场或公共空间的形态的发展,其中部分是欧式广场,部分是公园,甚至部分是花园。

马克·弗朗西斯

记住了这一点,如果我们把现在一般的中心城看作是一个居住、工作和贸易的理想场所的话,那么,我们肯定会质疑汽车在那儿的作用。事实很清楚,我们已经把人们喜爱场所的优良品质牺牲给了汽车通道。

要创造出确实有益于人类互动的中心,就必须构思没有道路分裂性侵扰的城市区域。在那里,联系是紧密的。建筑不再孤傲和分离,相反,而是加入了吸引人的聚集场所。那里还会有风雨廊道连接店铺和展示区;那里会有调节小气候的半透明圆屋顶、多层的街区广场和挑台;那里会有屋顶花园和敞向阳光和天空的天井;那里还会有各种形状、大小的庭院和广场。

那么,人们如何从远离中心的市郊来到这个城市伊甸园呢?可以通过有着良好新秩序的区域快速交通来实现,这种交通体系在建筑综合体中心有多层交叉的中转站点。它们也是明亮、通风、有趣和活泼的。

那么,汽车该怎么办呢?过境交通将沿城市交通环路来绕行,同时到达目的地的车辆会被引入外围的车库或地下停车场。有些则与服务和应急单位,都放在内部的地下。所有的运输卡车和货车会放在更深的地下层,并有专用出入口。公共汽车、出租车和其他形式的地面交通在市里是受欢迎的,它们往返和环绕着步行区接送乘客。

愉悦

当代城市很难与愉悦相联系。尽管总有令人愉快的事件发生,有许多令人愉快的东西可以看,还有许多令人愉快的场所。但对于大部分地区来说,市区中心是沉闷、肮脏的地方,它们常常是沥青路和堆砌的砖石组成的难以亲近的沙漠。峡谷似的街道在冬季的狂风中是冰冷的,而在夏季又是闷热的。一个个的商业区在步行线路上常常被停车库空白的墙壁或醒目的银行和壮观的写字楼所干扰。偶尔也会有吸引人的商店、户外餐厅、书报或鲜花货摊、水果铺,还有活泼、愉快的街道生活。但另一方面,又会有淫秽的色情书刊店、用木板封窗的空荡荡的店面、堆积的垃圾和各种令人厌恶的污染,还有挥之不去的交通噪声。

这种情况还能得到改善吗?我们能否在未来体验到清洁、舒适、愉悦、远离交通的城市?尽管对于某些人来说,这种想法看上去似乎牵强,但它并不是仅仅将自身发病的"市区"替换成由目前城市开发中非常成功的案例组成的综合体。

我们要设计中心城市,应该把以下城市的优点都结合进去。它们是：

> 休斯敦的商业街廊
> 林肯艺术表演中心
> 亚特兰大的桃树广场
> 华盛顿的朗方广场
> 旧金山的内河码头
> 洛杉矶的世纪城
> 路易斯的人工气候室
> 芝加哥的橡树谷或老果园购物中心
> 圣·安东尼奥滨河区
> 蒙第斯托的索尔广场
> 还有宽大的条形内埃皮克中心

按此设计的中心城市，会有多么令人愉快的步行领域啊！

中心城

每个大城市区域的中心城都是这个区域的动力所在。它容纳了整个地区政界、金融界和商界的能量发生器。这就像设计发电厂是为了获取最大的效益那样，必须想尽一切办法，规划和不断地调整城市中心以达到最佳状态。这意味着不仅要选择那些最适合包容进来的元素，还要规划它们之间的最佳关系。

临界规模

城市活力取决于强度。商业开发策划者更清楚临界规模这个术语，没有它就没有成功的希望。有利的临界规模意味着有大量的潜在客户或消费者，这取决于人口面积、密度和易达性。临界规模同样意味着产品和服务、建筑规模和其相关开放空间的充分集中，从而形成很强的吸引力。它是由协调一致的各种元素形成的向心聚合体，也代表了磁极、活性、高趣味的节点和人。

关　系

强度是必要的，但是只有强度还是不够的，很大程度上还取决于元素间的关系。要阐明这一点，我们可以设想有一个由一处贸易中心、一所医院和一个生产终端组成的紧密组团，可以预料在这里发生混战是必然的。摩擦、干扰和抱怨不久就成为主流。很明显，这种不协调的组合中的任意两者都不应该放在一起。然而这种事情已经发生了。

中心城市的连接路和林荫大道可以设计成通向岛屿似的次中心的地面通道。

许多传统城市已失去了其吸引力，城市看上去没有人性化，过于强大，甚至有时会令人产生恐惧感。

住宅群概念的延伸也可以应用于其他方面。例如，可以通过紧凑的建筑组团来改善购物中心、产业园区、商业办公区和社会公共机构的用地，从而产生额外的公共空间。

但是，我们可以采取一种更有利的组合，假定是政府方面的组合——由城市、县、联邦机构和法院组成。这种组合会有助公众支付税金、获得执照和许可证、查名、意见听取会、上诉、获取信息和表格。对不同的官员和职员而言，这种组合会使日常工作会比穿城从事工作要更有效率、更愉快。这个整体的组合就形成了给人深刻印象的城市特征，而且，如果设计得当，还可以让市民更加尊重政府，这比惯常的停尸房、阴森的县监狱或灰暗的市政厅会赢得的尊重要多得多。

　　或者假想一个完整的医院综合体。在公园般的环境里，它自己就是一个完整的组合，它可以将所有与卫生保健和医学治疗的相关元素有机联系在一起。在这里，近在咫尺就能享受到最好的医学诊断、技术和设备。很明显，这对提高治疗、手术和护理的质量很有好处。病人的入院、治疗会简化，同样，挂号、病案记录、诊断和付账也同样便捷。病人不必再乘着伴有刺耳警报声的救护车从一

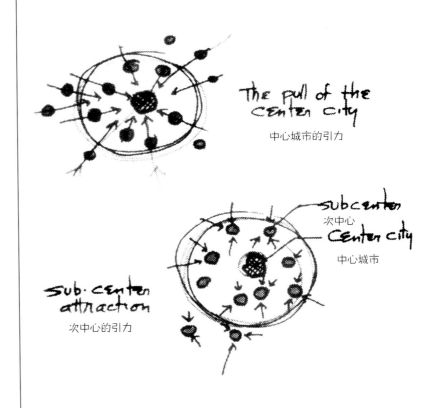

The pull of the center city
中心城市的引力

subcenter
次中心

Center City
中心城市

sub·center attraction
次中心的引力

临界规模
不仅城市需要临界规模，而且每个城市次中心也需要。

处转移到另一处。食品贮藏将因自动化的冷库和分类贮藏室而变得便利。食品的准备也将集中化。大量日常的洗衣工作会处理得远比以往高效，众多的维护工作和组合仪器系统的操作也会使效率更高。在一个医疗费用猛涨、就诊需求剧增的年代，规划这样高效的医疗中心已经变得至关紧要了。

金融机构的紧密联系也有它的益处。集中的交流系统、缩短的人们来往各办公室之间的时间以及共享的服务都会有积极的作用。在其内部和周围的优质餐厅、酒吧、俱乐部和专卖店可以增加方便和活力。

从上推理可知，我们应建立重组重构的、分类更明确、操作性更强的中心城市。

城市人性化

许多广义市域传统的城市中心已经陷入了不景气之中。由于被不断增加的拥挤道路弄得四分五裂，它们被夺走了应有的密度以及人与人之间的互动。由于没有限制边界，城市中心已经沿支路向外蔓延开，而常常在城市核心区留下一片空白和退化的荒芜景象。即使是在挣扎着的，布满高耸的银行、写字楼和市中心区的停车建筑的区域，其街面上已毫无吸引力。难怪一旦有机会投资者和顾客就会选择远离中心的购物广场、步行街和商业园，那里的日常经历要令人愉快得多。

对于大多数市民和游客来说，典型的美国城市是有压迫感的。它流线型的道路并不像欧洲城市的街道那样狭窄、蜿蜒，而是笔直地延伸到远处的地平线——只有在每个街区的端点被冷酷的交叉口打断。街道两边林立着庞大的建筑群，虽然宽阔但有压迫感，拥挤在混凝土人行道边。

僵硬的几何布局使我们的老城区看上去特别像是千篇一律的无限延伸。无疑，这样蔓延聚结的团块可以用带状的绿色开放空间更好地划分，用自由流动的公园路或高速路穿越。如果每个这种黏性的"岛屿"的规模能与其主要功能相匹配的话，例如，一个市民、商贸或商务中心的交通流量和功能使用都会更合适。人们在这样的环境中将会感觉更亲切、舒适和安全。此外，他们对自己场所的可辨识感，会发展成一种归属感和社区自豪感。

由于我们在城市更新和再开发方面有不断进步的技术，实现这样的转变现在是完全可能的。有关单位的全面规划，对于分期分区进行的旧城或旧区的改造特别有效。在经实践证明的改造实例中，有许多非常成功并充满前景。

中心城(中央商务区)

作为一个活力实体

我们呈碎片状的城市效率非常低。如果想恢复它们历史上作为力量和活动中心的角色，它们必须重新规划和建设得更好以便服务于当前的时代。它们的目标是向心式的集中化——有密集的商业、市民和文化的互动。

每个组成部分都要重新分析并设计以便最好的实现它的特殊功能。然后将所有的组成部分按照尽可能合理的关系组合。这是一项比乍看上去容易的任务——至少在概念阶段——因为所有城市有着近似的运行部件。

中心城——中心商务区(一个假设的例子)最成功的城市中心是这样的：其主要组成部分是紧密组织在地区交通中心周围。

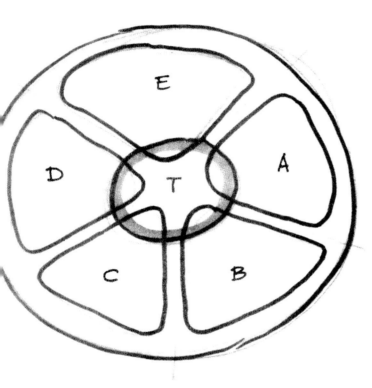

A. 政府区：联邦的、州的、广域市的城市办公室、邮政、海关和咨询服务。

B. 公司办公中心：公司总部和附属办公楼。

C. 金融区：股市交易、经纪行、银行、保险和投资。

D. 文化中心：市民会堂、会议中心、演艺中心、图书馆、博物馆、展览馆、宗教和教育机构。

E. 娱乐区：体育、剧场、音乐厅、餐饮和酒吧。

T. 地区性的交通换乘点：全廊道的综合体、主要的商业、百货、酒店、会议中心、时装店,贸易集市和职业办公室。

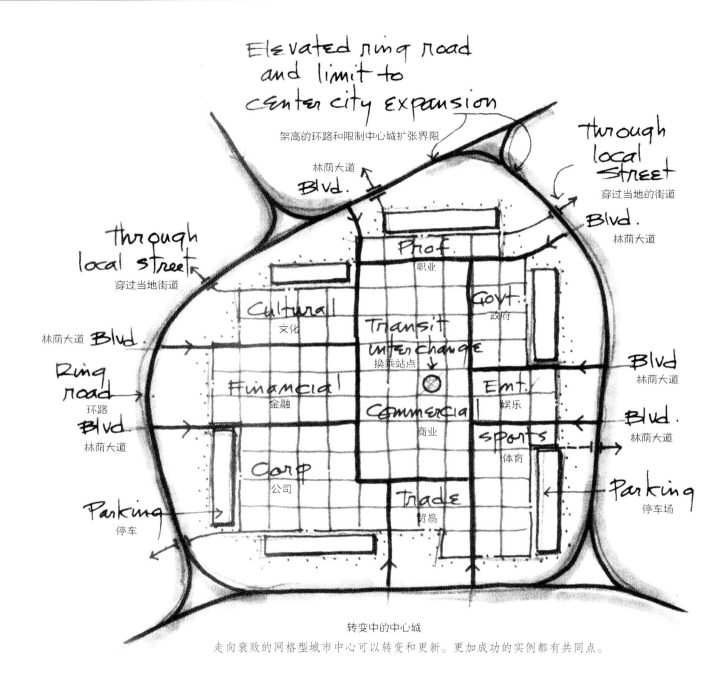

转变中的中心城

走向衰败的网格型城市中心可以转变和更新。更加成功的实例都有共同点。

- 紧凑 地区效率和活力是依靠组合相同类型的企业围绕着以互相连接的广场为中心的复合开放空间。它有助于周围的附加设施。整体的紧凑还会增加在中心内部各地点之间往返的便利。

- 界定 划定和控制针对扩张的固定界限对于预防城市蔓延和中心城退化非常必要。在这些规定的界限内,地产尽量保留,边缘的土地使用将被压缩,而且真正的城市会成为标志。

- 汽车连接路 在整个地区没有理由让进入中心的人被交通环路和中心城的边界拦截而绕行。"环路"也用于集散进入外围车库、内部通道或车库型商住公寓的大厦的机动车辆。在过渡阶段,至少绕行人行广场的车辆,应低速行驶。

- 快速交通连接路 未来的城市中心将围绕或立于整个地区的交通中心之上,并连接有便利的、通向市中心的客运点。

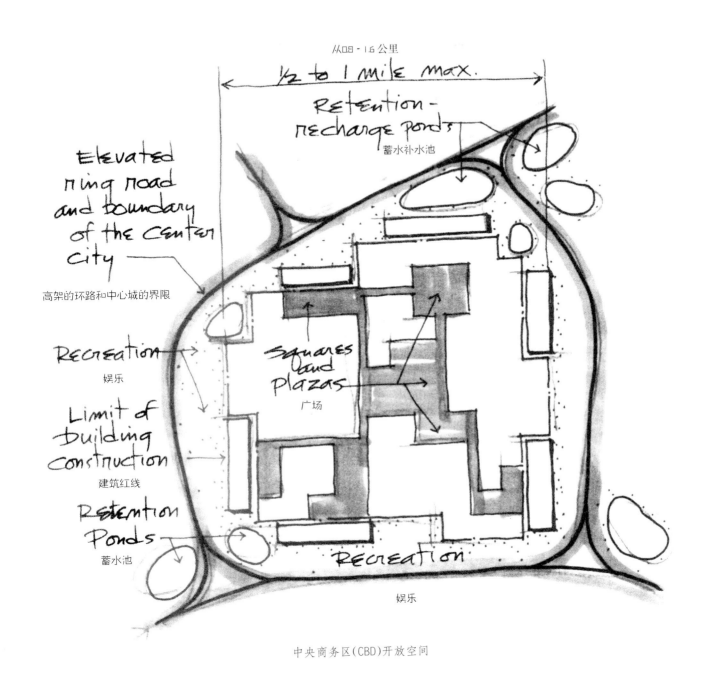

中央商务区(CBD)开放空间

- 步行区 免于车辆交通的广场或超级街区将会产生并在整个中心城扩大。经验证明,这种自由组织的步行场所很快会使其他孤立的街区也重新组合和转变。
- 交通 城市中心的交通将因为消除宽阔的穿行道路和地上停车场而得到极大改善。所有的不再被建筑或道路占据的地面和台地,会设计成各种形式的庭院和通道——这里有购物者、公司职员和新型的微型交通工具在自由移动。
- 开放空间 在中心城区阶梯的平台中,互相连接的广场和庭院与多组店铺、餐厅、休息亭和谐组合在一起分享空间,这里还有喷泉、雕塑和植物。在交通环路和停车建筑物之间没有建设的大量空地将会用作受欢迎的森林公园,这里有足够的空间开展许多类型的娱乐项目。而且这里也将有湖泊和池塘,用以收集和过滤市中心的雨水并补充淡水水源。

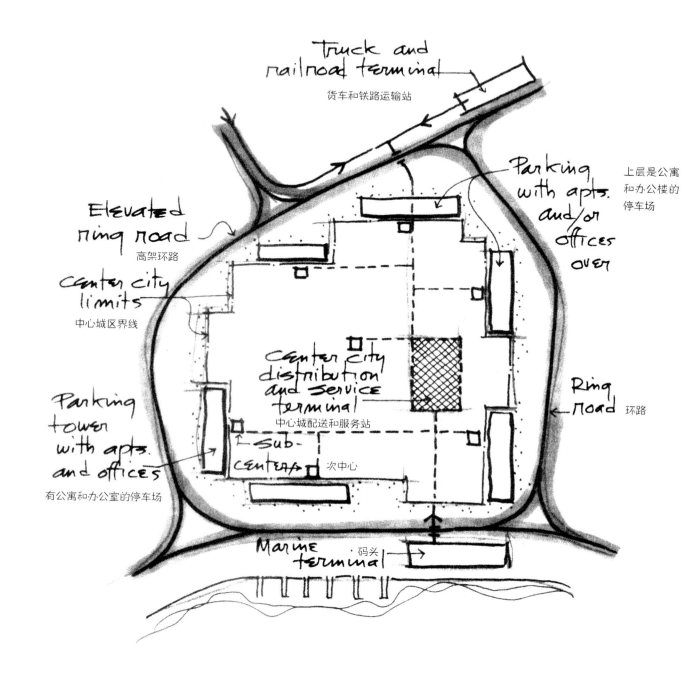

货物和服务

配送。货物和供给物将被接收、分类和运输,从有机械化传送设备的地下站点运送到选址合适的次级站点,在那里可以进行建筑到建筑间的直接递送。各种设备管线也布置在同一个有照明的地道中。原来,由地上货车完成的运输工作可以及时地逐步地在地下完成。

城市配送站
这个电脑控制的贮藏和配送系统仅仅是地下设备的一小部分，
这些地下设备将来会服务于城市中心。（喀麦隆·戴维森拍摄）

进而，人们会问："复兴的中心城可以与远离中心城的大型购物中心或商务园媲美吗？"很多例子给予了肯定回答。市中心的位置有许多明显的优势。它有向心力，位于整个地区交通枢纽的中心。它有一个半径非常大的贸易区和影响范围。通过关联它可以创造最高、最好的城市文明和最优越的城市生活。

毁掉中央商务区的办法：
- 分离次中心，从一个街区到另一个街区都是喧嚣的车行路。
- 沿着每个街区外围的步行道布置显眼但却没有太大意义的花岗岩石墙或是玻璃幕墙，面对着二层或三层的入口大堂。
- 挤走市中心区步行道旁最后的商店，连餐馆和咖啡吧一起将它们赶到市郊的商业步行街。商业与贸易也将随之而去。

人性尺度

曾有人精辟地指出，要恢复具有吸引力的城市，就必须恢复它的人性尺度。

"人性尺度"意味着什么呢？它与事物的外观大小和形状有关，即对人类参与者来说的事物感觉方式。尺度是被感知的关系，即谁对，谁好，谁有吸引力。它等同于令人难以捉摸的品质、魅力。

在城市中心能重新发现可爱的小空间和小路是多么幸运啊！如狭窄、蜿蜒的人行道，凉亭，天井或阳台的悬挑以及引人入胜的嵌入式入口。这种吸引人的特色也可能是路边的咖啡座和邻近昼夜开放的集市和商场，那里的各种器皿和农产品都被摆放出来问候或诱惑过往的顾客。就像柏林爱特林登街人行道旁的橱窗、日内瓦湖畔引人注目的亭子；斯德哥尔摩喧闹市场广场的摊点，巴黎塞纳河沿岸的书报摊、排在威尼斯蜿蜒的小街上的葡萄酒店、奶酪店和面包店；里斯本码头上丰富的蔬菜、水果和海产品的摊位。如果美国城市空间能有这种同样个性化的诱惑元素的话，就会越来越受欢迎，为我们提供视觉和嗅觉上的盛宴。

目标

那些经历过城市复兴的人已经发现并没有简单的解决办法。变革需要进行长期的、组织周密的战斗，市民行动团体、英明的政治领导和私人企业都要参加，这场奋争还要有最高创造力水平的先进规划设计。对于发起者来说，中心城应达到的目标就是创造或再创造广域市的最高级、最完整的商业、文化和市民中心及有特色的购物天堂。

高密度的实例

广域市地区的中央商务区（CBD）比大多数人想象的要小。

整个芝加哥的CBD——从瓦克特路到艾森豪威尔林荫大道和密歇根大街，面积大约是 2.6 平方公里，匹兹堡的"金三角"最长延伸到的点不到 1.6 公里的距离。达拉斯现在的"市中心"包含在一个半径不超过 0.8 公里的圆圈里，还有不少多余的空间。

在每一个实例城市中，超过于 1/4 的地区由分裂性的过境路所占用，最好应消除这种交通。被占用的区域建筑的平均高度低于三层楼的高度。由于电梯的便捷和人们的需求，办公和居住空间成倍扩建是合乎逻辑的，而且这些空间应向上而不是向外发展。那些最了解城市功能和形式的

城市设计的十大原则：

1. 你应该考虑建筑前的场地
2. 你应该虚心地了解其历史背景并尊重其文脉
3. 你应该提倡城市和城镇的混合功能
4. 你应该以人性的尺度进行设计
5. 你应该鼓励自由的散步方式
6. 你应该迎合社区的各个阶层要求并向他们咨询
7. 你应该建设清晰的环境
8. 你应该坚持到最后并适应之
9. 你应该避免一次性太大尺度的改动
10. 你应该在人工环境中，借助所有可以利用的手段，增加多样性、欢乐、视觉享受。

弗朗西斯·蒂贝德
"The planner,"
Joarnal of the
Royal Town planning
Institute,Vol4.no.12,
December 1988

这种想法并不是创造巨大的开放空间，而是创建实用的、人们真正想要的步行空间。

———

未来城市的吸引力将主要集中在一些被发现的、曾经被忽视的、偏僻的角落和小片的土地,并用座椅、喷泉、雕塑或植物赋予其生命力。

———

如果我们对城市规划的方向缺少明确的认识，那不妨回顾一下历史,历史上著名的城市之所以伟大,就是因为其领导了解他们想要实现的并着手去实现。

———

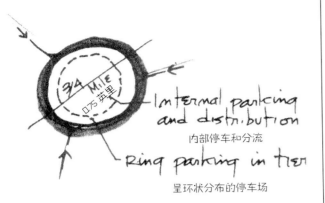

内部停车和分流

呈环状分布的停车场

紧凑而被包容的城市中央商务区

增加距离会增加市政投入，反之，则减少。

人能够预见到更高、更密集的中心。

新型中心城

未来中心城将会逐级上升到很高点。这将不是由孤零零的纪念碑似的塔楼沿道路排列成，而是点缀有庭院、天井、广场和市场的多层面的大型建筑的综合体。它是明亮而活泼的。新型城市中心会配有桑拿浴室、健身房、日光浴室、花店、书店、美食馆和专卖店，还配有儿童保育和个性化服务设施。

新型城市中心的商业、政府和文化的次中心会以宽阔的林荫大道入口来界定。这里也交叉有空中和地下交通线，并且开放空间缓冲带和疏散交通的花园路呈环状分布，有行人才充满活力，才是真正的广域市中心。

内　城

如果新型中心城被压缩在限制性的交通环路内，会导致密度增加，土地价格和房租也会上涨，那么，工作人员住到哪里呢？供应商们把他们的店铺设在哪里呢？人们到哪里去建贸易学校、修理铺和其他的基础设施呢？

按照逻辑，它们应该就在眼前，在邻近的内城之中。

依靠强化和稳定的城市中心核，其周围的内城将会呈现出复兴的活力。更新是关键。对于这儿来说，靠近地区中心的是一条陈旧的、可更新的、有各种样式和大小的建筑地带，已准备好和等待着被改建成住宅或作为他用。就像在古代欧洲的城镇中，建筑拥挤在广场、城堡、大教堂周围，常常面向当地狭窄的街道和小径。这儿可以说是一处多功能的庇护所——当今美国的"简·雅克布村庄"，这是古老的、改造的和新兴的事物的丰富而充满活力的混合体，弥漫着民族风情。

应该承认，现在的内城在某些地方是俗气而破旧的，有些甚至到了不能修复的程度，因为它已经陷入了萧条状态。加上没有就业基础，很多家庭已经搬迁，而被一群新的迁入者所取代，有些人只是寻找庇护所，但是所有人都在寻求更好的生活方式。城市已经失去了它以往的凝聚力和自豪感，但还有很多残留部分等待着新生。由于广域市对廉价的工作、居住空间的紧迫需求，内城会再度繁荣。这里有各种各样闲置的阁楼、平房、联排住宅、公寓、单体住宅和大厦；可以再度使用的店铺、商场、仓库、工厂和贮藏室等待着修缮和改造；这里是无数刚启动的企业、

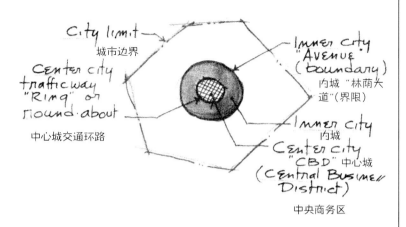

City limit
城市边界

Center city trafficway "Ring" or round about
中心城交通环路

Inner city "AVENUE" (boundary)
内城 "林荫大道"（界限）

Inner city
内城

Center city "CBD" (Central Business District)
中心城
中央商务区

内　城

内城与中心城区或中央商务区直接相邻，它位于内部交通"环路"和外部"林荫大道"之间的区域。通过把环路高架或走地下的方式，内城可以有通往中央商务区的自由通行的地面道路。

车间、供应、设备、修理和服务中心的开创地；也是办公室、画廊、鞋店、裁缝店、面包店、皮革铺、陶器店、花店和街角的杂货市场需要的地盘。这里也是工作机会丰富的场所，因为这里需要开展拆除陈旧的建筑、清除、修缮、重建和翻新工作。

这场复兴需要多少代价呢？所需要的能量从何而来呢？答案就摆在那儿，更新开始之日就能吸引更多的力量。

它需要启动和运转资金，但不是用巨额资金开发联邦住宅管理局（PHA）制定的那种标准公寓大厦，其标准最低、吸引力最小。

不要为大规模置换、清场和建设更多公共住房管理局的住房提供资金，也不要为超标置换社区提供资金。

不要指望大银行会贷款给自助改良者或企业家。银行没时间理睬这样的业务，因为从那些安全的贷款中有无穷的利益可以获取，像帮助储蓄贷款协会的大亨摆脱财政危机，贷款给地区的商业中心，资助丰田汽车或沃尔沃汽车制造厂，或者建造新的高速路和工厂来取代拉丁美洲的热带雨林。

绝不能再剥削负担沉重的城市了，因为从那里已经没有多少东西可以榨出来了。

内城的难题和可能性是国家层面的事情。无论如何，它们应当由联邦政府去解决，因为法律授权联邦政府要为

为适应未来城市人口成倍增加而相应在水平方向扩大同比例的城市面积，在资金投入上是不可能的，而且，这种做法是不能被接受的，因为它浪费土地，而且人们要花费大量的时间上下班和去开放娱乐空间。相反，增长垂直方向的建筑面积，不但投入少得多，而且所增加的个人出行时间也不过是以秒而不是以分来计算的。

《国家城市》

未来城市中心，将不是独立建筑物的集合体，而是具有旷奥空间的多层组装的巨型建筑与连接道路的混合体。

广泛使用高层空间，即翻倍使用建筑占地面积，可以使人不看不想停车和服务设施，从而强化城市活力。

在垂直的多层城市结构中，低层最适合保留作为停车和货物处理。人行道层适合于设置沿街商铺、餐馆和人流集中活动场所。高层最适合于作为办公室和公寓（层数越高租金可能越高）。室内和屋顶空间可用来作为剧场、酒吧、咖啡、健身俱乐部，也可以作为保龄球、游泳池和游乐场等的设施用地。

耀眼、崭新的办公大厦,比周围内城中更矮、更旧建筑创造的工作机会更少,因为租价较低可以吸引新的企业。

毫无疑问,有同样背景和相近收入的小团体生活在一起相当和谐。但是也有许多很好的理由让富人和穷人、白人和其他有色人群生活在一起,增加对其他人生活的了解,并且共享社区生活和机会开放性,这种共享是城市化的第一基本要素。

《国家城市》

生活在城市中的中产阶级类的专业人员数量也可能会增长。由于不需要政府的帮助他们就已实现旧邻里的振兴,想象一下,有什么已经完成会让人惊讶不已。

威廉姆·H·怀特

城市密集区最高的房租来自那些愿意为此花钱的人(即纽约的公园大道、芝加哥的金色水岸和旧金山的诺博山)。在美国只有三个这样的城市,在方圆4.8公里的中心区,其整个人口不能在7290公顷的土地上生活、工作、购物、游泳、礼拜和听音乐会。

《国家城市》

社会各个部分的福利工作。然而特殊的是,内城却要"越界"去接受联邦住房和城市发展部的"帮助"。以本人观点,这个部门毁掉的城市比它解救的城市还多,极为失败。联邦政府要整体上重新反思,并给出全新的、专项承诺。

要加快内城复兴,有两个计划都是必需的。一个是通过有条件的廉价买卖重新开发的房地产、自助以及其他激励方式鼓励和推动住宅和商业场所的所有权的确定,另一个是通过联邦政府的担保和地方管理,来为住宅及地产的更新提供小额贷款项目。当住宅和建筑使用者对所有权的前景感到放心,当他们能借到足够的安置资金来购买板材、玻璃和涂料等其他材料,更新工作就能开始运转。这样做总能取得非常明显的成效。

功　能

内城为中央商务区和外城提供服务性的设施和大部分劳动力,它由邻里组团和服务设施群组成。邻里的组成在特征上大为不同,这是因为其区位和居民收入水平有所不同,还有些人在使用受资助的住宅和自助式住宅。由于工作机会增大,内城会吸引一批熟练并且接受过再教育的工人、公司职员和管理人员。那里同样也需要设计方面的专业人才来规划和指导大量的内城改造项目。随着中心城吸引力的增加和土地价值的提高,许多上层收入的居民也会选择内城的住宅和生活。

在内城可以迅速地、分段把规则网格的街区改造成与地形相符的、形式自由的广阔地域。有些可规划成居住区,其他的地块可作为供给、制造或服务中心。

因为要满足对更高密度和更便宜租金的需求,新的内城住宅会将是远离街道的联排住宅和中底层公寓。所有住宅都会结合成统一的邻里,有其独立便捷的购物和娱乐设施。在扩大的重新开发区域内,所有其他设施也要统一到协调的地块中,这些设施将趋于完善。在功能上,未来的内城将充当与目前相同的角色——支撑中央商务区和外城。但城市会有一种完全不同的风采,有远离交通的邻里、高效得多的中心和运行良好的交通系统。如果中心城的口号是集中,那么内城的口号就是便利。

在内城可以期望的是繁荣的邻里,极具吸引力,而且很大程度上不会改变。很快,在升级的便利店、社区中心和交通站周围的无序的、散乱的地块,将会被改造和整理。有些地区只需要修整和粉刷,另一些则需要大规模更新和

4 城　市 City

改造。还有一些地方已破旧不堪，需要重新规划和分期再次开发。

不论在资助和重新规划内城时要做什么事情，首先必须考察现场了解现状的有利条件和不利条件，另外，还必须有社区领导、团体和市民充分的参与和商议。

连接路

为确定内城范围并阻止其向外蔓延，有必要设置一条永久的边界。这个边界最好是环形路，它可以为内城段和外城段及周围地区提供直达的车行路。在内城可以选择性地加宽街道，使其包含人行道、自行车专用道、公交车专用道和留给其他类型交通车辆的空间。这些街道从中心城环路的上方或下方穿过，在步行区之间自由环绕中央商务区。对于内城的大多数居民来讲，私家汽车是不需要的。

外　城

外城是位于内城与官方规定的城市界线之间的范围。在这个广阔的房地产开发区域，到处有用地的矛盾和冲突。这里有富丽堂皇的住宅和不动产、高尔夫球场、乡村购物区、单位用地、溪流和成片的林地。但是它们相互混杂在一起，成为不可能友好相处的邻居，如二手车市场、自助洗衣店、动物防疫站、铸造车间、垃圾场和组装工厂。它们怎么可能会相处得很好呢？很明显，不可能。由于没有很好地全面规划和控制，这种混合已经变得如此拥挤和令人担忧，充满矛盾，以至于急迫地需要厘清。

在厘清和调整过程中，有以下几种可能性。第一，这也是一个可喜的机会，即应用比较新颖、高效的综合规划和重新开发城市的技术。事实上，它们正是为这种真实用途设计的。通过分期实施，奇迹就可能实现。第二，把类似的和附属的设施组合为统一的中心，这样，所有的参与者肯定会获利。此外，因不适宜地相邻而产生的激烈冲突也可以得到解决。最后，一旦分散的设施得以及时重新组合，腾出的土地就可以重新组合成不同地块并恢复成开放空间的框架。

但是在着手重做外城前，了解城市文脉会是明智之举，这样可能做得更好一些。城市文脉非常重要，因为它涉及内城和整个广域市，外城扮演着一个重要角色。只有当外城运行良好时，内城中心才能发挥作用。因为尽管中央商务区是广域市的焦点，但是它仍然依赖着不同的城市次中心。

巧妙改造的邻里并没有伤害或赶走贫困的人，他们因此参与进来，并有所收获。

城市重新开发的工作最好是慢慢地、带有感情地分期实施，保存现有的最好部分。大规模地、不加选择地拆除将毁掉那些正需要帮助的社区。

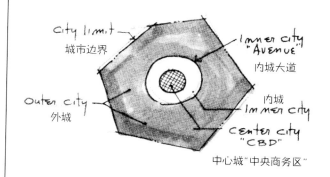

外　城
外城位于内城的边界大道与官方规定的城市界线的区域内。

正是去中心化的过程创造了一种需求，即寻找新型的中心，从而为蔓延的区域找到个性特征。

罗伯特·费斯曼

遍布欧洲的典型的城市次中心或是卫星新城，形式多样，都是建立在中央交通广场和商住楼综合体周围，低层为商店。这里通常也是一些区域性活动的集中地，例如，医疗、教育或研究中心，这里紧凑、密集并有固定的界限，是一个完整和谐的社区。这里四通八达，有大面积的步行道，其外部可通行汽车。

卫星式的城市次中心要在交通中心的周围布置高强度的活动和高密度的住房。卫星城之间和其周边则布置低密度的住宅，核心区的土地要用于发展多层的多功能设施，并配有该地区能支持的所有购物、服务和休闲的场所。

我们在上下班出行方面遇到的这些可怕的问题的原因之一就在于美国人着迷于单一功能的住宅区。

查尔·库伯·马可斯

正是我们自己的发展模式需要认真地修正。单一功能的地区，可能是市中心的办公区，或是市郊的办公园区，也可能是有死胡同的联体或是独栋住宅的居住区、大量孤立的公寓楼，必须驱车从一条街道的一侧到另一侧的商业中心，需要有大量停车场的公园。这几种模式都支持汽车作为运送绝大多数市民的工具，无论是单一或多重用途。但是如果在到达过程中，能让人的精神感受从隔离、孤立变为统一而互相连接，人们就有可能把道路想象成有意义的、令人愉悦的、与之相连的新场所。

本杰明·佛杰

城市次中心

城市次中心是外围的各种各样活动的地方，例如，教育、科研、医疗保健、体育或制造业的节点。在一些实例中，每个次中心有不同大小的特点，它们孤立地分散在整个区域。但更为常见的是，当这些节点统一组合时，就像分散的店铺和商店聚集成一条精心设计的商业街，各个节点都是受益的。通过合并相似的元素，可以使每个个体从整体中汲取力量。聚集的这些元素会吸引其他的支持设施，例如住宅、供给和娱乐等，从而形成一个平衡协作的社区。规划由高速路和车站连接的主要城市次中心选址得当，从而成为外城的基本要素。

典型的城市次中心应包括以下内容：

产业园： 由于在货运机场和中央配送终端之间的货运路线上，轻型制造厂和装配厂可以利用整个广域城市地区的资源。

科学研究中心： 如果高科技研发区可以直接连接大学、商业办公区和其他区域的节点，就可以把它布置在中心城外。

教育性的校园： 根据组合在一起的大学、学院和其他学习机构的特点，加入像博物馆、通讯、计算机或会议中心这样的组成部分，会使它们受益。

医疗保健中心： 医院、诊所、实验室、疗养院和养老院常因为共同利益而组合在一起。如果这些设施与居住邻里协调地规划在一起，形成一个完整的社区的话，其效益会更好。

体育中心： 体育不仅在城市中心商务区和内城，也在整个区域内吸引着狂热的体育迷。如果把橄榄球场、英式足球场、曲棍球场、篮球场、游泳池，甚至是赛车场都组合为综合体的话，就会增强对体育迷的吸引力。由于赛季和时间表的交叉，必需的停车场和票务优惠可以长年使用，并保持热闹的景象。

其他的城市次中心可以是办公区、码头、度假地、节日公园或动物园。没有哪一个城市次中心可以孤立存在。所有的城市次中心都依靠与其他次中心和中心城之间的便利联络。所有的城市次中心也因与辅助和支持的服务、购物、居住设施的紧密关系而受益。

中间的土地

位于新的城市次中心之间和周围的土地会是怎样的状

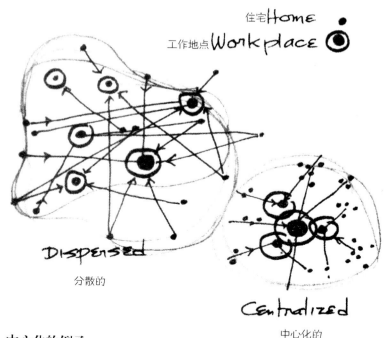

住宅 Home
工作地点 Workplace

Dispersed
分散的

Centralized
中心化的

中心化的例子

将分散的工作场所、住宅和商店在交通节点集中起来成为便利的次中心，这样可以减少通行时间，并提高效率。

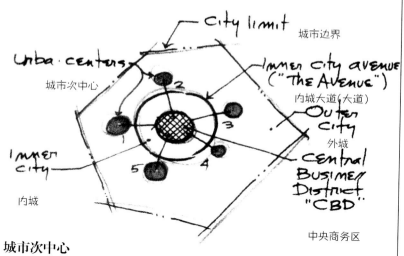

City limit 城市边界

Urba centers
城市次中心

Inner city avenue
("The Avenue")
内城大道(大道)

Outer City
外城

Inner city
内城

Central Busimen District "CBD"
中央商务区

城市次中心

城市活动次中心，可以理想地分布在外城。因为从内城大道边界可以直接连上高速路——并且在内部通达中央商务区，它们预示了一种优越的城市结构。

典型的城市中心：

1. 体育中心
2. 产业中心
3. 科研中心
4. 教育中心
5. 医疗保健中心

混合功能的社区鼓励在统一的背景下突现功能多样化。这可以在高密度住宅附近吸引就业中心、商店、学校和娱乐设施，还可以提供多样化的住宅类型，促进创新的、有节能意识的设计作品。

规划的、交通社区的优势是多样的。这里所有系统更为高效，而且商业行为也更为直接，生活更为舒适，能源消耗更少，给同样可用的建筑面积和住宅数量的用地会更少。

M. Paul Friedberg & Partners

Garrett Eckbo

EPD:环境规划与设计

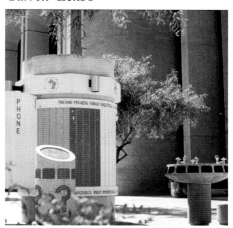

Garrett Eckbo

Theodore Osmundson & Assoc.

Garrett Eckbo

Royston Hanamoto Alley & Abey

Garrett Eckbo

Theodore Osmundson & Assoc.

Sasaki Associates(Mark Trew)

M. Paul Friedberg & Partners

Sasaki Associates(Alan Ward)

EPD

M. Paul Friedberg & Partners

Peridian

Sasaki Associates(Susan Duca)

Sasaki Associates(Michael Houghton)

ⓒ *The Walt Disney Company*

Johnson Johnson & Roy

EPD

Oehme, van Sweden & Assoc.

Lawrence Halprin

Int'l Swimming Hall of Fame(J.E. Clark)

Garrett Eckbo

Theodore Osmundson & Assoc.

M. Paul Friedberg & Partners

Robinson Fisher Associates

Wallace Roberts & Todd

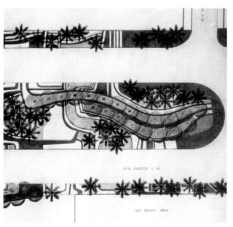

Roberto Burle Marx

EPD

Wallace Roberts & Todd

GWSM(William Swain)

Peridian(Ron Izunita)

Garrett Eckbo

Peridian

Peridian(Ron Izumita)

Vollmer Associates

Oehme, van Sweden & Assoc.

Rich Haag Assoc.(Felice Frankel)

在已建的人口中心范围内，规划的社区可以发挥最好的功能。

———————

公司总部迁到郊区和更远处这一趋势，已慢慢地逆转到回迁的状态。那种空间宽大、自由宁静的环境与城市中心所产生的人员交往、互动和生机勃勃相比，后者更为重要。

———————

当城市而不是郊区能提供更多的优势时，人口外流的趋势就会改变。

———————

态呢？在那里多数开发项目都要保留下来，并且可以从与次中心的接近中受益。其余的破坏性建筑将被拆除，土地留待后用或改为更好的用途。新的建议和方案如果符合外城改造计划的精神和指导方针的话，将会受到欢迎。

城市次中心的连通道

除了主要的重新开发项目以外，要对专门化的活动中心重新选址，沿着规划过的环形街道或公园大道设置，最好能与交通枢纽布置在一起。

外部的汽车道路将通向或绕行于步行区，这样可方便上下车并连接停车场、办公室和公寓建筑。服务和交通车辆，加上限定数量的私人汽车可以停在地下层，这里还可以配送货物。

工作人员、客户和消费者将通过自由流畅的公园大道或快速交通线从整个地区的四面八方进入城市次中心。在到达目的地之前，他们步行经过小尺度的园林广场或铺装道路。

改　　造

随着改造工程的进行，外城将成为生产力最高和多样性最丰富的城市地区。对任何一个次中心的社区有着特殊兴趣的人，都可以生活在其中或在它的周围。进入其他城市次中心的通道和整个地区的道路将会因为新的高速公路和环路变得更加方便。外城所有类型的活动都将被中心化，然后强化，这有助于自然景观的恢复。重建的外城与中央商务区和内城的联系将会更直接，外城因内城而获益并对内城以支持。

卫星城中心

从埃布尼泽爵士的时代开始，城市和区域规划的实践已经走了很长、很长的路。那时并没有分区制这种说法。公寓楼、高层住宅，甚至花园公寓才刚出现，当时关于环境影响的观点是令人难以置信的。那时高速路和公园大道也是闻所未闻的，事实上，连汽车自身都是不可能的，人们把它看作是可笑的玩具，没有人相信它。

在埃布尼泽·霍华德爵士和他的园林城市理论提出之后，我们也走了很长的一段路。他的一些理论经过修改后已被采纳，而且我们有许多的城市和社区已经做得更好。但是霍华德的主要思想不会被遗忘。毫无疑问，他已经超越了他所处的时代，但是现在，集中化时代已经赶上了他。

因为他提出的理论就是：将各种类型的城市活动集中化，例如，政府、商业、科研集中成紧凑而统一的组团，每一个组团自身又很完整。有些组团布置在中心城市，有些则规划到卫星城里去。

与当代的公司办公区、汽车厂或其他单一功能的开发项目所不同的是，周边的园林城市社区则把相似的、互补的企业与辅助设施和邻里规划在一起。每个社区的规划都要发挥其最高效率。每个社区都直接与其他城市次中心连接，这样就可以有利于与其连接的中心城。

整体城市

前面已经讨论过许多可能的区域活动组团以及它们统一后的益处，但是问题出现了，"这种活动组团之间以及它们与中心城之间的关系怎样组织才最好呢？"也许我们应该看看埃比尼泽先生的观点。正是他以及在他之前的达·芬奇提出了卫星城围绕城市核心布置的模式。这是一个很难反驳的想法，因为它提出把各种城市活动整合为统一的组团，而这些活动组团因为集聚而获益。

土地利用分配

城市和区域规划的关键是要给每个主要活动中心分配面积、形状和位置都与之相配的土地。然而，从实际情况看，由于每个主要活动中心分配面积的大小并不相同，所以优化的关系更容易确定。优化的关系是指能为大多数人提供最便利、最合理的通道和内部联系。

典型的城市活动中心如下：

1. 商业（中央商务区）
2. 政府
3. 单位（教育、文化、卫生保健）
4. 居住（工作人员和管理人员的住宅）
5. 娱乐（体育和消遣）
6. 制造
7. 公司（总部和办公室）

每个城市活动中心都成为一个高效组织的城市次中心是很重要的。而每个城市次中心与其他次中心之间、与中央商务区之间的位置关系合乎逻辑也很重要。

由核心城与卫星城构成的整体城市，应该是怎样的呢？这些城市与环境在名义上的城市边界内形成了官方的自治区。我们要让按地形调整的边界变得持久确定而不容侵犯。

达·芬奇(Leonardo du Vinci)提出了一个缓解米兰市拥挤和混乱的方案，即在其外围建设10座城市，5000幢住宅，每个城市居民人数控制在3000人。

刘易斯·芒福德

大多数城市面临的令人苦恼的问题就是缺少住房和就业困难。鼓励私人企业(通过税收鼓励和补贴)建造更多的住宅，从而促进工商业的发展似乎是有道理的。但是，经验证明，其结果恰恰相反。

由于中心城土地面积有限(设想是这样)，在这里更多地建造住宅会吸引更多的工作人员，但是没有相应的就业机会。并且会占用更适合建立商业、政府和文化机构的中央商务区的土地。所以，中心城的密集的区域活动应优先得到土地并加以整合。工作人员的住宅和服务设施最好建在方便的内城周边地带。此外更有必要在外城建立各种类型的卫星活动中心，其周边就是在此工作的人们的住宅。

综观人类历史,城市的目的仍然没有变化,就是要让人们容易接近并广泛接触。因此,整个历史都驳斥了城市扩张的逻辑。

比赛单桅帆船的设计比大多数人理解的更为复杂。但有实践经验的人只要一瞥,就知道船的灵便程度,以及帆对于桅杆、桅杆对于船体和船体对于水的关系,仅仅一幅简单的图样,就可以反映正确的关系。所以,只要这种概念关系图准确,其后的造船工作也就不会错。所以,对于任何一种设计工作,如对房屋、社区和城市设计而言,其道理是一样的,关键在于要有表现合适关系的概念图。

风景必须塑造城市的形体……

迈克尔·豪斯

我们要让在城市、城镇和社区里所有未经规划的、分散的开发项目全部停工。我们要让所有新的活动中心和次中心以及它们之间的道路彼此相配并呼应于起伏的地形。我们要重新开发被渗透的扩散区并更好地利用它。这一切都需要时间,但是只要有远期规划就可以取得令人满意的成果。

聚集城市

就像轮毂那样,放射状的高速路通道在中心城市汇聚。由于交通流量的增大,这些通道也逐渐地拓宽,然而,与此同时,令人费解的是,这种"带状高速路"限制了交通,从而导致车流在交通要道形成堵塞。那么,道路两边的、各式各样的企业如何更好地选定自己的位置呢?

有些企业应放到重新规划的中心城市;有些要放在交通要道边的商业广场或购物中心;有些要布置在有固定客户的邻里或社区便利中心;另一些有地区性的吸引力的企业,最好与卫星城的交通节点或城市次中心结合。沿着内城大街边缘的每个企业,尺度更小,完全可以与中心城市的特点相媲美,轻松的进入方式、紧凑的便利设施和良好的相互联系可以促进高强度的城市活动。它们成了格式塔心理学的工作模型。

在这样的模式中,每个组成部分都脱离了混乱的城市大杂烩,从而在更宜人的环境中呈现出最好的形态。在能源危机、预算不足和商业竞争激烈的时期,这种规划明显比从纯粹效率立场出发而不考虑微小经济收益的做法优越得多。

迄今为止,我们在研究城市时,主要关注的是它的结构,即它的运行部件关系图。这是非常重要的,因为如果结构机制不完善,城市就不能顺利运行。但对于城市而言,需要的远比一个运行机制要多。城市不仅可以工作或停止工作,而且它还有自己独特的魅力和氛围。否则它就不称之为城市了。每个城市都会被人们感知为一个好的去处或是一个要逃离的地方。

地 形

在城市规划布局图中,地形难道不应该是决定性的因素吗?毫无疑问,抽象的概念图仅仅是推测和比较可替代关系的手段。经过选择的概念图,要叠加到有比例的城市场地的地形图上,从而确定其可行性,以及达到协调需要修改的程度。

不适应地形的方案必须淘汰掉。但是如果方案符合地形而造价偏高或重点不适,则平面的清晰度和景观的力度

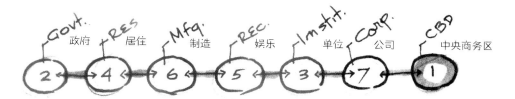

不合理的组合

例如，此图中，7 个有代表性的广域城市的组成部分被排成一行，没有考虑其内部关系。可以看出从一个地区到另一个地区，如从居住区到中央商务区都极度困难。

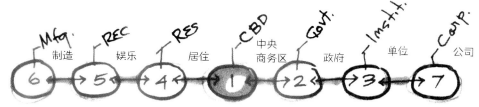

更为合理的次序

这个线形布置使各地之间的移动更有逻辑次序。

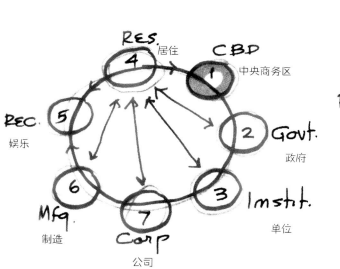

环状布局

通过环状布置挑选过的用地可以改善区间交通，但是穿过区域的交通就会引起冲突和中断的问题。

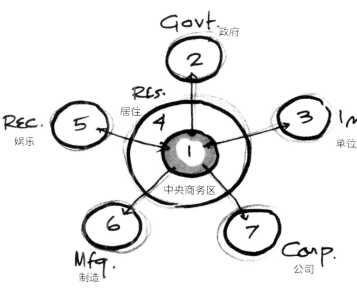

卫星式布局

在这里，主要的商业区定位于中心，其周边为劳动者的住宅。连接外部次中心的路线更直接、更令人愉快，这是联系外部的林荫大道。应该设计出更可行的城市土地利用模式。即使在这样简单的概念图中，我们也能感觉到广域城市规划的更加合理的可能性。

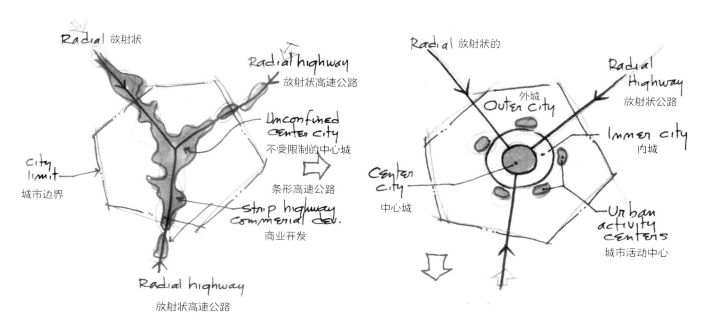

堵车的条形高速公路的开发

没有临街建筑的放射状道路

车行连接路
来往于中央商务区和外围城市次中心畅通无阻的区域
连接路,由自由流畅的放射状道路和圆形环路构成。

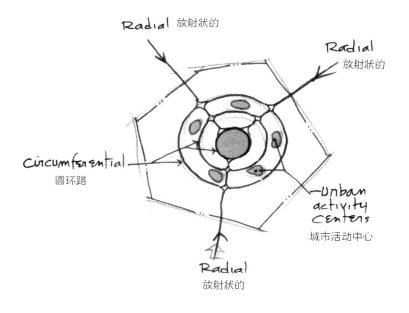

与圆环的公园大道相结合

115

都会因此而削弱。然而有时，通过练习也能设计出与风景协调的平面形式。兼容并蓄的方案能激发和戏剧化地表现风景层面的壮丽。在那些令人难忘的城市，如京都、日内瓦和波哥大，就有这样的实例。那么城市规划师有多少机会能为给定的地点画出理想城市的结构呢？这通常比人们的想象的要多。在每个新兴或现存城市的长期规划中，很有必要不断地探索优化的可行性，并根据既定目标制定分期过渡的计划。

对于城市和区域来讲，一旦确定最佳概念规划，就可以开展针对每个特别活动中心的详细设计。此外，人们必须严格按照严谨的总体规划开展后续工作。对于任何类型的城市综合体或次综合体来说，最好的规划概念是有引人注目的设计主题和指导方针，为个人选择和自由表现留有余地，并为因条件改变需要的调整提供机动性。

总　论

无论其结构和地形如何，在官方限定边界内的整个城市是由三个在功能上各不相同的区所组成的。通常这种区的边界已经消失或模糊不清。这三个区的组成部分也呈分散或混杂状态。我们很少见的情况却是按指导性规划而成形的城市，其中央商务区、内城和外城的界线分明并成为和谐的整体。

可以说中心城或中央商务区是整个地区的指挥部——政府、金融和管理机构的集中地。正因为如此，它应当用界环路来保证其紧凑性。在其外环边的内城按照惯例，应该是一个可以直达住宅和服务设施的区域。而且这个区域的边界最好控制住，以防止它向外不断扩张。在环形大道或自然边界内，应该规划住房和便利设施。

在远处，外城延伸到城市边界，这里是城市活动和生产性次中心的合理位置。为什么呢？因为只有这样选址才可以保证它们与内城道路和外城环形的公园大道互相连接，从而为整个地区提供极好的区域通道。正因为外城有足够空间容纳多种类型的、分散的城市次中心，而每个次中心周围都有它自己的社区，而所有的次中心都融入广阔的自然景观结构之中。

外城中秩序井然的生产和活动中心的建立可以虹吸许多正祸害着城郊的外部用地，"被喂饱"的市郊能够为那些兼容的用地如新型社区、休养胜地、音乐营和多种户外娱乐提供依托性的开放空间。更重要的是，它们可以缓冲城市化对邻近农业用地的压力。

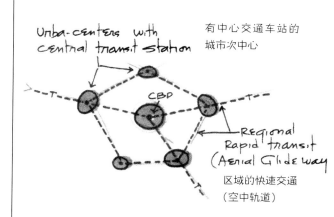

通往城市中心的快速交通路
快速交通，如磁悬浮列车或其他空中轨道，将使中央商务区和外围次中心及与整个地区的环境互相连接。

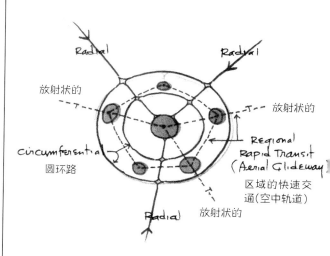

地面和高架交通相结合
位于开放空间走廊内，宽阔的放射状和圆环状林荫大道、公园大道和大街，将加速到达和穿越城市的汽车交通。而空中轨道交通运输可以提供中心到中心之间的快速联系。

人不应该受规划的主宰。

威廉·约翰

那么，将来这种重构的城市会适应于更大的广域城市吗？为了寻找出答案，我们必须扩展自己的视野。

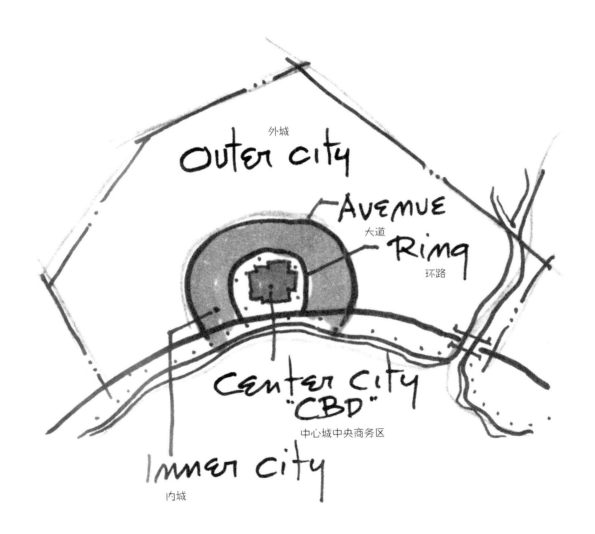

模型城市的三个分区

1. 由交通集散环路界定的中央商务区
2. 由分界大道界定的内城
3. 位于"大道"到城市边界之间的外城

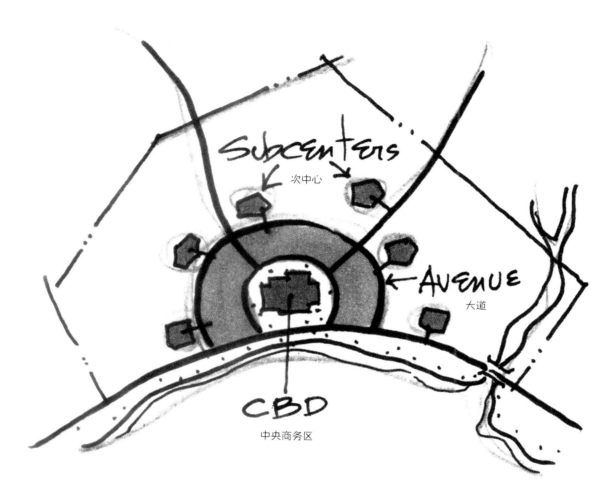

卫星式活动中心

这张示意图表达了卫星式城市次中心的概念。中央商务区是充满活力的核心，不同的城市次中心布置在宽阔的、连接大道周围。

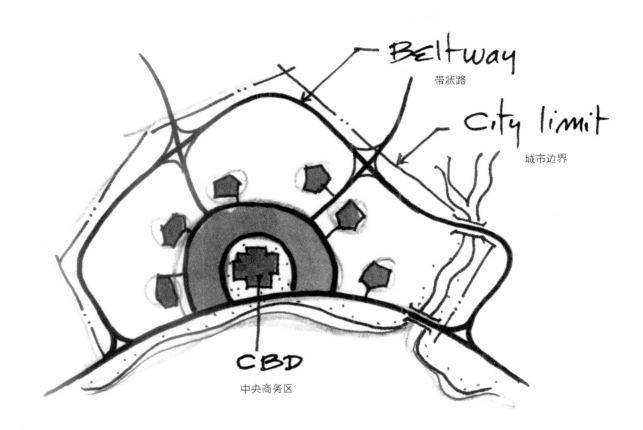

Beltway
带状路

City limit
城市边界

CBD
中央商务区

外围带状路
在城市界线旁增加环形带状路，可以完善基础的土地利
用和高速路关系图。

城市的基本组成部分

5　广域城市
The urban metropolis

　　一个城市的结构也许可以比作一个太阳系，由中心城市和其周围的卫星即次中心城组成。在这个体系中，更大的广域城市就像一个星座，还有辅助性的"天体"，如郊外的社区、村庄，更小城市和更少的活动区域，所有这一切都不同程度地处在动态的平衡状态。

　　从理想的角度说，广域城市是按照系统组织的。这些系统包括土地利用、运输、交通、公交、能量传输和开放空间系统。从生态角度来说，这些自然系统包括河床、排水道、沼泽地、沙丘、植物和动物群落等，还有商业、教育、医疗保健、福利、司法、通讯、政府管理系统等。一旦所有的系统各就各位并运转顺利的话，整个城区的功能就能充分发挥出来。

土地利用规划

　　根据广域城市区域服务性质的不同，每个城市都有不同的特征。滨海城市不可能像位于农业或工业区域内的城市。但是，区域又是可变的，从而很难去定义。例如，一个"区域"可能是这样的：这里多数居民是日报的订户或电视频道的固定观众；而另一个"区域"则可能是有忠实于该城市的一支或更多的球队大部分球迷。还有一种大小和形状都不相同的区域就是这里多数电话是由电话总机转接的。此外，"在上班族的区域"，人们日常出行的起点和终点都在城市中的某一处。当然还有地理区、行政区、行销区以及那些给城市的金融、宗教、文化和娱乐提供顾主和赞助人的地区。所有这些地区都用不同的方式为中心城市效力。

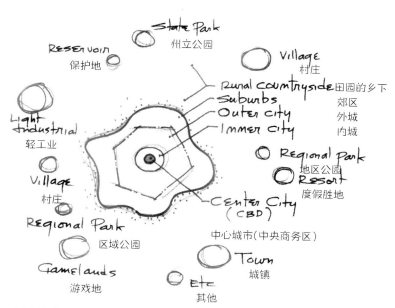

广域城市

广域城市的区域是没有固定界限的，因为它的界限扩张或缩小取决于该城市极吸引力的强与弱。

极吸引力

由这些不同类型的广域市可以了解到那些拥入焦点城市的众多元素。那里必须有住房和所有所需的便利设施。还要有高速路、街道和停车场，它们会占去全部可用土地的 1/4~1/3。那么，所有这些元素怎样才能合理配置在城市之中呢？

事实上，合理配置几乎是不可能的。硬挤进去则更接近真实状况，因为理论上论证的合理配置很少成为城市区位的衡量因素。相反，竞争者之间的自由竞争要尽可能接近集中的焦点——中心城市或中央商务区。那为什么这种竞争力要走向中心化呢？无疑，在很大程度上这是重力作用的结果，质量越大，拉力就越大。此外，房地产经济的一条公认法则是：地产商应在支付能力内尽可能获得理想的位置。最近这已经在中心化方面得到了印证。在一个竞争日益激烈的世界，"最好"这个词意味着更易于到达、更适合、更高效，而且在大多数情况下也是更有利可图的。这不仅关系到房地产商的声望，而且关系到房地产商全面成功的业绩。

遏制政策

每个城市和城镇都有自己规定的官方界限。它们是通

系统是由多种多样的单元构成一个运行的整体，共享控制与平衡。

当我们应该寻找自然与人工系统之间和谐统一的时候，往往把二者相互对立起来。

罗伯特·汉纳

城市设计是可能性的具体化。

当城市失去其极吸引力时，其区域的影响范围也随之减少。

由于依赖汽车和总是超负荷的高速公路系统，多数城市区域没有边界，也没有核心，更缺少使古城有自己特征的城乡之间的差异。

罗伯特·汉纳

过法律制定的，也只能通过立法加以改变。这些边界决定了官方权限、地方政策、风俗习惯、规章制度和税金。

在欧洲，这种界限就是界定很好的住区的边界，如古镇和古城市的城墙，它们被当作"城区"和农田之间坚定而明确的边界，几乎是不可侵犯的。从而使欧洲的乡村在很大尺度上保存为由花园、葡萄园、果园、农田和森林组成的一片自然风光。在受到限定的城镇和城市边界内，每片建筑用地都保持着很高的价值并被充分利用。从而很少有空闲和荒废的土地，空间因稀缺而比寻常更有价值。在密集的住区，人丁兴旺，买卖活跃，这种城镇和城市因此而繁荣。

对比美国，这里的城市边界对分散的房地产开发的约束不大。城市一直向乡村渗透，以至于市郊、农田都先后被渗透，再也不能发挥城市有机部分的功能。这种美国现象和灾祸的名字叫作城市蔓延病。这些年来，它已经造成了"特大城市"整个地区的混乱局面，例如，沿大西洋海岸从波士顿延伸到巴尔的摩市，乃至更远的滨海区域。与欧洲的沿海地区相比，这样一个被破坏的、喧闹的、商业化的环境，总体上是一个令人伤感的居住、工作乃至游览的场所。

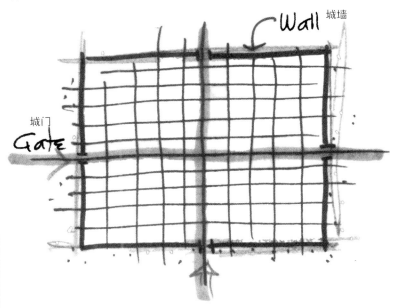

罗马的城镇规划
古罗马的军事城市和城镇表现了对秩序的爱好，网格平面成功的唯一原因就是因为没有高速交通。
这些以墙为界的城市、城镇和其他一些中世纪城市。使人口、市场、水供给等其他各方面保持平衡。城市周围的土地留出来用做花园、葡萄园、牧场和果园。这些紧密的城市和开放的农田都很繁荣，这一阻止和预防扩张的原则在今日甚至更加有效。

从回顾过去、展望未来的宏观角度看，美国最大和最具有挑战性的任务之一就是将城镇和城市作为基本自我控制的实体进行调整改造。同时对其周边的市郊重新统一，并恢复为生产性的基地和环境。这需要时间、资金、智慧和耐心。这必须保证有用于改造、缓解、重新造林、资源保护和开发管理方面的可行技术（甚至未来的技术）。我们展望未来、规划未来，创造真正的社区生活的全新概念，需要精心构思、优秀规划的现代广域城市。

过　程

假如新的城镇或城市要从开阔的乡间开始规划，人们实际上会经常提出一个问题，在已经确定的城市基础上如何改善它的布局呢？一个新城镇的规划就应该如同规划一座花园、一座公园、一个校园或社区。上述每种规划实例中的目标是相同的，即要使场地与环境的各种功能达到最佳的关联并予以表现。

一旦主要组成部分的功能确定下来，每块土地所需的面积大致就可以得出。这些面积可以用相对应大小的圆圈画出来，形成的布置示意图可留待以后参考。就像在所有的风景规划中，对给出的现状场地仔细分析那样。自然的地形、山体、山谷、水体、溪流和排水道都要尽可能地保留。同样要保留的还有突出的自然特征，例如，瀑布、沙丘、池塘和湿地、最好的土壤和植被。然后在这片自然的开放空间内外，可以设置城市不同的用地并将其形状调到最佳的配置和最佳功能状态。车行和人行路线尽可能沿着自然的溪谷、山谷和宽阔的山脊设计，这样就要求改造的坡度最小，对自然景观的破坏最小。如果采用这种方法，地形构造就会在很大程度上决定城市形态。这样，我们就可以拥有花园—公园城镇和广域市，因为它们从一开始就是这么规划的。

但是，现有已建的城市该怎么办？它们应该如何开放并更新呢？应该从一个一个的场所、一个一个的空间来改造。即整治现有的河流和溪流，修复滨水区，一次建一片，创造由限制性的花园路、互相连接的步行道和自行车道形成的路网，举办全市性的植树活动和重新造林。利用现有的城市更新和开发的技术。

在今后的 30~50 年里，就像在过去的 30~50 年一样，美国的大部分建筑、道路和其他构筑物会因陈旧或荒废而被替换。我们因此拥有了另一次机会。作为在重塑—重建城市过程中的指导方针，需要在每个权力管辖区有一个综合的远期规划。如果这值得的话，这些内容的设计要适应

只要我们认为城市和郊区是分离的实体，那么它们就会保持分离的状态。

从传统意义上讲，城市与其支撑区域间的联系在很大程度上被忽视了。在美国，二者统一规划的时代到来了。

在土地利用规划中，归纳出的不同类型的土地利用区域之间要有最合理的关系，如车行道及其下面的地形。每一个地区要留有缓冲的余地，以便日后做一些变化和调整。这样就能不断改善土地利用关系。

通过合理的规划与种植，城市街道可以成为线性的树木园。

在未来的 25~30 年内，现在拥挤城市里两个人居住和工作的空间，将会变成三个人的。可以想象城市如果要容纳着巨大人流，保证城市中心内外必需的流动性，必须要发展全新的城市和交通概念。

城镇与城市的特色主要来自其地形的特点。

我们的生活方式特点，由以下的矛盾观点产生：

1.自然可以被征服的错误观念误解；2.企业的野心和自然法则之间存在不断扩大的鸿沟。

詹姆士·威尼斯

关于生活有两种对立的观点：一个是"抓住你能得到的一切，落后可耻"；另一个是"留下世界上更多美好的地方，因为你已经游历过"。这样，在土地使用上的必然结果是过去的 500 年，在"美丽而广阔的天空"下，前种观点取得了优势。

在过去的 300 年，美国的私人土地一直是作为一种商品，在下一个百年（也许要这么长时间），这些土地将会作为一种公共资源。

露天矿——煤、砾石、金属和碳酸钾被有控制地开采。有数百万英亩曾经是富饶的农田、草场和森林的土地自遭到破坏以来，一直在做恢复工作，如阻止煤矿酸渗液的产生，整坡并重新种植植被。

地形并在开放空间框架周围。

自然因素

几个世纪以来，世界上的城市都依据本土的地形建造城市。山体和斜坡被完整地保持；河流和排水道被保留下来并延续着至关重要的功能。此外，还有一些自然因素，像湖泊、池塘、泉、岩石、树丛和古树也受到保护，成为珍贵的、甚至是神圣的地标。然而，这种对自然的尊重随着机械化控土设备的出现被突然改变了。尤其在美国，到处是被破坏和整平的风景，这几乎已成为一个定式。也许是因为我们继承了先驱们"清理大地、排干沼泽、夷平高地、填满溪谷"的冲动观念，我们已经开始去驯服土地和控制自然。

在城市区域内，破坏是如此彻底以至于在大部分地区，只有最主要的地形和水系残存下来。风景被中性化、均质化，这种损失令人痛苦。随着对环境新态度的出现，这种破坏活动已有所减弱。然而只有通过认真的立法和坚定的执法，这种破坏活动才能得以有效制止。

那么，自然风景的前途在哪里呢？难道我们注定要在一片贫瘠、被削平的、为人类所亵渎的平原上了此一生吗？我们的子孙后代还能感受到林木覆盖的山冈、奔腾的河流、起伏的草原、宁静的沼泽、冠状的沙丘和其他地形奇观带给他们的愉悦吗？要想达到这一目的，我们只有趁早马上行动。

保　护

要保护现存景观中最佳的特色。在规划开发的土地上，不论是何种尺度，从花园到新的社区，规划师们必须分析该地段和其环境；必须确保基本的土地形式、已有的排水模式和动植物群落的完整性。把它们设计成为一个综合体，并融入使用者和路过者的生活当中去。

恢　复

重新发现或挖掘那些掩藏在荒废的构筑物中或埋在垃圾或废物之下的特征。河流期待着我们去重新开拓、重新造型和重新种植。湿地要清理和重新充水。整个江河流域和湖岸期待着恢复规划的到来。尤其在一个有规定界限的城市开放空间系统内，远期的景观恢复计划在重建自然环境中将发挥重要的作用。

重　塑

重塑就是创造新的景观。在那些原始地形已经被破坏、侵蚀、采矿毁坏的地区，可以设计全新的超级景观，并得以实现。其指导原则是：新建的地形应该与周围的自然系统相联系，并从属于它。

大自然母亲对轻微的破坏是可以宽恕的，但是对于严重的冒犯反应是严厉的。她恢复、再净和再植的决心是坚决的。一旦有机会，将迅速地治愈伤疤，抹去人类未加思考犯下错误的痕迹。然而，那些在建设当中拒不尊重大自然的规律和力量的人们注定要受到惩罚。一旦人的破坏活动产生，就会出现山体滑坡、房屋倒塌、海堤决口、城镇被洪水或大风吞没，傲慢的人类将及时认识到这一点，人类将不得不重新学习保护自然景观的智慧并充分重视自然永恒之道来从事建设工作。

自然的特征

任何景观区域的规划都必须从了解这个地方开始。每一个景观类型或特征会提示出恰当的规划布置或处理方式来认识、保护和强调自然的性质。

对于大草原来讲，这样的规划就是欣赏和"赞美"这种大草原的景观；对于沙丘，因为它本身比较脆弱就不宜做大的改建，可以为俯瞰和眺望建立高台；对于湿地，应停止开发，保护其现状和功能；而对于峭壁、悬崖、坡地、丘陵、草地和平原的处理方法也是不一样的。每种景观都拥有它独特的构造和特征，以及它的局限性和可能性。优秀的、充满灵气的规划可以针对局限性来优化所有机会。它将借用大地的自然力量并戏剧性地加以表现。

谷　地

谷地和肥沃的低洼地，含有漫长时间层积的表土和营养物质，宜保留用于农业和维持生计的植被。这种地方一旦被其他的建设项目破坏，侵蚀也将会随之而来。不论宽窄与否，谷地最好用作农业或森林用地，这样一来，滋养大地的河道的主流与支流都可以保持其自然状态。

山顶、山脊和高地

这些不受天气影响的、稳定的地段通常适于建筑和道路的建设。在这里建筑基础和排水都可以保证。还可以为住宅和公寓的居住者、道路的使用者提供良好的俯瞰谷地和坡地的机会。人类有一种返祖的本能——占领并控制高地，同时在低地耕种和收获。

环境不再是我们项目规划中一个简单的"考虑因素"。它现在是可以决定"发射或停射"的。

美国工程兵司令 H.J.Hatch 将军

坡　地

　　人们认为陡峭的坡地是不能用的，对许多人来讲，的确如此。然而，陡峭的坡地在城市规划中已经被发现有许多可以利用的价值。绿色的悬崖和坡地在城市景观中是非常容易为人们所看到的，是城市建筑环境垂直和水平面有益的调剂。坡地可以作为组团性的社区或其他统一区域之间的分界点和限定物。无论它们是被森林覆盖，还是重新种上大树，还是岩石裸露，都可以成为城市壮丽的背景，为城市景观增色。

　　陡峭的土地不能被用作分散的居住区的建设。建设和维持入口道路、公用设施和提供公共服务的成本通常很高，以至于得不偿失。除了非常特殊的例子之外，最好将坡度在30%以上的地方划为永久性的开放空间。

　　那么，这样的坡地还能有其他特定的用途吗？是的，可以在此布置人们活动的道路或各种类型的瞭望台。它们可以为人们提供难得的穿越城市和区域的无障碍的运动。通过创新的手段，它们能够被用作沿着顺畅的车道、运输线或传送带运送人和货物，乘客们可以毫无干扰地通行，并欣赏壮丽的风景。货物运输从偏僻的地区到市内的分流点可以通过隐藏的隧道或不引人注目的、不受天气影响的运输道来实现。

　　在用作观察平台和观景建筑物坡地，通常会使用等高线规划、挡土墙、悬挑板、阳台、码头和横梁结构。在许多情况下，一个表面看起来禁用的坡地却唯独适用于某种特殊公共用途，例如，分层道路、空中缆车或台地花园。例如，在哪里能够为动物园或大型鸟舍提供一个更好的地点，可能的话还要结合全天候的自动扶梯或索道？哪些地方更适合修建沿着等高线的慢跑道或山坡边可以远眺公园的路？

　　长久以来，陡坡地甚至陡峭的山地，一直被人们认为是开发障碍。一旦人们认识到它们吸引人的特征并代表新的机会时，它们将会为城市和区域的发展做出贡献。

湿　地

　　湿地、沼泽、泥沼和池塘曾是排水和供水的地方。只有当我们开始意识到它们在水体储存和补给方面的价值时，它们才会被保护起来。人们也正在研究它们在野生动物管理和贝类、长须鲸产卵中的重要作用。人们已经充分意识到它在改善城市气候中的重要贡献，即提高冬季的空气温度和降低夏季的空气温度。湿地还可以冲洗掉空气中的微

　　城市坡地的利用和保护有许多办法。有些坡地最好完整地保护下来，作为树木葱郁的背景墙或框架。有些则做成隧道或台地提供侧面的交通通道，并在合适的地方修建垂直方向上的瞭望台地和建筑。有塔楼的外向突出的山地可以扫视整个城市，同时保持大面积的绿色。在任何一种情况下，当一个坡地被赋予某种用途时，要和远期开放空间的方案相权衡。

　　在规划和设计动物园大型鸟舍和公共花园时，一个普遍的趋势是分散型布置。作为对中心设施的补充，微小单元有意布置在广域城市区域并由机动的人员照顾。

由缓到急的山坡地面往往被认为是不利条件,从而被处理成不利条件,当它们被认为是有价值的地产时,它们可以对广域城市区域的外观和功能产生显著的作用。

缓坡为地形而增色并为统一的开发区域划定了界限,提供自然的地表排水道。它们还提供如下服务:

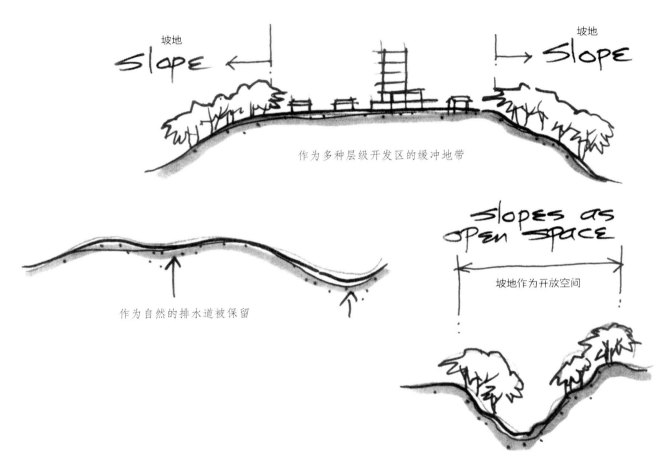

作为多种层级开发区的缓冲地带

作为自然的排水道被保留

坡地作为开放空间

沟壑为雨水的流动提供了稳定的通道

在自然坡地可以保留的地方每个人都可以受益——包括居住者、长途步行者、骑自行车的人和小动物。

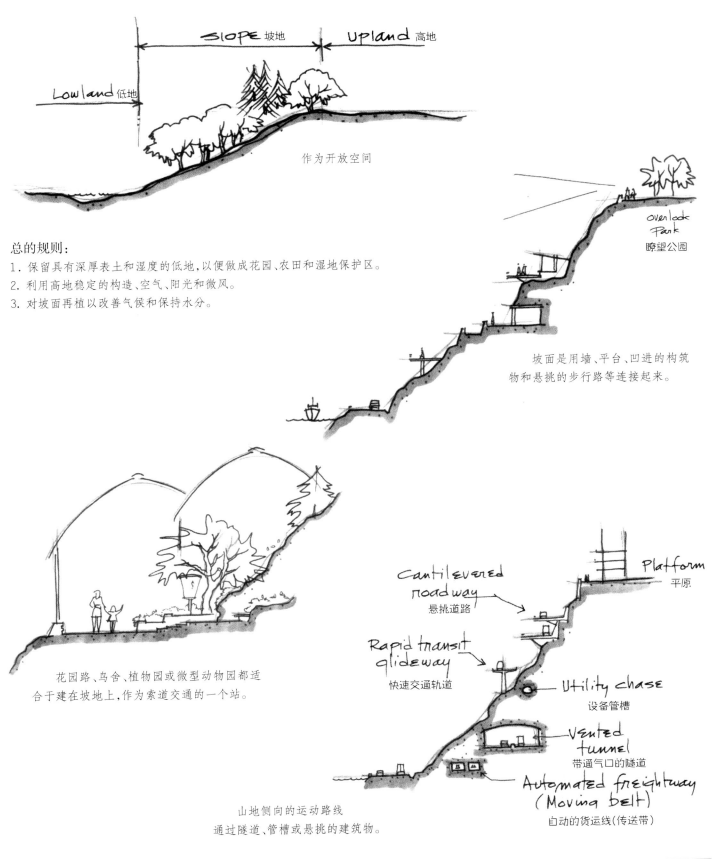

总的规则：

1. 保留具有深厚表土和湿度的低地，以便做成花园、农田和湿地保护区。
2. 利用高地稳定的构造、空气、阳光和微风。
3. 对坡面再植以改善气候和保持水分。

作为开放空间

坡面是用墙、平台、凹进的构筑物和悬挑的步行路等连接起来。

花园路、鸟舍、植物园或微型动物园都适合于建在坡地上，作为索道交通的一个站。

山地侧向的运动路线
通过隧道、管槽或悬挑的建筑物。

SLOPE 坡地　　UPland 高地

Lowland 低地

overlook Park
瞭望公园

Cantilevered roadway
悬挑道路

Rapid transit glideway
快速交通轨道

Platform
平原

Utility chase
设备管槽

Vented tunnel
带通气口的隧道

Automated freightway (Moving belt)
自动的货运线(传送带)

陡坡或峭壁也有戏剧性的潜能。由下图可见,作为岩石或森林覆盖的坡面可以提供一个丰富的和有力的框架。坡上可以提供一个壮丽的视景。斜坡本身作为一个场所和侧向通道可以有多种用途并提供多种视景的可能。

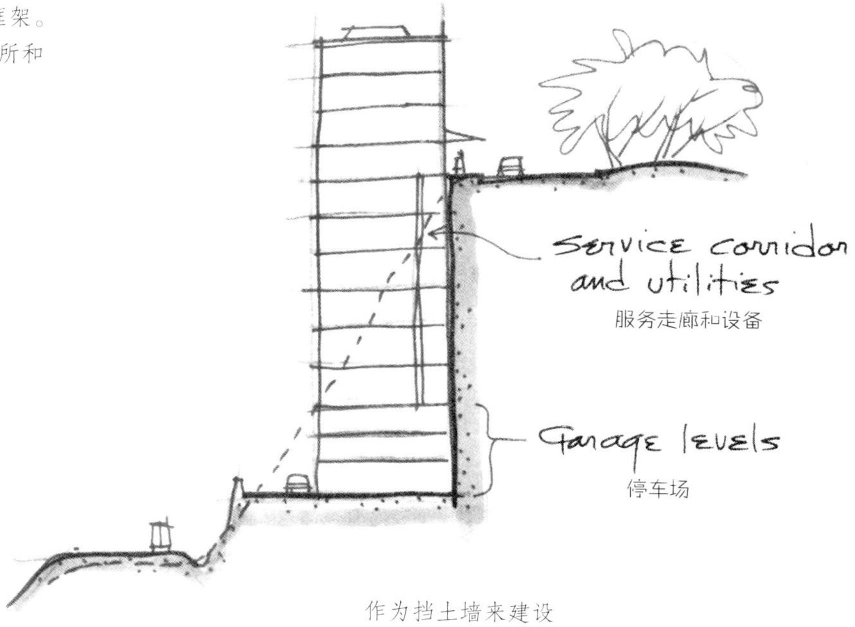

Service corridor
and utilities
服务走廊和设备

Garage levels
停车场

作为挡土墙来建设

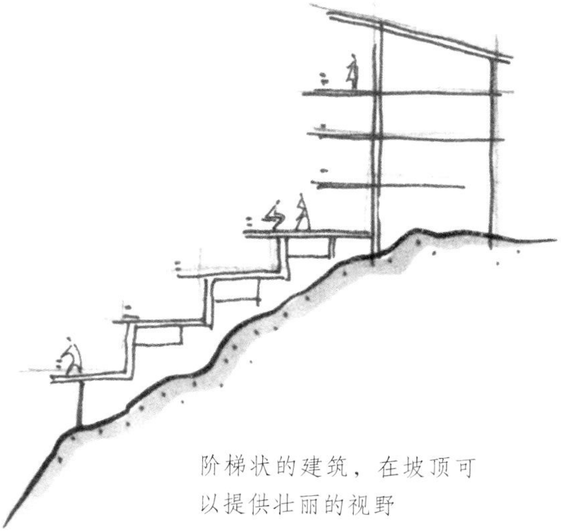

阶梯状的建筑,在坡顶可以提供壮丽的视野

Top of
Slope
坡顶

Intermediate
ledges
中间的边界

Wooded face
森林表面

侧向道路沿着自然边界走

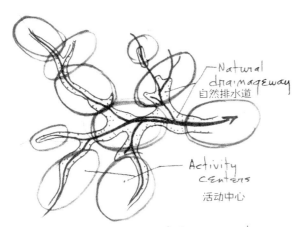

In this "how not to" example layout the natural watercourses divide and disrupt community centers and subcenters.

在这个"如何不做什么"的实例布局中，自然排水道分割并干扰了社区中心和次中心

Here the sheathed drainageways help define cohesive activity

这里盖了盖的排水道有助于确定密集性的活动

玷污地球词汇中的三个最恶劣的是：刨沟、钻孔和掘地。

所有大型土方工程，如地下或露天开采、采掘、填埋和坡面整理，只有具备预先规划、官方同意和足够资金支持的条件时，才能发开工许可证。

量煤烟和植物、土壤中的化学物质，使空气保持清新，水体保持洁净。很显然，为了保证全民的利益，水体、溪流和集水区将会被划定范围并保护起来。

湖泊、海湾和潮汐的入海口

滨水的城市，如巴尔的摩、坦帕、芝加哥、西雅图和旧金山，或者从一个更小的尺度说，有圣奥古斯丁城（St. Augustine）、帕托斯基城（Petoskey）、苏沙利托城（Sausalito）。它们与水交融是那样让人难忘。开放的水系不仅提供多种形式的商业和娱乐机会，而且还可以调节气候。几乎没有任何自然因素在提高相邻社区和道路的视觉质量方面比水更有效。

当湖泊和海湾的岸边也当作公众财产被保留时，它们才能发挥更好的作用。如果边界的地块顺着河谷或供饮用的溪流延伸，既会令人愉快又可大大升高人们渴望水边空地的地价。通过综合规划和重新开发阶段，即使是遭到严重破坏的滨水地区或内陆地区都能及时恢复成为十分吸引人的城市环境。水道和其两边区域可以吸引最好的发展。此种机会，千万不可以忽视或浪费掉。

潮汐的入海口（发生在海岸边缘的低地中），带有盐味的潮涨潮落，为海洋食物链提供了丰富的营养。由于它们周围环绕着沼泽和红树林，所以它们不会太拥挤。它们需要广泛地修建波浪形的构筑物来抵御、拦截和过滤邻近的开发用地的雨水。如果在边界的远处修建一个可以远眺的中层或高层住宅楼，入海口几乎可以提供全世界最美丽的自然景观。

河与溪流

溪流和河流都是线形的。它们有方向性的流动为城市和开放空间规划提供了不同寻常的机会。首先，如果它们未受干扰被保留下来，它们就是自然的排水道，这种自然的水道免除了容易破裂的、昂贵的排水管和排水口的修建。沿着河流和溪流两边修建的道路、小径或公园路不仅景观宜人，而且还为它的河岸开发提供了理想的发展前景。在溪流交汇或与河流、海滨汇合的地方，它们提供了与本地其他水路直接相通的联系。这就是说，一个最好的开放空间模式应该是顺着或者是包含溪流和水岸加以发展的。这就意味着无论何处，为了公众的长远利益着想，在可能的情况下应该划定受到保护的溪流和河流廊道。

土壤和植物的覆盖

最有价值的土地财产之一是保持其上的表土、草、乔木、灌木和攀缘植物原封不动。在自然界，0.3米厚的表土需要一千年才能够形成。一旦被暴露，它会被急速的洪水带走。拥有肥沃的表土是一个民族基本的财富，在过去的十年里，超过我们总需求量4%的表土已经被河流冲走，流向大海一去不复返，这已经不再是一件无关紧要的事情了。导致这个结果的原因是伐树、过度排泄、没有控制的挖掘、违反常规的农业和放牧以及无限制地使用电力设备。

在我们的城市里，铺装和建筑已经替代了一半以上的曾经是植被覆盖的土地。这不仅意味着早先形成的表土资源的浪费（除了那些极少数的情况，表土被封存和保留下来），对我们的生活环境（如气候、空气质量和水供应）也有明显的负面影响。植物覆盖的大地可以吸收雾、雨和雪中的水分。它通过蒸腾作用调节空气湿度，保持被保护土壤中的水分，补充地下水。如果岩石上的土壤和覆盖植物剥落，裸露的岩石就不能再阻止风，不能凉爽和净化空气，也不能吸收噪音、保留和过滤地表水或维持地下水的储藏。为了理解失去的珍贵，我们可以关注一下曾经被草地、草本植物和森林覆盖而现在却非常贫瘠的西班牙、希腊和黎巴嫩。在不久的将来最重要的前景是将裸露的垃圾、塑料和其他废弃物堆转化为肥沃的表土。因而，现在大面积的贫瘠土壤能够被恢复为具有生产力的土地。用同样的方法，甚至可以将遭到严重污染的废水处理、净化，用于灌溉和补充地下的蓄水层。

接近沙漠的城市现在必须或将来要及时重建在草地、花园和城市森林带周围，通过芝加哥郊区的库克县保留森林带已经展示了它对土地复原的作用。在那里，超过260平方公里的退化侵蚀的农田和被污染的沼泽已经被恢复、整理和再播种或植入当地植被。在大芝加哥区，这些拥有被恢复的森林保护地、草原和水体，作为主要的娱乐性开放空间，已经吸引了最好的新的居住社区、单位和办公花园建在它们附近。库克县保护区仅是其中的一个例子。

野生动物

城市不仅仅服务于人类。生态学家告诉我们，所有的生物都是相互依赖的，整个生命的网络是一个很好的结构，任何一个环节都会影响到所有其他生物。这是一个控制和平衡的事情。如果没有蜜蜂，苹果花就不会结出果实；如

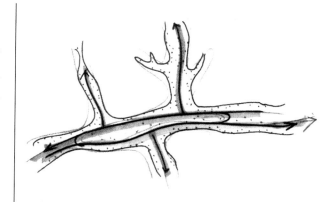

开放空间廊道
沿着溪流和排水道发展的开放空间系统可以提供自由流畅的步行道、自行车路和景色宜人的公园大道。

我们人类生活在一个提供了所有植被营养的表土层上，其下为岩石层。如果表土被风蚀或水冲走，所有的植被将会死亡，动物也将随之消失，包括我们人类。地球上最后又将只剩下盐水的海洋和沙漠。

众所周知，相当程度的空气污染能够被植被控制；植物的叶片吸收大量的臭氧和二氧化硫；植物的土壤微生物在去除一氧化碳和帮助其转化二氧化碳方面的效果比植物还强；植物能吸收重金属，如镉和铅……

生活在那些拥有狐狸、猫头鹰的自然林地和再生地的城市比住在那些没有内容的地方更加有趣和令人高兴。

迈克尔·霍夫

恢复的排水道可以将一种自然因素带入城市环境。它使人们避开了城市僵硬的边界。

菲利普·亨德里克

群落：在一个既定的生活环境中所有的植物和动物都相互联系。

生态系统是一种生物与有机物及其与环境互动的系统。

风景是生态系统的物质的表征。

生态系统的结构和功能必须渗透到所有的景观设计和城市设计中作为一个重要的基础。

约翰·莱尔

必须协调好用铁路、船只、空中航线和高速公路来运输的货物和原材料，否则，整个运输系统将会崩溃。

1991 年综合地面交通效率法案：

"把交通规划看作补充模式系统：区域性的铁路、高速磁悬浮列车、电车、公共汽车和自行车路；

要求州政府在许多方面支持改进交通方面的工作，如修建风景高速公路和铁路，保留历史道路和运河，获得景观铁路缓和曲线和循环轨道走廊；

要求交通政策与区域和城市的规划相协调……

南希·莱文森

果没有松鼠，地面上的橡树就不会萌芽；如果没有鹪鹩，就会有一万只毛虫把树叶从树上剥下；如果没有云雀或嘲鸫，夜空就会安静。这种损失是城市居民承受不了的。

野生动物的生存依靠合适的生活环境。这方面的要求很像植物。这种生活环境不能只是孤立的地块，而应该是相互联系的动植物系统或叫动植物"社区"。在大多数城市区域内，这些系统正迅速地消失。自然表土、水体和植被的消减对人类的健康和幸福有害，这不仅仅对于生态学家而言，而且对其他人来讲这已经是非常显而易见的事实，我们有充分的证据表明需要保护、恢复环境和再植树来清洁空气、保持淡水供应并为所有上帝的生灵提供更加舒适的生活环境。

幸运的是，乡土动植物的幸福和人类的幸福是一致的。同样庆幸的是，城市生活环境的改善并不需要付出经济或功能损失的代价，而同时恰恰可以得到全方位的收益。自然排水道的恢复，围绕不同类型城市元素的开放空间的建立，城市界限外毗邻的农田森林地保护区的重构都是人们所热望的。

运　输

城市内人流的运动将在本章的其他部分分析。我们应该重视的是更大规模的、更长距离的人流和货流，是通过铁路、轮船、飞机或汽车来运输的。这些大型运输工具的廊道组成了遍布全球巨大的运输网络，用来运输燃料、能源和信号的公共设施线路往往紧密地联系起来，有时还会排在一起，但这种情况很少出现。这些管线的位置和功能对所介入区域的发展会有很大的影响。我们只要看一下运输规划就能了解广域城市的许多方面，因为一旦知道这些线路的类型、布置和容量，整个区域的规划和特点将会一目了然。

火　车

曾经是铁路而不是高速公路确定了我们国家发展的模式和步伐。火车轨道所到之处，农业、采矿业和木材业应运而生。在铁路与其他铁路或公路、河流的交叉地，城镇或城市也会发展起来。总体上说，先是铁路的布线，然后是城市化模式，都是因地形而来的。这关系到如何用最简单的路线到达或穿越，并在最方便的地方设置站点的问题。

在美国，铁路旅行服务受到州际高速路和航空旅行的冲击，步履艰难，后者成为更快、更便利和更舒适的旅行选择。这里有几个原因：首先，客运火车和货运火车共用咔嗒作响的轨道，这使两方面的服务质量都有所下降。这种旅行已经在很大程度上变成了一种使人消沉的、逃荒似的跋涉。另外，当地往返的车辆和过境的快车在使用和时刻表的安排上已经有冲突。在过去，汽车可以过时，食品服务可以恶化，维护工作可以很差。然而现在，空中的航线和高速公路的运力已经达到饱和，随着城市的重建，我们完全可以想象高速的州际和城市间火车将很快重获欢迎。城市将需要新的磁悬浮列车，拥有高质量的睡眠和餐饮服务。城市将需要一个巩固交通网络的方法服务于快速穿越到达城市任何地方和每个角落的运动。城市还需要有分离的、景观的线路和吸引人的中心站点提供转车服务，其间设有运输线。

从理论上讲，这种固定线路的客运快车将是一种近乎理想化的中长途旅行模式。安装到位的新轨道、隧道和桥梁，可以使豪华的列车高速、毫无阻碍地驶行于田野间。法国的"TGV"（或 Très Grande Vitesse）和日本的子弹头列车就是很好的例子。欧洲、加拿大和印度等国家的许多列车车厢内的装置齐全、服务完美、食品供应也都很好，乘客坐在舒服的车厢内透过明净的玻璃能看到窗外美丽的风景。

货物的铁路运输业务在不断扩大，尤其在那些货物比较多又比较重的地方，尤为显著。铁路货运的扩展是因为它已经跟上时代的步伐。当公路货运作为一个竞争者对其造成威胁时，铁路为长途运输提供"背负式"服务。集装箱和货盘大大提高了装卸的效率。各种各样的特制车厢吸引了许多新的托运人。预计火车货运还将长久地伴随我们，并将以各种新的形式出现。

轮　船

人类文明的历史和船运的历史紧密相连。从最早的木筏或独木舟到巨大的现代油轮、货轮，已经越来越多地定期来往于河流、湖泊和海洋之间。世界各地沿着停泊点和码头形成了许多熙熙攘攘的港口城镇和城市。由于铁路、高速公路和空中航线的开通，今天船运的影响力已经减小，但是许多城市码头、中转站和船货运输仍然占据主要地位。由于所有类型的运输和分配还没有组合成一个协调的运输系统，仓储和转运就日益受到人们的关注。

船运的复杂问题是人们不能再接受一个污染的港口，到处漂浮着的衬板、破旧的船坞和摇摇欲坠的仓库。在这个提高环境标准的时代，城市领导人已经开始意识到将市中心朝向水面所产生的显著可能性。一个更加复杂的问题

公路和停车场已经侵占了大约 1/3 的城市土地面积。

在宽阔的高速路将完整的城市分成碎片的地区，可以通过重新选线和全部或部分设置双层路把这里再次统一起来。重又获得的土地需要通过评估来支持功能要求、娱乐或绿道的连接。

是每个码头中有多种多样的船只。包括军事的、商业的和娱乐性的船只，也包括战舰、游艇、渡船和高速游艇、帆船和独木舟。面对如此复杂的情况，既定的规划程序就是将其分类，并按彼此相配的关系进行分组，使之既分离又相互联系。

飞 机

空中航线为人流和货流的运输提供了新的飞越方式。对于那些旅途更长、负载更轻的情况来说，飞机似乎是最好的运输方式。然而，现在突出的问题是如何使货物和乘客到达和离开飞机场，这就需要将运输线路和中转站协调起来。只有当所有的交通形式都规划成为一个相互联系的系统的时候，才可能出现顺畅、高效的运输流。

飞机场有两个相互矛盾的需求，必须重新和谐起来。一个是要有具备充裕领空的广阔地域。另一个是要求机场与城市活动中心有直接和高速的联系，但是这些中心必须远离机场。答案在于建立一种新的、相互联系的快速运输线路，它既可以连接中心城市的核心也能连接城市周边的带状路。

高速公路

最常见的交通运输形式是成群的汽车沿着高速公路来往于城市之间，像每天的潮涨潮落。卡车、公共汽车、货车和私人汽车日夜往返于交通网络中，或散于乡野或聚到城市中心。城市规划的所有因素中，汽车和高速公路是最难处理的问题。它们过分的自信，仿佛上帝赐予它们权利可以待在自己想待的地方，去自己想去的地方。因为制定相关法律和起草相关规划的人正是汽车的拥有者，因此，高速公路被允许穿越美国大多数自然景观。

从历史上看，全世界的城市中心都是紧凑型的，适于步行尺度的，但是现在已经被汽车占据了。因为道路不断延伸，停车场不断扩大，汽车已经将城市切成碎片，并切断了那些对真正的文明至关重要的人类之间紧密的联系。我们现在不断蔓延、交通拥挤的城市中心已经失去了紧密性，也失去了存在的理由，退化、闲置和蔓延的污染随处可见。对于许多官员来说，阻止退化的趋势似乎是不可能的。

然而，直到现在终于有人意识到我们必须做出艰难的选择，或者加剧这种混乱，或者对此加以控制。可以运作的城市，更像是一个沙漠停车场和意大利细面条似的高速路。

那么，是否存在一个合理的折中处理方法呢？人们相信有办法。在我们的城市中心内及时规定禁止汽车侵占步行道，这是一个强制性的但是完全可行的措施。可以将汽车拦在市中心边缘地区或停在地下。最终，在分流的环形廊道中将不会出现地面街道和林荫大道。在环线之外和整个周边的乡村环境中，高速交通主要在有进出口控制的快速路和公园大道上行进。低速交通则可以在循环的车道或地方街道上行驶。按照这种规划，汽车可以更加迅速敏捷地穿越一小片地方，与此同时，正是由于有了负担沉重的城市中心环路，城市核心区域才能恢复基本活力。

要想理解美国公路呈片段状模式的原因，就必须知道它们就是根据当时当地需要增加的运力，而一片一片地来规划的。当然是在投资与效益比可以接受的条件下进行的。现在每一小段的道路网几乎都没有按照整个平衡系统的一部分或是作为总体土地利用与道路规划的组成部分重新加以规划的。

将来的道路当然要作为一个相关的分级系统来分类和设计。分级系统的顶端是州际高速公路和国家公园大道。其下是受控的入口主干线和具有公园大道特征的稍小的环路。然后就是地方街道、环形路和尽端路。最后则是特殊类型的路，例如风景历史道、私人道路和工业运货汽车道。每种路都有自己独特的功能和显著的特征。所有这些路都要相互联系起来。

街道和高速路附属设施及硬件

我们的城市和乡村中最显眼的元素是建立在国道上的桥梁、挡土墙、灯光设备、标识和建筑物。就像其他建设工程项目一样，当某些改进适合于这个地方时，当某个设计尤其适用于其目的时，当它的材料、形式和颜色与这个场所相协调时，"相配"就是更好，换句话说，"少"比"多"好。

对于街道和高速公路的使用者来说，清楚的视线、易懂的信号和标识是安全的基本保证。此外，还要考虑的是驾驶体验和观景视线的质量。广告牌会分散人们对标识和风景的注意力，无论如何以后要定为非法予以清除。挡土墙和隔音墙要尽可能自然巧妙地融入环境中。反过来说，桥梁的形体有雕塑感，其本身通常是非常美观的，而且通过在桥基座和钢拱上使用深色丰富的金属色可以使它们更加美观。桥梁可以提供生动的视景，要去掉桥两侧传统的、莫名其妙的侧墙。

与驾车和骑自行车的人同样重要的体验是那些居住在附近、观望或必须穿越街道或高速路的人们的体验。安全是首要的问题。噪音、眩光和视线干扰要消除或尽量减少。在这些地方使用自然的地被植物，保存和种植乡土植物形

中心城市可以驱车到达或环绕，但不可以穿过。调查表明，在大城市中心区驾车的人中10个中有8个没有理由或者并不愿意来到这里。

———

直到最近，美国高速公路的设计和选址几乎只建立在成本效益率上，或者从一个地方到另一个地方出行每公里最少的成本。"成本"包括征地费、公路和桥梁的建设费、维护费等。尽管做了正确的考虑但还是有被疏忽的重要因素，如对邻近房地产的影响，历史的、生态的和景观的考虑，还有如何利用高速公路网络为服务的区域提供良好的土地利用和运输框架。

———

一个负责高速公路方面的高官曾说，据他所知，联邦政府投资建设的高速路的选址从未与帮助"构建区域"目标相联系。但他断言，这个时代已经来临。

———

桥梁并不仅仅是用来跨越水体的。它还是为了让我们理解河流的壮丽——为了分享海湾的奇迹而建立的。

———

通过建设土丘边界和植被安全岛，冷漠的、遭受风吹的停车场可以被转化为令人愉快的"汽车花园"。这类铺装的、有树荫的空间可以兼作周末市场、节日或市集的场所。

———

与地形结合建造优美的道路并保证驾车人的道路体验愉快和充实这一愿望面对交通数据形成的压力而言显得过于天真。但是这种愿望对于任何和所有在城中和城郊修建更好的道路的努力是极为重要的。

迈克尔·莱克利斯

驾车可以在一个宽阔的、平坦的、不受干扰的车道上得到很好体验。步行则慢得多，通常是悠闲地踱步，有时候则是漫步娱乐性的。城市和交通规划师花了很多时间才认识到这两种是截然不同的运动形式。

成功的公园大道应该包括以下内容：独立的车道设置。公路的每个方向都适应地形的变化，道路中部间隔绿地宽度可以变化；受到保护的视景。一个安全的观景屋（由曲线形的道路布线形成的狭长景观）；水平和垂直曲线的交叉形成一种流动的感觉；还可以与公园区域和特征联系起来，如景色优美的眺望台、自行车道、小船停泊板或徒步旅行道。

迈克尔·莱克利斯

优美的高速路不在于它们沿线配置了装饰性的异国情调的植物，而在于敏感的道路布线中保留和展示它们经过的自然地形的最佳特征。

……城市应依赖于公园大道和景观干线形成的框架，并预先规划好……

约瑟夫·帕索鲁

拥有波浪起伏中间隔离带的各种道路廊道能够保留自然的排水道、植被和野生鸟类栖息地，并将自然引入城市。

既然交通是商业的生命线，那么保持它至关重要的流动性就是明智的。那么，为什么大多数城市都有慢性的道路动脉硬化病呢？

广告牌、"电线杆上的污染"，占据了美国多数城市的道路和天际线。从而使住宅暗淡无光，使整个邻里没有生气。

成树林或树丛可以极大地柔化公路的干扰。

停车库和停车场是机动车道的扩展。当它们设置在城市中心的边界或地下时，是不会引人注意的，所谓眼不见，心不烦。城市边界开放空间地带中一层的停车场可以提供更多便宜的停车位，另外，如果设计吸引人会更受欢迎。

快速公路

全世界最伟大的高速公路建设项目之一近来没有大张旗鼓就呈现在我们的面前，那就是全美国主要城市间州际公路系统的竣工。它不仅提供了快速的相互联系，还拆除了所有临路的建筑。新建成的高速路的另一个标志是围绕城市中心，并通向布局合理的外部立交桥。它们自由畅通的性能为所有将来的交通干道和循环道路提供了模式。

没有理由认为用公款投资兴建的高速路应该为路边的房地产提供直接的出入口。条状高速路边开发项目必须停止。因为它不仅破坏了路旁景观，而且还长时间、频繁地造成了交通阻塞。因为所有公共高速路的功能都是保证汽车以最适宜的速度（就像在美国高速路上的速度）自由安全地行进。不能让房地产经纪人、幸运的土地所有者或机会主义的投机商的钱袋参与到高速路的规划中。

国家公园大道

举个例子来说，驶入并沿着蓝桥或大烟山国家公园大道前行，你可以以一个全新的、令人愉快的方式去感受蓝天、云影、森林坡地和景色宜人的山区。这些娱乐性的道路设计目的是使得驾车者有机会接触到一些我们国家景色最美的地方。在这里，风景园林方面的工作要比工程方面的多，因为作为一个线形公园，它们需要一站一站地排列和精心布置，从而使视景与观者形成最好的关系。通过曲线、断面、边缘处理、前景和自然框架等手法，它们可以充分体现风景的美丽和震撼力。

许多公园大道体量较小，但是却有着相同的品质。让我们想到的是位于纽约州上部的风暴王和塔康高速路，曼哈顿对面的木栅公园大道，新泽西州的花园州大道，弗吉尼亚州的约克镇—詹姆斯敦大道和天际车道。还有科罗拉多州惊险的特立奇大道，怀俄明州穿过特顿山脉险峻的车道。还有些景观路穿越沙漠峡谷，华盛顿州的大瀑布和加利福尼亚州的大杉树林。无疑很快还会有其他的景观路穿过超级大湖区域，行进在密苏里和密西西比河谷和佛罗里达州群岛沿线上。

没有临街建筑的道路

为什么用公共投资修建高速公路？目的是让我们迅速地从一个地方到达另一个地方……

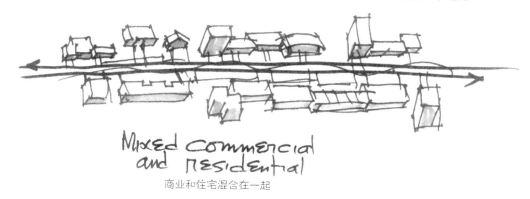

商业和住宅混合在一起

带状高速路边开发项目

那么，为什么要允许投机者购买紧挨高速路边的地修建各种建筑，并用车道与高速路相连通路——这样，不就减慢了交通，造成了阻塞吗？

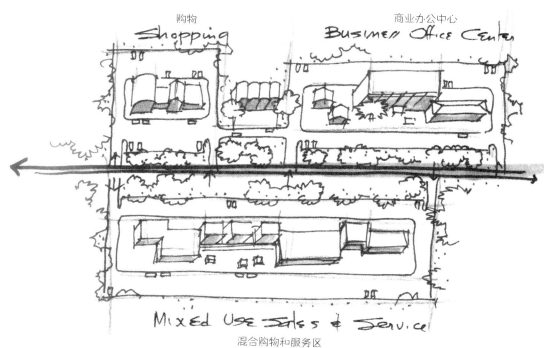

混合购物和服务区

远离高速公路的组团

主干高速公路最好设计得使交通畅通，没有直接面临道路的建筑。从各方面来讲，最好布置远离高速路的上下车道和道路来连接住宅和商业组团。这里的地价会因此而上升。

当人们行驶在高速路上时，其视线会集中在某些点和曲线上，向内可看到社区的精彩，向外则可欣赏到风景的壮丽。但就是这些点上却竖起了广告牌，没有什么比这种视觉污染更令人感到厌恶了。

通过结构性种植地或层层排列的浅种植床，给城市道路或其他的路堤披绿这一"绿墙"理念，可以把裸坡变成悬空园。

这种深远的视景的设计是让"你在驾车时作画"。

威柏·西蒙生

这类公园大道避开了城市区域，横穿城市之间的核心地带，并与两边保持着联系。

主干高速公路

通常，主干高速公路主要作用是直达，通常是一个连续不断的线路。美国一号国道从缅因州到佛罗里达的西钥匙就是一条主干高速路，它和加利福尼亚州的 101 高速路相同。从全国来说，成败两方面的例子反映出我们的基础公路处在无规划状态下的困境。主干高速公路、穿过城镇

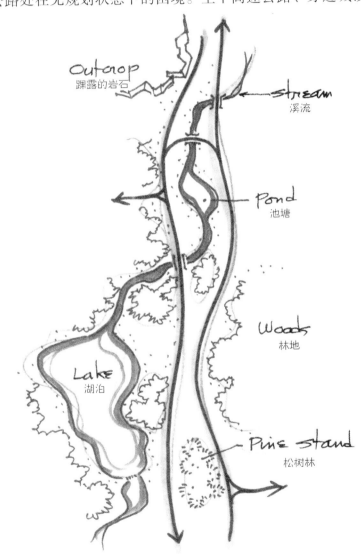

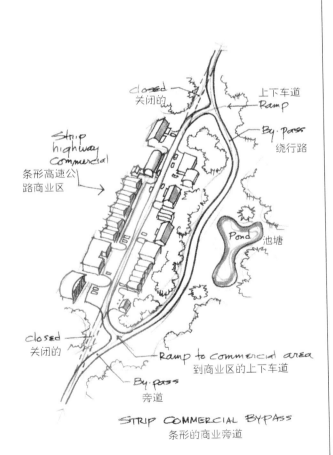

条形商业旁道
在已有条形商业区的地方，可以再设非临街性的有隔离作用的旁道，并用上下车道相连。

主干公园大道
主干公园大道中间绿地的宽度可变，这样就可以穿织于城市风景之中，保留并向乘车人展示区域的最佳特征。

和城市萧条的中心，所到之处搅乱了周边所有的事情。它们受到无数的交叉口和交通信号的干扰。红绿灯式的交通使它们十分拥挤。主干高速路的两边是城市和郊区，有廉价的商店、豪华的商店、店铺、工厂、餐馆、保龄球场、服务站、单独的宅院、汽车旅馆和公寓。在开放的乡村，条状的道路开发被喧嚣的广告牌代替，它们使人们原来可以瞥见的周围的自然景观暗淡起来。

在不远的未来这类令人讨厌的灾难恐怕还不会消除。因为现在，只能设旁路迂回它们自己造成的混乱区域，在设计新的道路和其路边规划中，这是永远不能再犯的错误。

主干高速路怎样才能建得更好呢？据预测，将来设计的主干高速路将穿行于活动中心之间或环绕它们，但并不从中穿过。它们的道路通行权路可以根据地形调整成各种不同的宽度，有时为了包容一段湿地、露出地面的岩层、一片小树林或者是一条小溪，道路中部就要加宽。主干高速路将是线形的公园，没有临街的建筑或路边的捷径；而是在不到0.2公里的间隔段内，用通向与主高速路垂直的坡道连接邻近地区。这里没有广告牌，并用配置合适的植物使其与周围的乡村或城市环境协调起来。

转弯车道

转弯车道的形式顾名思义。当汽车在道路上接近目的地时，应该明确标识通向转弯车道的出口。从一个邻里或社区通向另一个。因为要求行驶自由，道路选线上不应该有障碍物。它们也应该有公园大道的特点，没有沿街建筑。乘车者对一个区域的所见所识将主要取决于驶入和行进在这种线形道路中的体验。

宅旁街

宅旁街是当地的，穿行或邻近居住邻里的低速车行道，为单栋或组团式住宅所面对。从传统角度看，大部分美国人都是街道居民。人们熟识的居住模式就是住房以一定距离相隔，面对街道。显然这样很危险还有许多缺点，但是这种习惯是很难改变的，预计这种居住模式的一部分还将保持若干年。在这种情况下，只能要求从法规上和地区规划图上限制快速交通，并力求使这种宅旁街尽可能安全和吸引人。回路和弯曲的尽端路可以形成最好的、直接的临街空地，因为这种布局可以保证更低的车速和一定的私密性。

然而更好的规划应该是将机动车场或停车场设计在当

有时，公路用混凝土的柱子架在空中，以避免对溪流和野生动物迁徙途径的干扰。

麦克尔·理西斯

它们应该适应于风景，轻依在大地上。

有尽端路的弯曲街道，特别适合于住宅开发，从而注重其私密性。

　　高速公路作为交通工具运行的通道，要为人们的安全、高效、无障碍、愉快的旅行而设计。为了适应不同的交通流量，道路可以是高速度的州际公路，也可以是当地的街道和纤细、曲折的风景——历史小路。在交通流量是首要考虑问题的路段，应避免干扰和过多的冲突。因为交通大道可能引起伤亡，所以，它不能在同一平面交叉，也不能穿过人流密集的活动区域。

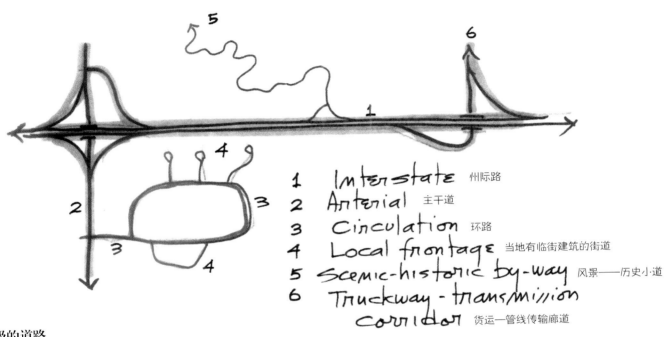

1　Interstate　州际路
2　Arterial　主干道
3　Circulation　环路
4　Local frontage　当地有临街建筑的街道
5　Scenic-historic by-way　风景——历史小道
6　Truckway - transmission corridor　货运—管线传输廊道

分级的道路
每一种道路的选线和设计要很好地满足其目的。

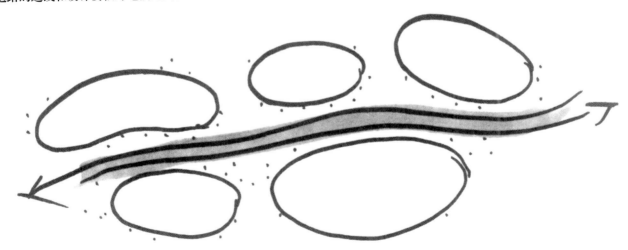

高速公路的布线
将来的公路将绕行完整的邻里单位、社区、大学或商业中心之间而不是穿越它们。

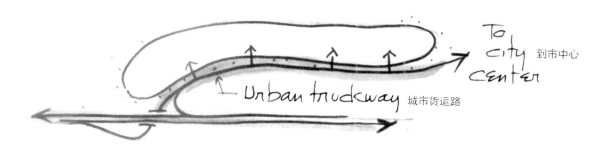

城市货运路

城市交通和货运车各自走在分开的道路上，货车进入
工业园和配送中转站。

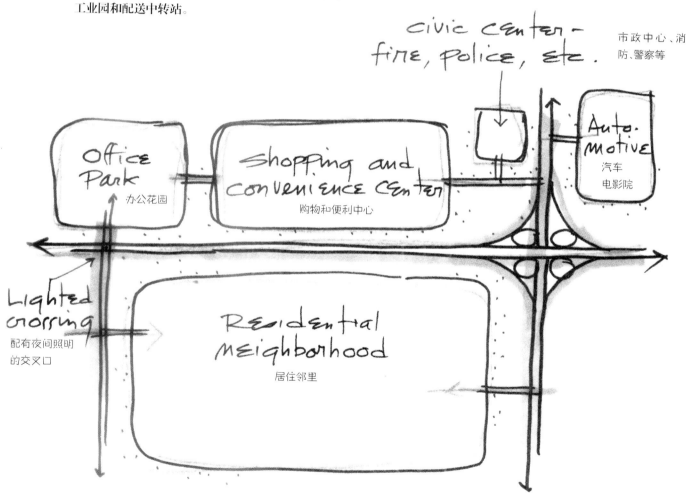

有限的连接路

高速路、公园大道和转弯道的规划要保证车辆自由行进，其两侧没有紧邻的建筑。

Clarke+Rapuano

Peridian

Westinghouse Communities

The Crosby Arboretum

Westinghouse Communities

Clarke + Rapuano

Royston Hanamoto Alley & Abey

Clarke + Rapuano

Sasaki Associates(Alan Ward)

Oehme, van Sweden & Assoc.

Johnson Johnson & Roy

Peridian(Jeff Beals)

Peridian

Peridian

Clarke + Rapuano

Peridian

Wallace Roberts & Todd

Theodore Osmundson & Assoc.

Peridian

地街道两边，而住宅则布置在其周边或更远的地方。

私人车道

在新开发区，通常道路是由私人付税的地区或住宅所有协会建设和维护的。其优点在于，可以设大门来控制，减低车速，保证私密性，通常也没有大规模的市政管线带和硬地铺装。轻松的几何布局和宽阔的用地可以更协调地与地形和风景特征相协调。而且，灯光、标识及维护水平会远远超过一般市政标准的要求。

风景——历史小路

还有一些位于高速路边小型的当地路或街道，是由于其风景和历史的价值而保留下来的。许多风景—历史小路属于城市或郊区延伸的回路，而且还有特殊路标来吸引游人。还有一些位于已确定的历史街区内部，可以因为行人和娱乐的需要而封闭数小时或在某些季节禁行车辆。

货车道

所有关于交通路线的理论，只有当涉及分类货车道的合理性时才称得上完整。更加合理的计划是，当货运卡车沿着州际高速路接进城市中转站点或制造工业区时，它们将被分车道引向指定的货车廊道上。这种路线可同时布置大量的能量运输线，还可以作为支撑功能更强、效率更高的生产和集散中心的脊柱。

客　运

一旦我们在广域城市区域从战略上重组集中活动的城市中心之后，人们将如何进出和绕行这种地区呢？

最受欢迎的运输手段过去一直是而且将来很长时间内依旧是私人驾驶的机动交通工具或汽车。在这一点上，我们有充分的理由指出，如果不直接连接城市高速路系统的话，所有的城市中心都不会兴旺起来，甚至继续存在下去。然而作为有效的辅助手段，更新的城市中心将会有多种运输方式，有一些是传统的，有一些是比较新的，甚至有一些还没有想象出来，此外，还会有魅力十足的磁悬浮列车、单轨铁路、小铁路、有轨电车、步行路和自行车道等。

高速铁路

高速铁路运输至今仍然没有发展起来。人们乘火车在

美国人的生活方式是以汽车为基础的。

人们将会一直使用汽车直到某些更好的替代物出现。

密集式运输只有当成千上万的人们从微小量的起点到达微量的终点的时候才能够奏效。

《国家城市》

最密集的或许也是最自然形成的多功能中心，都位于车站，作为大城市的次级节点。

乔治·菲勒尔治

解决我们交通问题的唯一办法就是更高的密度。

伦道夫·赫斯特

高速公路的交通
在一段高速路上行驶的单辆货车可以使小汽车装载的旅客减少一半以上。由此推理得出需要专运货车道。

区域和城市内出行活动曾经有一个令人失望的开端。马车和随后出现的机动街车都很笨拙，而且比步行快不了多少。从郊区到城市的通勤火车与快速客车和货车共用同一轨道。每天列车载着乘客途经屠宰场、侧轨、装货点和垃圾场，通常停靠在肮脏的车站。如今高速铁路规划成环形而穿越开阔乡野的地区，汽车和车站也修建得很好，这样很快就把乘客吸引过去。

在美国，大多数新建的高速铁路系统都试图通过停靠和穿越现有的居住中心来把它们联系起来，这实际上是犯了一个错误。它们对居住中心造成的分裂和随之增加的开支是具有破坏性的。相反，在其他地方，如加拿大和斯堪的纳维亚（半岛），高速铁路被用来建设或重建一个开发区。高速铁路从城市中心喧闹的车站向外辐射，穿越森林和旷野到达各种各样的城市和郊区中心。这包括新规划的教育区、娱乐区或制造业节点、新的社区或全新的城镇。保留有公交车道分离的高速公路将它们从外部连接起来。这种将土地利用与令人愉快的高速运输系统的选线相协调的做法必将成为将来的准则。

成功的高速铁路系统的基本要求是，能提供中心到中心的快速联系。每个中心的性质和规模必须使得设置停车站是有价值的。这就意味着要把从各个转车点来的乘客聚集或分散。这种人流的集散很少是偶然为之的，一定是经过周密策划的。这种策划要把一个区域的人流高密度节点（例如，商业、体育、会议或教育中心）放置在每一个运输站点，反之亦然。

多层车站应该尽可能建造得令人愉快，每一层有各自的个性，每一层都充满了吸引力，比如，便利的购物、服务中心、办公室、酒吧间、咖啡馆、花店和丰富多彩的展示。

为了更好地将乘客集散，可以通过选线、车站、汽车和运转这四个方面规划运输系统，以确保潜在使用者能够最便利、经济和愉快地从一个目的地到另一个目的地。只有当社区从最初就被设计成为运输社区时，只有当每一个城市中心，不论什么类型，都设计成一个与运输相关的综合体的时候，运输系统和城市的各中心才能充分发挥其所有的潜力。

因为人们进出城市中心的运动是分散性的，取决于工作时间、季节、假期和特殊事件，还因为要想使火车效率高就要在运行时接近它的容量，这就需要很好地协调乘客数量和座位数之间的关系。利用计算机安排最适当的列车时刻表，并自动调配到车厢的办法，这些都是为适应乘客

快速客运（插图随笔）

现在快速客运有许多形式——在空中和地上，从微型公共汽车、多节的有轨电车、单轨列车到"嗖嗖"作响的磁悬浮列车。它们飞驰在优美的支架上，可以自由地到达城市的心脏。它们也可以到达和离开多层宾馆的大堂、音乐中心、商务办公楼或其他规划中的建筑。

在低密度邻里的客运站，吸引乘客较少，而且对地区改善没什么作用。

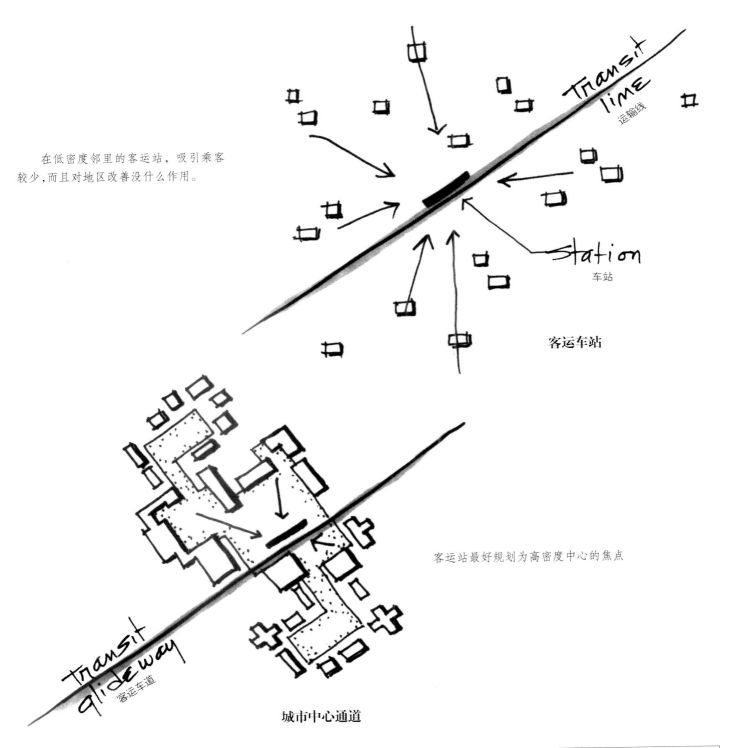

Transit line
运输线

Station
车站

客运车站

Transit glideway
客运车道

客运站最好规划为高密度中心的焦点

城市中心通道

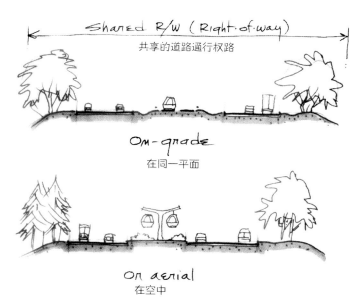

客运线可以分享高速路的通行权路

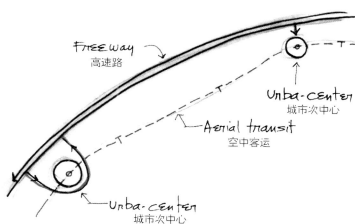

高速公路拐着弯经过或绕行于城市中心，城市中心的边缘与之有通道相连。高速客运车可以在空中迅速地从一个城市中心到达另一个城市中心

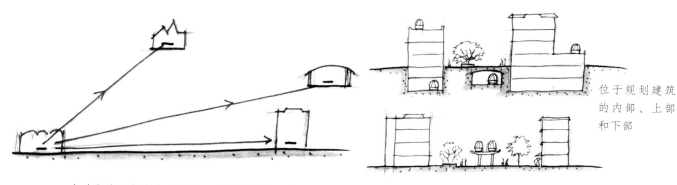

自动化的固定有轨电车从一点运动到另一点

位于规划建筑的内部、上部和下部

位于中间广场其下可设商店

微型公共汽车、不论有无挂接车厢的有轨电车，都是由人工驾驶以缓慢的速度穿过步行区

有轨电车和小型公共汽车

列车自由地运动在高架的轨道上

城市核心区的客运线

高峰时段所采取的措施。

单轨铁路

不久之前，单轨铁路还仅仅是未来主义者设想的事物。而现在，对于那些乘坐单轨火车毫无声息地沿着弯曲的轨道，从一站到另一站穿过令人愉快的艾波卡特（美国的主题公园）风景的人们来说，乘坐单轨火车旅行已经使得传统的往返火车或地铁显得有些古老。

高架铁路有很多优点，除了避免同一平面上的障碍物和道路交叉口外，它能够设置在已经建成的或是将要建造的高速公路的中线上，这样就极大地减少了对土地的需要及建设成本。由基架支撑的高架铁路可以跨过高速路、峡谷和河流。它可以在社区与社区之间或者在缓冲带行驶，还能够在最小干扰的情况下穿越城市中心，在公寓、办公广场上或建筑的大厅接送乘客。单轨铁路未来将成为城市内部和区域性运输的主要手段，尤其适用于那种与城市中心放射状道路连接的城市周边运输带状路。

公共汽车

长久以来，我们一直在使用市内公共汽车，来往于邻里之间，公共汽车常常停在马路中央接送乘客，此时，其他的车辆则被堵在后面。公共汽车存在一个令人可以容忍的麻烦，因为它一直是工人家庭、学校的学生和老人唯一的出行工具。由于现在的规划工作有所改进，公共汽车不仅现在需要，而且将来还会通过在规划方面的改进增加对它的使用。将会有经过改进的更新的公共汽车，如近地面的、流线型的、电动的，有节的公共汽车等类型。经过改进的邻里规划将提供集中的、远离街道的汽车站，这样人们可以通过步行或骑自行车，穿越内部禁止机动车辆通行的绿色通道到达这里。在高速公路上，公共汽车可以按一定速度沿着公共汽车的专用车道到达中心城市交通广场。欢迎上车！

小型轻轨车

我们在大型的飞机场看到过小型轻轨车，穿行于登机门和候机大厅，这种小型的单厢或双厢车运行在高于地面或低于地面的狭窄的轨道上。其门开关、运行速度，甚至录音广播完全是自动化控制的。因为运行距离非常短，人们可以在车厢内站着或斜靠着；这种大量运客方式既舒服又快捷。

这种小型轻轨车，不论有座与否，它们非常适合于直线之间或者沿环线上的交通，例如，从中心城市边界的汽车库到政府的贸易、金融或娱乐广场；从一个广场到另一个广场，或者穿行于城市中心区内两个或更多的站点之间。

有轨电车

有轨电车或无轨火车，其大小和形状各不相同。它们通常是分段的，由机动的驾驶室牵引，车厢是开放或封闭的。通常它们有特定的站点路线，但是因为速度和方向由司机控制，所以在宽度允许的情况下，它们可以与步行的人们共同使用人行道，自由前进。电车由电池提供动力，并装有塑胶轮胎，它们将在拥挤的新中心城市变得常见，就像现在城市道路上看到的巡游的出租车一样普遍。有轨电车有利于先进交通系统，可以补贴有轨电车供人们免费使用，为城市提供更多的便利条件。

空中缆车

在德国，当我们从莱茵河顺流而下到达科隆时，眼前会出现一道闪耀的缆车划过高空从中心城市到达河对面的娱乐公园。用这种方式开始一个家庭的短程旅行一定是非常令人兴奋的！此外，波哥大和加拉加斯之间的缆车，就像瑞士圣·莫里斯的缆车一样，给乘客们提供了一些世界上最壮观的城市风景。但是不仅如此，缆车还使得几乎不可能的通道变得更加经济、愉快。

索　道

位于陡峭地形的城市还可以使用其他的交通工具。长的山坡或者山体斜坡划分的广域市区域，非常适合设有索道，并在山顶和山脚设站点。通常，上下行的车厢体被设计成机械补偿型。

据说，几十年来，匹兹堡只需花费五美分乘坐的索道竟然使得运营公司成为包括钢铁和滚轧厂在内的所有地方企业中利润最高的企业之一。而且，它们使得工人们可以生活在山顶空气更加洁净的环境中，而不是在烟雾弥漫的山谷中和河边的工厂里工作。今天，旧的索道车仍在使用，并成为具有特色的旅游点。尽管它们存在的理由已经发生了细微的变化，但是现在仍可使用。双轨和单轨的升降机车和线路被设计成为流线型，可以用来横穿各种类型的险峻台地。

自行车

你最近有没有去过阿姆斯特丹？如果去过的话，你就

自行车道一出现，人们就开始使用它。高速的、高音量的摩托车手应行驶在车行道边的铺装带上。大量的自行车需要专门的路线。如果宽度足够通行的话，少量的自行车可以和人共用一条蜿蜒的步行小道。

就像荷兰、斯堪的纳维亚和日本一样，自行车在美国许多地方"到处走走"的活动中开始逐渐代替机动车。当学校、购物中心和交通站能够提供安全的自行车停车场，大批自行车很快就使用这些停车场。

会知道什么是自行车交通以及它是如何运作的。阿姆斯特丹的地势很平缓，有自行车专用路和到达目的地的停车场。在这个城市，你可以看到骑自行车者就像一群群的鸟儿。在公园、郊区和开放的乡村空间里，骑车人沿着森林小道、城镇的边缘、水路行进，既娱乐又健身，同时愉快地到达城市的各个部分。

在美国的许多城市，尤其是在新规划的社区或城镇里，我们从中也学到了许多。随着未来城市中心机动车辆的大量减少，自行车交通将会越来越普及。

脚 板

最常见的人类移动工具是人的关节。步行者（那些靠脚走路的人）有应变能力，可以随心所欲地改变方向和速度。步行和慢跑是自然的。当步行者沿着道路行走的时候，对于他们最大的威胁是汽车。如果把汽车限制在边界和地下停车场的话，那么，我们的城市中心将会变得更加紧凑、安全和对行人友好。

电动步行道和电梯

踏上电梯并站在里面只需几分钟的工夫你可能就离开地平线达300米，或垂直上下过了几个楼层。如果这个电梯运行路线有良好的光照，容易看到引人注目的图画、展示，如果可以仰视、俯视或向外看到风景的话，那么，它就会给人们提供一次令人愉快的运动经历。电动步行道由于在一侧安置了标准的长椅子，整个长度方向上安置座椅，其舒服程度也在增加，如果将普通的隧道式的乘客廊道换成各种不同形式的室内或室外空间，电动步行道会更加令人愉快。遮风避雨型的自动扶梯或是露天的自动扶梯，可以带你穿过公园式的广场、市场、庭院、小型植物园、大型鸟舍、动物园或穿过一个节日场所。在室内，它们可以径直地穿过一个商业街或展览大厅。如果你可以乘坐它从城市的一个地方到另一个地方的话，你就能够参观一年一度的兰花或菊花展，到达或穿过一个拥有植物群落、雕塑、喷泉展示的温室，或者也可能穿越历史社会、自然历史博物馆或艺术画廊的内容变化的展览。你甚至可以感受到从一个路旁音乐会飞驰而过的惊喜。

从这些可能发生的事情上我们可以预见到真正的令人兴奋的城市，我们已经看到即将到来的诱人的曙光。让我们期待这一幕的到来！

5 广域城市 The urban metropolis

管线传输

人们可能会想，传输线不会引起规划上的问题，因为这些电信、电力线或是悬在空中或是埋在地下的沟渠里。然而，概括地说，电力传输塔和转换装置、通讯电缆以及跨越郊区进入城市的管道、设备的干线和支线，共同组成了一个复杂的网络，这个网络可以促进或限制未来很多年的土地利用模式。然而所有这些都是必需的。我们这样说的理由是什么呢？答案是整合！

悬空或入地

一次安装一条线路的做法导致那些看似无害的问题不断在增多，最后会所电线杆和支架都压弯了。它们"编织"了一个简直是无所不在的网络，而郊区和城里的居民都毫无异议地接受了这种乱七八糟的网络。只有极少数人提出这些可恶的线路应该被去掉，还给人们一个更加清晰的蓝天。它们应该归入共用的地下管道或者其他设备线路，这样一来，就不会受到天气的影响，容易维修和连接，眼不见心不烦。然而一个由来已久的问题是每个设备公司都独立制定自己的计划，从来不考虑负面影响、协调工作的需要或公众的利益。其结果导致了对交通线路和人们所依靠的服务设施的无止境的干扰。

通行权

电线和管道所经之处受到通行权的引导。通常，它们布置在街道和道路边，丑陋的电线杆形成了人们熟视的混乱状态。每次要跨越道路从地下连接管线，铺装的地面就要先被挖开，然后再补上。电线杆、电线以及走电缆和管道的管道沟都会被损坏，不论是现存的还是将要种植的路边的树木也受影响。因而，通行权路最好安排在路边，位于侧院或院后的地界线。这样一来，有关修理和接线工作破坏性较小，开放空间带可以成倍增大，作为社区内部的自行车道和人行道。

为了污水管道或水、电、燃料运输，在通行权路需要拓宽的地方，穿越景观的通道会带来更大的问题，同时也提供了更多的机会。就问题而言，这种通道把地块分裂开来，并且经常是失修的、丑陋的。此外，这表明有一个相当大面积的有价值的土地从未被使用，并脱离了社区功能和税收。近来，许多设备公司随着自我形象意识的增强，

能源生产、传输和有效利用的新概念正在改变美国的城市。

共用廊道（客运、货运和能量传输）
由公共部门或广域市政府获得和管理的预先规划的廊道，可以为有序的城市化提供框架。

他们欢迎与公共官员和私人团体合作的机会，共同合理地使用他们所有的地块，这可以包括游乐场、停车场、入口车道、菜园和各种类型的道路和小径。这就需要书面协议来说明使用和管理的条件。因为许多社区内的开放空间地价昂贵，受到征地费用限制，因此，共同使用设备通行权路是很有希望的方案。

组合廊道

从飞机上俯瞰广域城市区域，你会发现纵横交错的高速路和设备通行权路一直延伸到地平线。因为对所有这些被清理出来的土地和景观的亵渎行为来讲，布线需要的仅仅是被侵占宽阔地带中的一小部分。例如，一条宽30米的地带仅仅布有一条电信线或地下煤气总管道。从保护土地和减少环境掠夺的利益出发，显然许多单一用途的通行权线路应该组合到共用的廊道。经验已经使它变成了现实。

区域委员会做出了很有前景的安排，即规划一条公共的通行权路，有足够大小可以满足将来可预料的所有需要，这条线路上各种管道都可以出租。这不仅能够容纳将来的道路和运输线路，而且还能在同一个走向上安排所有设备线和传输线。一旦成功，大地可以保持其自然状态供现在或将来需要或出租。这种线路还可以部分用于补充娱乐和

能量保存技术的突破，可以使我们对大范围的区域运输和传输廊道实施并线，并服务于规划的消费者聚集中心。

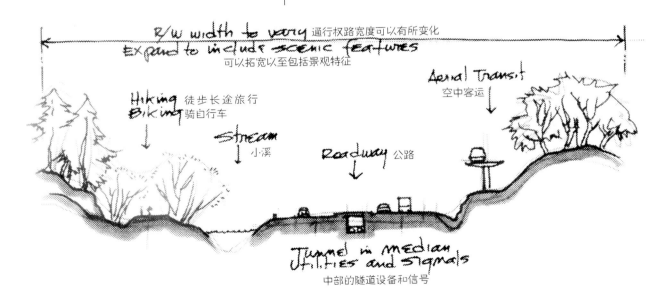

共用的可能性
预先规划的、宽阔的属于公众的廊道，可以容纳客运、货运和传输——许多还没有预见到的内容。

开放空间系统用地，或者其地表使用权可以给非永久性的园艺、野生动物管理、存贮及其他合适的用途。现存的单一用途的设施线路将被重新组合一体或逐渐停止使用。通过长期灵活的规划，这种公共控制廊道能够大大节约开支，同时还有其他效益。

区域委员会

现在成立区域规划委员会或规划权力机构来协调布置所有新的设备和传输线的时代已经来临。这种联合的委员会被授予了很多权利，包括能够立法、停止重复建设、消除有害的使用和选线以及征用和管理多用途廊道。一旦这种廊道与远期的广域城市土地利用规划相一致时，它将成为重组和再造广域城市区域的主导因素。

通过把整个区域内乡野的传输和设备通行权路的合并与系统化，整个区域将会受益匪浅。作为远期区域性规划元素的共用廊道，将会有充足的宽度来容纳不仅是新的客运、货运和能量传送，而且还可以作为排水道和其他用途的开放空间。所有的这些房地产从何而来呢？怎样才能得到？多数房地产可以通过阶段性地腾出现有的和正在使用的通过权路地带逐步获得。还可以通过综合使用和扩大其他地块来获得。现在许多房地产沿着河流和狭窄的山谷布置，目前常常是开放的，且可公共使用的。其他的条状或块状地可以通过国家征用权获得，也可用来自高速公路或其他机构预算的资金获得，但是，大多数资金来源于那些设备公司长期租用非常有价值的权力而缴纳的税收，同时也减少了昂贵的购买通行权路的费用以及维护资金。对一些有布线需要的房地产，公共纳税人可能不得不让步，毕竟，受影响社区的人们是最终的受益人。通过这种方法，预先计划的廊道将有助于引导和支持完善的土地开发，而不是阻止它的发展。

城市设施

正是在重新建设的城市中心，新的运输和分配系统才能够产生最明显的效果。在那里，这些设施都埋到地下，不受气候的干扰，不被人所见，也不与人和交通工具发生冲突。在城市中心区有一个办法就是修建和出租埋在公共人行道下面既宽敞又具有多功能性的地道，它们紧邻着被服务的建筑以及悬空的路灯和信号灯。人们行走的混凝土路面就是采暖管和照明线路地沟的顶盖，在适当的间距设置有检查井。管道和电缆悬挂在墙上或形成地上排管，这

由于城市商业区与住宅区之间地区的客货运活动都转入到地下，因而，空出的小巷、货运码头和相关的仓储区域，都有可够转变为亲切的步行购物街。

开发管理（限制或引导）

开发管理的五个最有效的途径是：①同时完工，在进住之前需要所有的设备就位；②对所有新建筑（按每个单元或建筑面积）额外收费来支持社区学校、停车场、公路和维修；③陡坡建筑（5%~10%）的新建需要征收批准费，是为了建筑改造和环境改进所收象征性的费用；④确定开发界线和阶段性的开发范围；⑤具有管辖权的保留、保护和发展规划，并要用环境影响表现来控制。

有效的开发管理必须通过以下条件来实现：综合规划；统一执行保护法规（无政治偏见）。

从最早的马匹和马拉车开始，所有的交通都在公共的街道上运行。一旦一辆运输卡车或小货车停下来装卸货物时，就会导致后面的车辆停止或堵塞满，更麻烦的是为城市服务的设备管线和污水管就埋在街道铺装下面，一旦需要外接管线和修理时，被挖起的街道往往会关闭许多天。

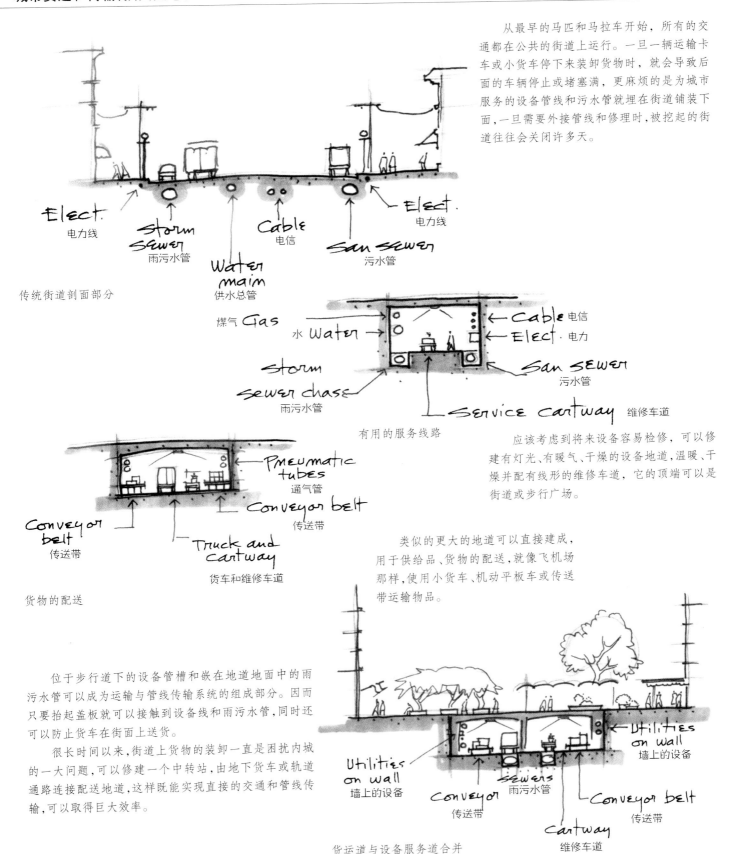

传统街道剖面部分

Elect.
电力线

Storm sewer
雨污水管

Cable
电信

San sewer
污水管

Elect.
电力线

Water main
供水总管

煤气 Gas

水 Water

Cable 电信

Elect. 电力

Storm sewer chase
雨污水管

San SEWER
污水管

Service cartway
维修车道

有用的服务线路

应该考虑到将来设备容易检修，可以修建有灯光、有暖气、干燥的设备地道，温暖、干燥并配有线形的维修车道，它的顶端可以是街道或步行广场。

Pneumatic tubes
通气管

Conveyor belt
传送带

Conveyor belt
传送带

Truck and Cartway
货车和维修车道

货物的配送

类似的更大的地道可以直接建成，用于供给品、货物的配送，就像飞机场那样，使用小货车、机动平板车或传送带运输物品。

位于步行道下的设备管槽和嵌在地道地面中的雨污水管可以成为运输与管线传输系统的组成部分。因而只要抬起盖板就可以接触到设备线和雨污水管，同时还可以防止货车在街面上送货。

很长时间以来，街道上货物的装卸一直是困扰内城的一大问题，可以修建一个中转站，由地下货车或轨道通路连接配送地道，这样既能实现直接的交通和管线传输，可以取得巨大效率。

Utilities on wall
墙上的设备

Utilities on wall
墙上的设备

Conveyor
传送带

Sewers
雨污水管

Conveyor belt
传送带

Cartway
维修车道

货运道与设备服务道合并

153

中心城需要的物资最好通过机械化的地下中转站来接受和处理。建筑与建筑之间的货物集散可以通过管道、管槽、传送带或通气管组成的网络来实现。

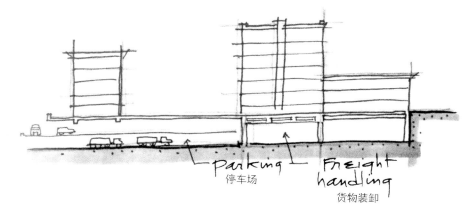

内城的货物配送

为什么要把所有的货物和食品都运到市中心的中转站,然后再用货车向外运送呢?

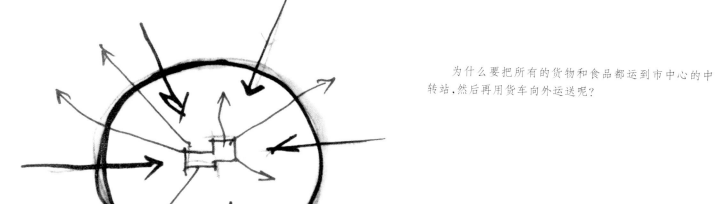

内城中转站

位于城市边缘的高速路中转站的选址最好既分配货物又能向整个广域城市区域发送货物。

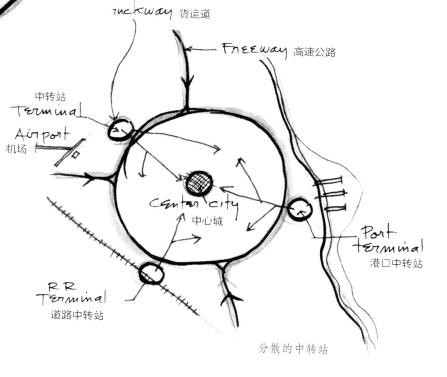

分散的中转站

样不必撬起道路就可以方便地检测。而且采暖管线还可以帮助人行道保持干燥，尤其在那些雪和冰已经成为交通障碍的地方。

新建筑内的一些运输道可以建成服务走廊的形式，其他的部分则可以沿着新建的街道或人行道作为地下设施的一部分。在更加紧凑的城区内，庭院和广场可以有效地做成地下贮藏和服务仓库以及配送中心的"天花板"，这可以最大限度地利用现代技术使这些管道计算机化和机械化。从这些集散点将辐射出一个由各种不同类型和大小（由它们确定的功能来决定）的服务隧道组成的系统。

同时完工

时常会发生这样的情况，新的社区或项目已经建成，但是电力、清除垃圾、电话服务甚至供水都没有到位。即使这些内容都已在规划之中，并会在将来的某个时间实现，那也是不够的。当新的用户知道现存管线的恶劣程度时，地方政府官员开始意识到人们的愤怒给他们造成的压力。为了应付来自新开发项目内外的抱怨，他们提出了"同时完工"的概念，在第一批入住许可证签发之前，所有的基础设施必须到位，并且可以使用。

同时完工作为先决条件已经证明是有益的，它不仅是一个使新建项目受到当地居民欢迎的办法，而且还是各种类型开发项目的选址以及负责任地发展管理的一个关键因素。

实行综合区域规划的一个主要原因，是各种类型的社区及其为他们服务的设备系统，能够从一开始就同时设计并且保持平衡状态。一旦最后的系统容量确定下来，它们就要完全按照预先设计的容量，一部分一部分地安装，从而不必经常替换设备和增加容量。相反，只需要不断延长主管道就可以了。

公园、娱乐和开放空间

未来广域城市比较显著的特点之一将是它们的开放空间系统。这种开放系统将提供各种服务功能。到时候，它将重新建立起曾经消失的自然排水道。通过恢复和补种植被，它们将减缓雨水的径流和侵蚀，同时将过滤的淡水补给过量采用的地下水。这个系统将为重新组合和更加紧凑的社区勾画出明确的缓冲带。它将为公园大道、自行车道和人行绿色通道造就一个不受干扰的廊道。这个系统还将连接和包围各种儿童游戏设施、游乐场、运动场、野餐小

在开放空间框架的内部和周围规划的城市将使人们能够通过步行或骑自行车从邻里很快到达公园。

树林和水上游乐区，并使它们内部相连。这个系统将有效地为所有市民准备好各种形式的娱乐活动，作为他们每天日常生活经历的一部分。公园和游乐场不再相互分离，也不再是要有多种交通线交叉才能进入的一种囊中之物。它们将与生活和工作区相邻、接壤。

区域性的开放空间系统的规划、开发和运行直接影响许多单位的计划，包括社区建设、水资源管理、森林、高速公路和环境保护，这些内容应该在协调委员会或顾问委员会上提出。然而，实际上的开放空间用地的管理工作由重组和扩大的公园、娱乐和开放空间管理部门来操作，似乎是合理的。

公 园

公园，很长时间以来一直作为美国城镇和城市的宝贵特征，目前也正面临着迅速变革的时期。很多公园正在变小，有些甚至完全消失了。然而，它们正再度被转化成其他的公共用途，全部出售给增加税收的开发项目。这其中一部分原因来自于未建土地的压力，另一部分原因是人们需要更多靠近他们的更活泼的娱乐活动。

回顾过去，我们可以看到许多早期的公园逐渐成为社区的草原或"公共的场地"。因为这些公园处在这些社区的中心，因而对提高社区的环境质量贡献很大。其他的公园则成形于被抛弃的未建地块上，或者那种开发之前较偏僻但又可以到达的地方。几乎没有哪个广域城市的区域的征地是超前于直接的需要或是与深思熟虑的规划相一致。

作为公园和娱乐用地一直存在一个共同的问题，那就是因为它们是分散的片断，从来没有很好地满足它们的使用要求，并且也没有与使用人群建立很好的联系。今天，运用更先进的规划，公园和娱乐用地可以规划为完全平衡的、内部相互联系的系统。征得的地块的选择要服从于其目的，因而每块土地都要因地制宜地来设计，满足邻里或社区的特定要求。它们或许仅仅是网球场上的一个围护土丘、供夏季清凉用或是区域的自行车道的连接路，或者也可能是完整的新的娱乐综合体的建设。

因为要有各种各样的锻炼路线，城市娱乐区往往是直线形的、相互联系的。这种道路可以是通行权路或是通过综合使用设备线路来设立的。它们可以共用通行权路，或者它们可以沿着溪流和河流指定的排水道，或者在洪泛平原和湿地的边缘。如果需要更大面积来修建游乐场和体育场的话，可以将其规划到城市更新和再次开发的项目。可

我们城市最需要的开放空间是那些人们能够使用并享用的。

未来的公园将是城市生活的一部分，而不是城市生活的解毒药。

一公里一公里相互连接的城市"绿色通道"，连带着废弃或正在使用的运河、铁路线和公路线在延伸，它们也开始沿着河流、自然排水道和设备通行权路发展起来。

你可以把公园看成是一种主要的社会工具、一个主要的美学元素，或者一个主要的实用性和功能性的事物。

保尔·哥德伯格

以设在废弃的地方街道、重整的垃圾填埋场或恢复的工业场所。

学校公园现在越来越普遍，它们和校园设施如游戏场、运动场、野餐区和花园或植物园一起结合成全年的、白天和傍晚的社区中心。学校体育馆、更衣室、厨房、图书馆和会议室因而有了双重的用途，停车场和公园环境也是如此。

进一步发展的趋势是城市公园和娱乐部门提供建筑、场所、设备，而实际的娱乐计划则是由地方学校、市民和其他相关的团体建议和运作的。越来越多的社区代表参与到规划过程反映居民的需求和爱好。然而，另一个突破是越来越多的相关部门联合办公。这样，道路、排水路线和娱乐被整体考虑与广域城市的开放空间系统相协调，这种系统将整个城市联系成一个整体。这是真正环境规划的最高境界。

随着不断发展的美国城市呈现出更加高效的、合理的形式，体验城市生活将变成一个主要的设计因素。新兴的高技术、机械化的生活方式需要新的"精神食粮"来缓解城市生活带来的压力。这种食粮一部分转化为每天与自然交流的需要。它提出参与多样性娱乐经验，这种娱乐经验来自传统的游戏和体育运动、新的锻炼形式、旅行观光以及就在愉快的环境中生活和工作。在城市中规划公园已经再也不能满足现状的需要，相反，我们要尽一切可能在公园里规划城市。

娱　乐

所有的城市都有公园和娱乐规划。在大多数情况下，随着欠税的土地被收公，公园用地已经逐步拼在一起，或常常出现这样的情况，在那些得不到适当土地的社区，为了满足娱乐发展的需要，高价购买土地。这种孤立的、补丁般的土地很少与最佳的地形特征相联系，它们是不完整的，使用不当，运行低效，并难以维持。

一个完整的、精巧构思的公园、娱乐和开放空间系统可以使其他城市受益匪浅。密尔沃基地区就是其中之一。这里从一开始需求和机会就被摆了出来，因而可以获得最好的土地、水域和相互联系，作为一个顺利运行的整体，这个系统一次开发一片区域。可以预见，将来有可能创造一个完整的公园式的城市环境，人们生活在优美的开放空间中，每天过着舒适充实的生活。目前，能够在一片未开发的土地上做一个公园系统规划的机会很少，但是，每一个发展中的城市都绝对需要一个综合的、远期的娱乐和开

欧洲人总的来讲是把公园作为绿色区域来使用，在里面进行许多活动。人们可以进入大自然做些事情，而不仅仅是苦思冥想。它更是城市人对自然的欣赏。它们可以是饭店、游戏场、动物园、儿童活动区、商店、咖啡屋、休息区、健康俱乐部、餐厅和更多的餐厅。

劳伦斯·哈普林

在城市中，自然不需要意味自然主义的东西。它可以通过新颖的方法来含蓄地表达对自然因素的利用。

仅仅从保护与开发角度来论述绿带的理论就太过于简单化了。土地利用规划同样也是研究私人利益能在多大程度上超过广大的社区利益。

玛丁·艾尔生

我们可以用绿线把这个国家联系起来，这样，每一个地方都能让我们接近自然界。

美国总统户外活动委员会

放空间规划，以预见最好的可能性。只有得到这种最佳实例的规划，它才能得以分期实现。

主动

主动的娱乐区、游戏场和体育运动场必须进行精确的设计。它们必须确定正确风向，还需要有精确的范围、合适的坡度、具有艺术性的材料和装备。如果使用灯光照明，它必须被仔细地校准。与观众的关系属于科学研究的内容，就如同协调车行与人行的运动和途径。有吸引力的环境是具有特殊含义的，而且需要将这些设施安放在离人们聚集中心或离使用者较近的地方。

因此，娱乐规划师的职责在于为所有可以想到的娱乐活动的需要，列出所有能够预见到的积极的娱乐需要的详细的清单和总体布局，并推荐哪些区域需要先拿到的最合适的场地。在大多数情况下，这种做法需要结合债券投资，并用国家征用权加以立法。

被动

被动的运动在选址上并没有特殊的需要，这类活动如郊游、散步、骑马、骑自行车兜风和欣赏自然，它们趋向于线形的，常常是沿着山脊、山谷、溪岸、海滨和林地边缘。它们的形式很自由，宽度可以是狭窄的步行道，也可以是几公里宽的断断续续的洪泛平原。在创建娱乐和开放空间系统中，一种明显的可能性就是将所有的或大多数区域做成道路和场所的联合体，并具有连续性。在可能的地方，步行、慢跑或骑脚踏车穿行在公园中从一个区域到另一个区域的这种活动就是娱乐体验中的一个亮点。

绿色通道和蓝色通道

当我们将连续性当作娱乐开放空间很需要的特性时，我们或许会注意到获得这种效果的方法。最重要的是通过道路本身形成的相互联系，尤其是那些低速的车行路，如地方的环路和公园路。这些路可能有附加的自行车和步行专用通道。然而更好的情况是，如果可通行权路有足够宽的话，可以专门为那些步行的人预留一条独立的、起伏的步行道。如果可通行权路足够宽的话，环路就会有理想机会采用公园式的种植形式，并且实行机动车与自行车和人行道的分离。

就像前面提到的，穿越国土的设备通行权路可以被作为有限的开放空间使用，尤其是当地方政府接受了它们的

袖珍和移动公园

袖珍公园或大公园系统中分散布置的娱乐地段正变得越来越受欢迎。有时，仅仅是路旁的坐凳或一个安放恰当的排球网，它们可以和邻里的自助花园一样开阔，或者与动物园一样的有特色。游动的汽车把音乐和电视带入拥挤的区域，停泊在城市的河流和海港口的表演船以及音乐游艇也是这样。甚至木偶戏表演、展览花园和宠物农庄也可以从一个地方漂浮到另一个地方。

线性的开放空间可以连接传统的公园和其他活动中心，例如，学校和购物中心。它们也能够用于深受人们欢迎的娱乐活动，如慢跑、骑自行车和划独木舟，这些活动恐怕在传统的城市公园中是不协调的。

威廉·福奈

明天的广域城市区域将会有交织的绿线。它们将穿越和连接着重新规划的城市中心、邻里、公园和开放空间保护地,沿着可远眺的山脊线和山谷与溪流前行。对于众多的现在道路旁边慢跑、骑自行车和散步的人来讲,明天的城市生活将更加令人愉快。

要点:超级绿道系统可以提供:

穿过沟壑和旱谷

沿着小溪和河流

1. 安全。这种绿道系统可以避开与高速路在同一平面的交叉。它可以防止人从峭壁坠落或跌进深深的激流之中。移开或挡住危险物体如尖锐的物体,和意想不到的障碍。此外,还可以提供充足的照明、报警和监管设备。

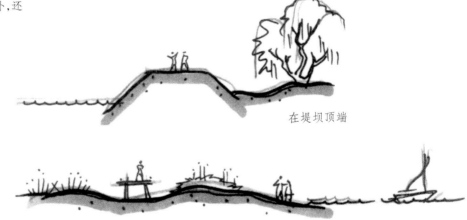

沿着山脊

在堤坝顶端

在沙丘之后或沿着海岸

2. 便利。这种绿道系统将靠近人们生活和工作的地方,连接着邻里、学校、购物中心、公园、历史场所、绝妙的自然和风景特征,以及乡野区域。其连续性和便利性永远不能忘记。

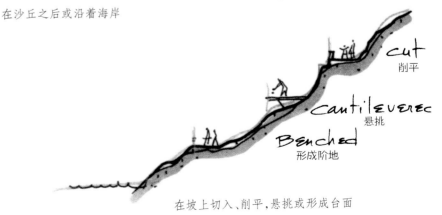

cut
削平

cantilevered
悬挑

Benched
形成阶地

在坡上切入、削平、悬挑或形成台面

3. 舒适和愉快。延伸或蜿蜒曲折的道路、起伏的断面以及不断变化的路宽都会为道路提供乐趣。合适的坡度和良好的踏地感可以增加舒适程度。

湿地上低的散步道

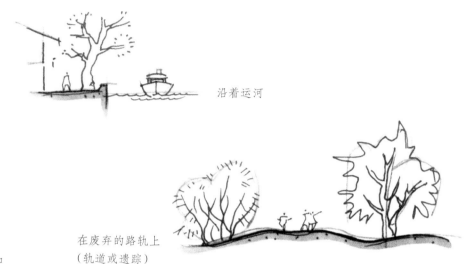

沿着运河

在废弃的路轨上
(轨道或遗踪)

4. 布线。沿着水岸或溪流的绿色通道和蓝色通道的路线,可以经过城市或区域的开放空间构架,走在其排水道和洪泛平原上。它们也可以横穿州和国家的森林地、公园、娱乐区、野生动物保护区和保护通行权区。它们还可以沿着废弃的道路穿越田野和森林。它们也可以分享高速路通行权和多功能管线传输廊道,从而到达和穿行于城市邻里和城市活动中心。

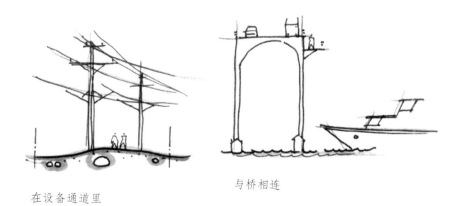

在设备通道里

与桥相连

这类吸引人的路线在今后的许多年里将服务于热情的自行车队、慢跑的人群和心存感激的大自然热爱者。

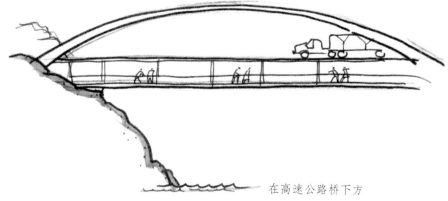

在高速公路桥下方

未来城市的绿带将沿着自然排水道布置。它们将围绕、包含而不是闯进人们集中的活动区域，这些区域在紧凑的状态下运行最好。

大量空旷的地域通常出现在洪泛平原上的填充地上，那些河流已经被填埋成为下水道。结合洪水控制和污水处理的需要，这些低位的、未被使用的土地代表着重新塑造城市的机会。

安妮·韦斯顿·斯伯恩

开发的过程是一段不停歇的旅程，既然自然是我们的开端，那它现在难道不应该成为我们的引导者吗？

本杰明·汤普逊

正是开放空间使城镇有确切的定义。因为它创造了一个让你记在心里的结构，同时，它也给城市居民让他们留在城市的东西；这就是我们现在所说的"宜居性"和"生活质量"。

布鲁斯·凯利

开放空间能够使我们体会到我们与所有生命以及每个生物之间的血缘关系。同时，一种紧迫感也变得普遍了，因为几乎每一个人已经触及到了一种失落感，因为这些深受人们热爱的地方被重新开发，而它们曾经带给人们的体验完全被忽略了。

托尼·海斯

从现有的证据很难做出这样一种结论，即人类是一种理性的生物。

_____

城市规划是一种建立有效关系的练习。

_____

维护任务作为使用的条件。道路可以穿越规划的邻里、社区、单位、办公公园和商业街。它们可以延伸到和穿越最密集的城市中心，所到之处可以增加兴趣点。然而，毫无疑问，最需要的线路也是一个常常被忽视的因素，就是应该沿着排水道和河流的方向前进。在这里乡土植被大多数没有受到干扰。在这里空气似乎更加新鲜，在夏天还有微风送来清凉，甚至鸟儿的歌声也更加动听。大多数的河流和河谷都会受到间歇的洪水的影响。这样在使用它们的过程中会产生一些问题，同时也孕育了更多的机会。许多市政当局不再允许在洪水 50 年一遇的区域内修建筑物，甚至联邦政府支持的保险要求也更有限制。因而，通过法规，现在排水道被保护起来，作为不同形式的绿色和蓝色的地带。这种地带迫切需要人们占有或租用，或者干脆组合到区域的开放空间系统中去。

绿　带

"绿带"在很大程度上是一个美国规划的策略，通过绿带可以把不同类型的聚集活动区域分离并予以缓冲。从理想角度上讲，绿带应规划成一个相互联系的自然保护区，它们沿着地形延伸，将树林、河流和自然排水道结合进来。它们不仅有分隔作用，还为鸟类和动物提供了栖息场所和"呼吸空间"。往往有足够的区域可作为农业用地、社区花园、各种形式的娱乐场所和相互联系的道路。

绿带把自然引入城市，使得城市的居民在一个青翠的环境中生活、工作和运动。通常，在一个湖泊、河流、湿地或森林环绕区域绿带会扩展成一个相当大的保护区，因而里面的城市化也受到限制。这些为指导和控制开发模式提供了把握性最大的手段。因此宜居性增加，城市中心也更加密集和高效，而且在大城市出行将更加快速和自由。用纯经济学的术语来说，就是建设成本会降低时，整体地价会上升。

开放空间

我们似乎有很好的理由相信，开放空间恰恰是城市的对立面。从定义上讲，城市是人口聚集的中心。大多数城市是拥挤不堪的。然而，这里有一个关于城市的具有说服力的论点，即城市越紧凑，就可能越开放，因为现在大多数城市地块，并没有提供集中活动中心，也没有提供意义深远的开放空间。

通过研究目前所有的城市地块图，这些问题可能得到解决，在图中通过以编码的颜色和符号表示了各个地块的主要用途，如商业的、政府的、文化的、居住的等。这种拼贴揭示出城市的不同不是想象中那样杂乱、无序。不同的城市组成部分很少能安排成紧密的运行实体。其主要功能既没有与供应、服务或其他支持设施组成团组也没有相互联系。它们也没有与邻界的或偏远的供使用者和工作人员居住的中心区域有很好的联系。这种松散组合的团块与应该连接它们的道路没有明显的联系。简单地说，非常不幸的是我们现在的城市几乎都没有自己合理的土地利用规划。

假如一切能从头开始，而不用管现在的所有权模式和现有的建筑物，更加明智的集中地重组中心将是一件容易的事情。它们可以很好地安置在开放空间环境的中部或周边区域。这样一个公园式的环境能够包括最好的地形特征，既能起到分隔作用又能给活动节点之间的自由联系提供路线。

在很少的情况下，即没有战争、地震或其他灾害时，我们才有可能在一个全新的起点上规划整个广域城市区域的发展。然而，即使这样几十年的发展之后，大多数城市区域的面貌也将会变得面目全非。因此，我们完全有可能一个阶段一个阶段地走向或遵循更合适的规划布局。因为城市的衰退随着时间的增长而变化，还因为重新开发工作的展开，经过改进的土地利用关系能够而且应该建立起来。这种土地利用关系必须按照一个指导性的、远期的开放空间规划，转化成为操作性更强的模式，这才是唯一有意义的。

这种概念性规划将把现有的公园、娱乐用地、自然保护区和保留区域结合起来。它将会向未建设的单位用地借空间，而且还会分享设备通行权路和高速路廊道。这种规划是由更加紧凑设计的城市中心腾出网格街道的通行权线路集合而成的。这种规划将得益于以下组合：腾空的和废弃地块，侵蚀的冲沟，陡坡和沟壑，50~100年一遇的洪泛平原，湿地，重建的河床和重新整理的河岸。它将重新开发荒废的住宅区、遗弃的工业用地、取土坑和其他有害的地产。它将使城市摆脱支离破碎的、丑陋的面貌，并为不断增长的娱乐使用和要求建立一个景观背景。

在合理的规划和连续性重要的地方，关键的土地可以用公共资金来获得并作为一项长期的投资。而且，为了这个目的，土地和资金可以由私人或基金会捐赠。因为当开放空间城市开始形成之时，它将基于自己的表现提供具有说服力的案例。

城市的贡献者

开放空间还可以从哪里得到呢？一旦我们把最佳的自

为了治愈环境，我们必须着眼于把城市的债务变成便利设施。

安吉拉·丹纳迪尔瓦

城市应该更仔细地看一看它本身已经拥有了什么。大多数城市都处在没有人居住的巨大空间之中。在它们低效率使用的通行权线路上，在面积巨大的停车场地，有足够的空间在黄金地段安排宽阔的人行道、小公园和步行空间。

威廉·H·怀特爵士

正是被遗弃的土地和有问题的地段，越来越多地变成城市公园的原材料。

威廉·韦斯

改造的含义是处理危难的景观。这里有一个更加广泛的观点：将采矿的操作看成是塑造新环境的创造性工作，一种艺术形式、一个野生动物区或一个居住区。

安东尼·鲍尔

设计师有机会可以对已经被忽视的城市景观产生很大影响，这些被忽视的内容包括空地和未被利用的土地，例如，低收入邻里单元里的小巷。

斯坦·琼斯
由萨利·B·伍德布里奇转引

然特征记录、保存或重新利用和保护起来，那么我们应该如何使之相互联系和互为补充呢?

在任何城市地界之内有更多的开放空间的贡献者。它们包括堤岸和公路旁的洼地，它们是线性的、连接的。断断续续的河道或洪水地通常是连接的，而且一定要保持其开放性和自由流动性。通过重新利用露天煤矿和取土坑，大面积受到破坏的土地能够消减，取而代之的是令人喜欢的新景观。垃圾填埋场的利用通常是作为公众垃圾场的再利用。此外，还有难利用的、被让开的给城市景观抹黑的空地和逃税的土地。

有时候被忽视的开放空间贡献来源是那些农业用地和公共所有或私人所有的土地。

公共机构

除了娱乐和公园部门外，每个城市还有数不尽的区域的、州的以及联邦政府机构，它们都有大量的土地。例如，其中有供水系统和水库、州属森林、狩猎场和野生动物管理区。还有设备通行权路和道路以及路权带、试验站、水管地权和军事保留地。其中，有一些是荒废的或未被使用的，可以腾空出来，另一些则只有部分可用，可以部分地临时出租或公众使用和娱乐急需的开放空间。即使有些用地只是被保留下来而禁止公众进入，它们开放的空间和种满植被的土地也会提高它们周边的环境质量。

单　位

我们非常惊讶地发现，有很多的开放空间是由单位用地提供的。保护机构，作为一种单位也做了非常重要的贡献，即获取、管理和献出有历史的、生态的和风景的重要性的场所。为将来发展需要空间的大学校园与未开发的土地是相连接的。植物园和动物园以及它们整个场地都可以加到开放空间体中。在博物馆、研究所、各种医院、图书馆、教堂、学校等的周围都留有空地。在某些情况下，场地、车道或步行道的一部分可以开放为公众使用。不管怎样，只要开放的空间能为人所见，都是有益的。

私人土地

在一些崎岖不平或易被洪水淹没的地区，可以想象广域城市开放空间系统的主要部分，是由私人捐出的土地聚集而成，而且只能是有限制地被动使用。湿地、开放的水域、溪谷或陡峭的山坡可以贡献给市政当局或干预性保护

随着城市人口的增长和土地价格的升高，现在在美国很少见的土地出租现象将变得更加普遍。公共的开放空间，如飞机场边界、高速路中部和双肩、设备廊道、排水道和土地堤岸将被出租为农业用地。越来越多的建筑物，将在出租的土地上和飞机航线下修建起来。

机构。关于土地的契约将限制永久使用的许可权。这些包括主动性强的娱乐如骑马、骑自行车、划船、观鸟，或只是观景。贡献的条件可以由公共土地和水资源管理，也可以是免税或直接奖励的经济利益。在那些土地权转让契约得不到的地方，土地所有者乐于出让风景的通行权或保留的通行权，这样，出于某些考虑，这片土地将被作为永久的开放空间而被保留。

通行权

一个人要想使用一片土地，那么他必须拥有它，这是可想而知的事情。但是也往往会有特例，当一个人或单位已经通过某种途径得到了在某个土地上某些权力或通行的权利。权利可以随便给予，例如，通过口头或书面许可，修建一个邻里花园或建立一个排球场。在双方条件和条款一致的情况下，出租或通行权是一个更正式的转让地产所有权的途径。他们可以授予使用权或授予穿过公路、设备主管道的权利。

在那些土地价格高的地方，租用土地修建短期和长期的建筑物，如住宅、商业或其他用途的建筑是有效的，而且购买土地节省下来的钱可以转化为低层的公寓住宅或房屋面积的租金。

有时，单个公用设施公司所拥有的可通行权路可以集合成本地区内最大的不动产。从传统上来说，大多数的公用设施通行权路带一旦得到之后，就会被栅栏围起来或派人守卫。出于其他公共或私人目的或是紧急情况下共同使用地产的做法总是被坚决地拒绝。然而公众越来越发现，把这么大的地封闭起来仅仅有限地使用是不合理的。而且这种受限制的地块常常会穿越本来可以统一的风景，同时还会干扰周围社区的发展。

随着土地价值和需求的上升，人们迫切需要将没有很好使用的通行权路全面开放来适应各种合适用途。这些内容包括健身小径，自行车路，当地的公园大道，或者通向工厂的货车道。这种布局也是线性的，特别适合设备的线性排列状况。更加地方化的综合利用也许是为附近工厂、办公室、公寓提供停车场。除了高压电线有潜在的危险外，大多数的通行权地带也适合作为公园、游戏场、体育场、社区花园，或类似的多功能用途。思想更加先进的公用设施公司开始采取一种共享的政策，其好处在于公共关系的改善和社区得到整修。而且，作为经济上的效益，作为共同使用的条件，这些公司可以让共同的使用者承担地表的

在设计我们新的城市场所和道路时，我们可以从雕刻家埃沙姆·努古基那里学到空间或负空间的力量——在充满活力的城市中心，空间变成了建筑，建筑变成了框架。

清洁工作。

任何关于城市更新或重建的规划都会合理地与区域的通行权路网络图加以叠加。在精心设计的未来土地利用规划中，通行权路除了继续承担其主要责任外，还会有其他用途。一旦限制性的界线被突破，并且在未来消失的话，那么所有有关的方面都将获益。

通行权路设计可以比土地利用先走一步并限制土地的利用。例如，通过授权一个保护区或风景的通行权路，土地拥有者可以出售或者捐出某些所有权。这其中可能会包括另建房子，立标志，伐树，或者有意义地改变地形的权力。在复兴城市的过程中，我们可以看到，这种通行权路在创造协调的排水道、开放空间系统的保护景色方面具有重要价值。

开放空间系统

开放空间本身没什么可多解释的。它可能只是白纸一张。更糟的是，它可能是有害的。混乱的空闲场地、铺装并未使用的广场、废弃的厂区、被污染的河流和沼泽地，所有这些能够使一个城市衰败下来。其他的"收割"出来的开放空间的地块特别是在满足功能的情况下，能发挥有用的和积极的方面，尤其是当它们各自适合于自己的功能的时候。例如，有小孩打滚的色彩艳丽的儿童游戏能够给邻里增加生机和活力。驾车转弯轻松、大树有灯从上往下照亮，并有种植池的停车场能够给人一种欢迎到社区中心来的感觉。熙熙攘攘的综合购物中心和它那诱人的景色、声音和气味可以为那些周围拥挤的办公楼和公寓提供一个惬意的环境。

更大的开放空间还有体育运动场、娱乐中心和滨河公园。还有学校、单位用地和商业办公园。而且，这样的空间或空间组合的设计要最好满足其特别的目的。不应该仅在面积上，而应在体量方面有适当程度和形式的围合和封闭空间。每一个开放空间本身如果精心设计，都可以为城市增色。它既可以让阳光照入，也可以引来微风吹过。它补充了邻近建筑物，既提高了它们的使用率加强了建筑外观，也提供了与其他建筑和活动节点的联系。

另外，还有线性的开放空间——小径、散步道、自行车道、公园大道和高速公路。它们都有自己的空间性质，设计成空间与空间之间的最佳联系者。联系和连续的内部联络网形成了一个开放空间网络或系统。户外空间本身自成一个系统。它的运动是没有界限的，而且它是一个由许

在美国，有 10 万人口的城市平均占地总面积的 6.3% 已经变成公园和娱乐区。

就全部的公共开放空间系统而言，大家希望的目标是接近 30%。这包括公园和娱乐用地、学校、单位用地、湖泊、溪流、水资源管理用地、自行车道、花园、森林和保护区。

城市土地政策，在整体上必须鼓励创建商业花园和社区花园，来充分利用现在的浪费资源。

迈克尔·浩克

用受到保护的乡野开放空间包住限定的城市地区的"绿带"概念正很快受到人们的拥护。它被认为是阻止城市扩散、治愈土地和重建繁荣城市的唯一手段。

假如没有考克县森林保护区（约 260 平方公里），芝加哥广域城市区域的将来将会出现令人难以置信的严峻问题。因为在这片森林的周围，形成了最好的住宅、文化和商业办公设施的开发活动。

艾拉·J.巴赫

多不相同且互动的子系统构成的混合体，这些子系统全呈围合状态。

那么开放空间框架的基础是什么呢？第一种可能性主要是高速路路网的运动和扩展。这将是合乎逻辑的，如果这些主要的公路规划在与地形相适应廊道中作为通道的话，这个围合的空间外壳将会向两边延伸，从而扩大了公路发展的开放空间。

第二种可能性是沿着现存的溪流、河流和自然排水沟设计一个系统。这种优势就是它们都存在于本来就是自然的支流并相互联系。而且，它们几乎没有例外地形成了自己的开放空间通道，尤其是那些旁边的构筑物退到50年一遇洪水范围以外的地区。在大多数广域城市地区可能性最大的是区域的框架（以及开放空间模式）将会沿着自然雨水流动的路线发展。巧合的是，多数高速路走廊也是一种自然方式的布置，因为它们要做好排水，并尽量减少与溪流河谷交叉。

对区域性的开放空间系统框架的补充，可以是这种占地很大的构成元素，如市场花园地、农场和森林保护区、湿地和水体。

为了使开放空间意味深远，必须赋予它们一个目的。这样，每一个开放空间都对它们的城市环境有独特的贡献。总而言之，从非常真实的意义上来说，这些开放空间就是城市环境。

绿　化

没有植被的城市就像是一个沙漠。我们的中心城市是由石块、金属、塑料或玻璃形体堆成的，而且到处铺满沥青和混凝土，在夏季的炎热和冬季刺骨的严寒席卷中，我们中心城市的峡谷在发料、发光。为了改善这种恶劣的环境，没有什么比保护和种植植物更有效的办法了。

丛林公园、城市森林和草地是最有效的贡献者。它们不仅能保留降水、补充地下水、净化空气和提供野生动物栖息地，还可以作为风障；它们使夏季的微风变得凉爽清新，使冬季的暴风雪有所缓和。

在未来日子里，埃比尼泽·霍华德想象中的园林城市可能会实现，尽管是以一个不同的形式出现。作为规划社区和新城镇的先驱，他的概念不只是从压抑的城市逃到偏僻的家庭花园。相反，他预言重建和更新将使城市变成园林。在整个的公园式的环境中将分布着社区花园、无土栽培农场、果园、葡萄园和太阳能屋顶的温室。城市中心将会成

（美国）城市面积的30%被森林覆盖，但是专家们认为这个数字正在下降。

随之发生的情况使得城市位于窘困的境界，还要与空气污染、侵蚀、洪水和最糟糕全球变暖以及干旱做斗争。

许多城市已经形成了它们的市政策略。尽管在1970年之前很少有城市森林部门，但是，现在它们的数字在增加。

迈克尔·莱塞斯

在即将到来的新世纪，人们的关注焦点将会逐渐出现一个转变——即从把城市当成建筑转到把城市当成风景。

加略特·艾克博

据预测，传统城市中修剪整齐的草坪、灌木丛边界和花卉展示等精细的风景地在很大程度上将为私家和社区的生产性花园让路。

城市公园在提供娱乐功能的同时更应该提供生产功能。英国在二战期间，城市粮食产量超过国家粮食供应的10%。

对大西洋两岸的研究表明，在抑郁的邻里中，社区花园和城市农场能够恢复一种自豪感和社会凝聚力。

迈克尔·浩克

社区花园是非常重要的。你开始设立选区，而它可以给你带来利益……

李·韦恩特拉布

为"悬空园"，主要的交通线路将会成为线状公园，地方的街道将会成为绿色植物的走廊。"绿化"领域还会扩大，还会出现再植的山坡、山谷坡地，再植的河床、湖岸和加固的滩地。

......

由于拥有与生俱来的对土地、植物的亲和性，由于拥有新颖的休闲方式，城市居民的业余爱好将越来越多地转向花园。他们所得的回报将是健康的锻炼，采摘新鲜的蔬菜、水果和花卉，还有视觉的愉悦。当我们的城市重新掩映在绿叶红花之间时，体验自然和户外娱乐，将成为城市生活的重要部分。

6　21世纪园林城市

那么未来的园林城市将会是什么样子呢？这颗闪亮耀眼的北极星似的广域城市在21世纪将会以什么面貌出现呢？人类的智者将会如何向我们讲述理想的城市呢？

几乎没有人认同城市会有终极形态，但是人们可以期待对终极目标进行广泛的民意调查，因为千百年来，这一终极目标几乎没有发生改变。从底比斯到巴比伦，从君士坦丁堡到圣地亚哥，那些城市倍受赞誉，因为它们给人们提供了最佳的生活体验。最著名、最惬意的城市往往是那些最能体现和呼应于其时代、地方和文化的城市；是那些有功能的城市；是那些便利的城市；是那些理性的、完整的城市。

富有表现力的城市

长久以来，人们一直认为要理解或欣赏艺术品，就必须首先把注意力集中到艺术品创造的时代、场所、文化背景、材料及其使用的技术、艺术家的个性，及其创作意图。所以，城市是所有设计工作共同完成的杰作，包括美术、手工艺、建筑、工程、风景园林和城市的规划布局。

时　代

城市的建设或存在的时间对其特质具有诸多影响。例如，匹兹堡城是在18世纪中叶乔治·华盛顿探险过程中创立的，作为俄亥俄州的首府和两河交汇处的战略堡垒。它的规划布局就是建城目的的最好说明。

100 年后，其防御功能让位于发展贸易和河流交通的要求。因此，堡垒墙被拆除，城市新的增长形态是沿着河流边缘和穿山道路而发展起来的。由于随处可以采矿获得资源，以及船运业的发展，匹兹堡很快成为玻璃、铁和炼钢业的中心，正如詹姆士·巴顿（James Parton）在 1860 年参观这个城市时说的，这是一个"打开盖子的地狱"。又过了一个世纪，匹兹堡又从制造业中心转为贸易办公中心。无疑，下一个世纪这个城市还会因为要适应不断变化的需求和机遇而发生相应的转变。

大多数城市都会随着时间的变迁发生着或多或少的演变。

场　所

城市的选址能说出很多故事。它与周边人们的空间位置的远近关系可以显现出战争、相对和平、偏僻的宁静、贫穷或富有之间的差别。靠近陆路或水路，如码头、森林、农业用地或矿产地，会对城市特征产生巨大的影响。

地形特征如山地（旧金山）、群山（丹佛）、草原（芝加哥）、河流（新奥尔良）或湖泊（密尔沃基），都给那些城市留下了不可磨灭的印迹。

气候也具有地方的特点。相对湿度、降水、雾、霜冻、冰冻和降雪对敏感的规划和建筑都有直接的影响。洪水、地震、飓风或咆哮的龙卷风的威胁显然是设计要考虑的因素。甚至那些看似微不足道的因素，如日照的特点和强度、风向、植被覆盖和地方的颜色都必须考虑进来。

地下条件也是不可以忽视的。地质构造和承载力使威尼斯和圣米凯尔城有很大的差异。没有被人能充分理解的是泥土占卜的原则，如追踪地下压力线和能量的喷发是史前巨石柱和查特大教堂的定位，以及古京都的规划朝向的关键。

通常人们一眼就可以看出一个地方的设计意义。

文　化

古往今来，每种文化塑造了自己的城市，它不仅满足了物质需要，还表达了人们的信仰和理想。从过去到现在一直还存在着严格的种种禁忌、苛求的宗教仪式和永恒的天生的偏爱和传统。而这些都与有利的选址、规划组织、抽象的形式和象征主义有很大关系。

施本格勒（Spengler）曾经描述过不同种族团体各具特色的思想以及这些思想对生活环境和城市形式的影响。例

一个城市的终极形式永远不能预先决定，因为它永远不可能被想象得到。

"改变行程是生存的法则……"

　　　　　　　　　玛丽·格林尼尔·戈登

位于战略要点的堡垒
控制河流的堡垒反映出其目的、场所和时代。

为满足城市的使用者而规划的城市将满足其市民的需要和希望，同时还将反映时代的思想和精神。

如，他注意到古代的埃及人受制于一种强制性的宗教影响，他们的身体和灵魂必须沿着一条神圣的游线走向无限远的地方，这就可以解释埃及轴线式的礼仪大街以及房屋、庙宇对称布局的成因。

民主的希腊人一直珍视他们的隐私和个人自由。人们可以沿着狭窄曲折的街道穿过不起眼的门廊进入住宅，这里就是一个私密的家庭生活的领域。为了协调万神殿诸神（宙斯、阿波罗、维纳斯等）的居住，它们的神殿都放在显著的地方，以便人们可以从不同的方向瞻望。希腊的市场或集市、神殿广场、城镇和城市自由地布置。在人们拾级而上到达雅典卫城的过程中，步移景异这种序列的渐进和呈现给人们带来很多愉悦。

欧洲的中世纪文化促成了紧凑的、由围墙和护城河环护的城市和城镇，它们的周围是开放的农田和森林。在这些充满活力、实用的拥挤的地区，每一处宝贵的空间都被充分利用起来。而且，这些城市和城镇都有独一无二的特征，如果你去游览那些残留的城市如阿姆斯特丹、科隆、日内瓦、布鲁日或赫尔辛基，就会发现这一特点。

随着欧洲文艺复兴的兴起，自由的规划布局让位于严格的几何学。别墅、宫殿和城市的设计体现了教会和国家统治者至高无上的统治权。强有力的轴线和与十字轴线侵入的自然景观，延伸出巨大的空虚，而其目的仅仅是为了留下深刻的印象而已。凡尔赛，号称"太阳神"的路易十四奢侈的乐园，就是一个例子。轴线式的规划形式、两边对称和"婚礼蛋糕"建筑已经被西方社会接受，作为城市和建筑设计的理想。许多人相信这种理念已经在太多的美国城市留下了痕迹。

然而，受传统的道教和禅宗——佛教文化影响的亚洲城市则尊重和神化自然。住宅、寺庙和城市都煞费苦心地适应于自然地形的形式和特征。街道沿着山脊、山谷和可以接受的横坡蜿蜒曲折。岩石、溪流、池塘和丛林得以保留，形成令人叹为观止的优美环境。在传统的中国和日本规划以及城市设计中，轴线式的设计仅用在某些场合，即那些皇家建筑设计中，如北京的天坛和紫禁城。很多世纪以来，在其他许多地方，令人愉快的不对称布局和清新的自然美占主导地位。在中国和日本，新建的西式城市极少注意到自然的特征，如清洁的空气、清洁的水和充足的阳光。商店、工厂、住宅和公寓肩并肩地拥挤在交通繁忙的街道两旁，承受着难以想象的污染。

在传统的穆斯林城市，麦加的方位具有象征意义的圆屋顶和尖屋顶，以及集市和狭窄阴凉的街道；挪威的大海和森林城镇；西班牙庭院式的城市和非洲反映牧人的生活方式的围栏式城区——所有这一切都有其深刻的内在成因，而且其中的大部分还会存在下去。

……

这些时代、场所和文化的表现都是可以观察得到的现象。那么，它们叙述了什么样的城市规划艺术呢？简单地说，如果城市或其中任何的组成部分想作为一种意义深远的成功单元的话，人们就必须理解和应用这样的设计标准。

功能的城市

城市是为适应于人们的需求而产生的，判定城市的标准需依据这些需求被满足的程度。从大的方面讲，人们的需求包括保护，遮蔽；食物，空气和水；健康的环境；有益的工作；贸易、社会交往和某种形式的管辖。

保 护

从古至今，人们聚集在一起的原因是出于相互保护和安全的需要。毫无疑问，人类最初的城市几乎都是军营。城市的选址则是那些最容易防御的地方，能够为人们提供日常用水和用水来防御敌人的围攻。而且还可以提供修建城墙和栅栏的原材料。

在当代，防御已经有了新的形式。针对核武器进攻的威胁当然就会要求有分散的活动中心；低矮的、坚固的建筑形体，大面积的地下设施和快速的两地之间的交通和能量传输系统。然而，现代战争的后果已经具有完全的毁灭性，以至于城市层面的防御工事实际上已毫无用处。考虑到及时隐蔽和方便疏散的城市设计在城市存亡方面似乎没有明显的效果。

保护就是要在突发事故、犯罪和污染事件时保证公众安全。目前保护的新的重点在于公路安全、污染控制、贫民区的消除和创造更加有益的生活环境。

住 宅

美国的城市很快将成为全国 3/4 人口的居住地，因此很需要改进住宅类型。然而，在快速发展的城市里，现有住宅古旧，数量不足，人们也买不起。因此，新的住宅和社区生活的概念对当代的城市设计是前所未有的挑战。真正模数制的建筑、先进的建筑材料的应用和改进的制作工艺，

我们美国人如果要了解从花园到农场乃至城市各种尺度的东方景观规划方法，就必须首先从意识里抛弃一切以自然为敌的想法。这对于我们来讲，似乎更加困难，因为我们出生在一个与自然相对立的思想环境中。

约瑟夫·克拉克·格鲁大使

城市不仅仅是钢材和石头。城市的本质是生活。就像在一个好的城市，清晨可以听到鱼贩的叫卖声，夜晚会传来悠扬的音乐和笑声，而在中午的街道上你能够感受人群的脉搏。

戴南恩·西蒙兹

从根本上说，城市建设的目的是为了满足人们的需要。

从远古至今，从各方面来看，人类依然拥有相同的基本需要。

风景园林并不仅仅是视觉艺术。就像建筑和工程那样，它是以功能为基础的。只有当我们在考虑功能方面满足人们所有需要和希望时，才可以称得上风景园林。它包括的因素有安全、保护、舒适、生产力和一种健康幸福的感觉。功能也可以是抽象的考量，如哲学上的正直、感觉上的品行端正和生态上的适应性。

可以保证实施全新的和令人愉快的蜂巢结构的园林城市。

食物、空气和水

古代城市的食物大多数来自周围的农庄、果园和葡萄园。现在由于有了新的交通、保鲜和冷藏的手段，城市可以从世界各地引进食品。然而，如果可能的话，显然人们还是喜欢附近的农田和家庭花园生产的新鲜产品。新的快速增长的住宅类型、屋顶花园和水栽培，已使得园林城市的前景远远超过埃比尼泽·霍华德的想象。

给城市提供的食物并不是小规模交易。利用清晨的一点时间参观芝加哥的畜牧场、纽约的富尔顿街鱼市或匹兹堡的农家院会使你有个大致的了解。如果需要进一步了解的话，还应看看内布拉斯加州和堪萨斯州的谷物升降机、佛罗里达州大片柑橘林或南加利福尼亚的大片朝鲜蓟。

当下随着污染措施控制逐渐发生作用，拥有令人快乐呼吸和健康生活的清洁空气再次成为可能。另外，让大量新鲜的淡水，来自水龙头、土壤蓄水层、溪流和湖泊，在技术上都是可行的。水土保持工程、森林再植和造林、水利用和水处理的新途径，都有很好的效益。

人类文明的历史是人们寻找可用水资源迁徙的历史，也是为获得和确保充足水源的战争的历史。那么，怎样才叫有充足的水供应呢？在水量充沛的美国，人们却在抽取地下水，这不能不引起关注，"足够"的含义已经等同于人们使用或浪费水。在许多有文化区域，人们每天用头顶着罐子来运输家庭用水。而我们已经变得习惯性地浪费水，甚至都没有想到用 10 加仑的水沐浴和用 1 加仑的水刷牙之间的区别。据说，从一个城市消防栓和水龙头泄漏的水就能够满足居民的基本用水。

据预测，仅用现在从地下抽取的水和水库中蓄水的一部分就可以满足将来城市的所有需要。有效的水资源管理新技术的应用将会实现这一目标。

用不了多久，水资源将会被分类并分别用于家庭、工业和农业。可用的水将由管道运送到居住区供饮用、烹饪和沐浴用。经循环和处理过的水将用于灌溉和工业上冲洗和冷却。居住区的用水率基于一个增减比例，单位消耗量的增加，将有减少浪费水的趋势。保水花园和公园将会成为常规的要求。而且通过将地表流水引导到大型保水和供水池，地下的水将不断地由新水补充。

利用回收的水进行景观灌溉是重要的，但是我们不能满足于仅仅利用水的境界……要开始在景观中处理和加工水。

约翰·莱尔

人们看到的审美是在运转的过程中形成的。

爱德华·布莱克

废水处理的工程系统能够将清洁的池塘、湖泊和湿地(公共设施的美)引入城市的环境。

环 境

如果我们将城市看作有价值的居住场所的话，那么把环境这个术语和那些有助于优化人类福祉的条件等同起来是合理的。这些条件不仅必须满足前面分析过的物质需要，还必须提供视觉的、社会的、文化的、教育的、娱乐的和鼓舞人的设施。而且仅仅提供这些条件还是不够的，还必须使人们容易得到它们。

巴黎的奇迹和愉悦在很大程度上是由富裕、喧嚣的人们、货物和令人愉快的事情混合引起的，所有这些都被迷人的人行道和适宜的快速运输线联系在一起。还有保留巴黎的传统的蒙特利尔，按照自己方式建设的旧金山，都提供了令人愉快的城市生活环境。

就像所有的当代城市，在以下这些方面总有些发展的空间，例如：

- 提供一个开放空间框架来分离和更新不同的区域。
- 更多不同类型的集中城市活动中心，拥有相关的住宅、餐馆、商店、办公楼和支持设施。
- 有效地清除污染，如清洁的空气和水、卫生设备和减少过多噪音、眩光和其他形式的压力。
- 能源保护。能源保护问题的观点引发了许多问题，例如，在土地规划和建设过程中，各种因素是否可以为了高效地相互联系而紧凑地组织起来，选址和朝向是否适应于主导风和雨洪的模式以及太阳季节性的入射角和照射范围的变化，太阳能加热或管道化微风的清凉效果，潮湿的沙砾层和植物的覆盖、遮阴和阴影，植物和池塘的蒸腾作用，土壤湿度的保持、保水花园景观处理是否被考虑到……

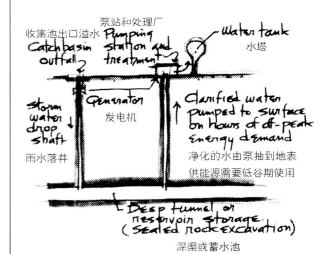

城市雨水的利用——芝加哥地区的方法

就 业

大多数人是为了生活而工作的。他们被吸引到城市寻找适合其特殊才能的工作机会。城市区域因而成为具有专门技术和能力的人的人才库。城市为了满足材料和设备的需求能够利用整个区域或全世界的资源。城市是由空中、陆地和水路组成的运输网络连接来分配资源的。

我们已经看到在传统的城镇、城市中，家庭就是作坊。城墙外有花园和葡萄园，家庭生产人们必需的奶酪、面包、葡萄酒、皮革、鞋和纺织品并出售过剩的物品。一旦某些产品受到社会欢迎时，人们就将住房的第一层改造为商店，家庭搬到后面或顶部的阁楼上。

随着机械化和工业化的出现，奶品场、制造厂、工厂

工业时代的城市有意识地脱离了自然的进程,通过大量使用石油燃料取代机械设备。人们把照在街道、建筑上的阳光当成过剩的热能而不是利用这些太阳能。但是与此同时,他们引进大量的浓缩能源,它们中的绝大多数来源于遥远地方所骗取的石油。

人们把从屋顶和街道上冲刷而来的雨水,顺着混凝土的管道和渠道运送到附近的海湾或河流,但是与此同时又建设相似的渠道,从远处引来水源。他们还从远处引入食物营养,只用一次,然后,把它作为污水废物通过管道运送出去。

因此,我们可以将无法抵抗的衰竭和污染问题看作是我们自己先前塑造城市环境所造成的严重后果。

约翰·T·莱尔

和工业工厂实行集中化布置,除服务行业之外工人们不得不往返或搬到工业区或公司城镇。今天事情又发生了变化。这是因为职业的类型、所在家庭的性质、交流和旅行方式还有生活本身的方式都有所不同。

在当今时代,社会需要技术的类型是多种多样的,如同对提供新产品的多样性要求一样。家庭更小、凝聚力更小、移动性和多技能性增强。家庭成员可以受雇于任何有机遇和才能可以发挥的地方,因为交通可以解决他们的出行。现在,视听的电子通信手段使很多人可以在家里工作或住在他们想要住的地方。这种选择通常是一种生活方式和快乐。在主要的就业中心附近,愉快的居住生活越来越成为一种趋势。

在任何一个生产中心,无论是农场、渔场、艺术家活动中心、大学、研究园,还是装配工厂,总有某种有益于成功运行的最佳条件。这些中心本身都是精心设计的可以提供最好的设施和关系。那么,城市作为所有这些生产中心的最复杂和有效的中心,按照这样的思想组织是否不尽合理呢?

贸　易

商业和贸易是城市的发动机。从远古的物物交换和各类日用品的出售,如盐、供应品、棉花、谷物、牲畜、毛皮、丝绸、珍珠或组装产品一直延续下来,并为全世界的城市提供财富。通常其发展趋势是将城市和它的商业产品联系起来。

贸易与城市规划有多少关系呢?答案是非常多。每一个商业活动中心都被赋予完美的区位、面积、形式和基础设施,从而使它有吸引力和高效率。在这点上,美国城市的规划师们有许多课程要学习。

从百货公司你可以学到规划布局、流线、展示、接待、贮存、交货、顾客舒适度和诉求的重要性。产业能够给有效系统的设计以指导。

欧洲的贸易中心显示了维持商业街完整性的重要意义,即维持狭窄通道两旁并排的商店的连续性,而不让街道上其他的用途或建筑物破坏了或冲淡这种连续性的购物体验。

再者,从靠近东方的集市和那些东方的商业街,我们可以学到拥挤;引发兴奋;诱人的视线、声音和气味;以及多样化和选择机会的多变所产生的价值。

你会吃惊于大多数美国网格城市麻木的规划布置方式,

如商业区被宽广的道路切成片段，停车楼和停车场也将其分为碎片，整块的银行、公寓或办公楼在人行的层面上打破了商业街的整体性。在大多数美国城市里，如果你有足够的耐心和出租汽车费，你能够找到任何需要的东西。但是如果你想要装修一栋或甚至只是一个房间，或者买一台你曾经见过并非常喜欢的瑞典灯具，寻找有关材料和工具的过程将会让你彻底失望。为什么呢？因为在美国商店广泛散布在一个棋盘形的区域内，那里有繁忙的交通和巨型建筑物。

区域性的购物中心并不是解决问题的答案。其中大多数具有反城市的毛病。在广域城市环境中，购物中心越来越被认为是昂贵的掠夺者。在很多情况下，它们将附近的城市和城镇分成小块，这些分散的各个部分聚集在其间的高速路两旁。

区域性购物中心的负面影响几乎没有被人们所预见到。人们曾经设想的利益在很大程度上只是一种幻想。在促进经济发展面貌的伪装下，地方委员会和议会支持并把它们引进。它们受到很多资助。这个暂时的"改善"如进出道路、坡道和水电等设施是由公众出钱修建的，这其中有许多良民的生活或福利受到购物中心入侵的危害。周围环境的税收在升高，甚至那里的生活也变得不那么令人愉快。曾经安静的乡村受到狂热的不协调开发的影响。同时，受其影响的在城市和城镇里的商家却在苦心挣扎着维持生计，而城市的投资却追逐着居民外迁的浪潮。

一个新的购物中心会导致大量企业的跟进和日益繁忙的交通。事业看上去似乎是蓬勃发展的。但是随着建筑密度的增加，购物体验使得购买的顾客越来越少，而更多的是只看不买，被拥挤着走出的人们。随着销售量下降价格升高，房屋出租者会转向由开发商计划的一个新的、更大的竞争商业街，它离城里更远，吸引力更大。

一旦主要的百货公司搬出之后，更好的附属商店、顾客也随之而去，留下空闲的购物中心不断衰败，再也不能复苏过来。美国许多城市远郊都处在这种难堪的回流之中。

新型的购物和商业办公中心正在形成。因为它们是作为平衡城市和城镇中心的整体的组成和被组成要素来规划的。在这里，它们有一个稳定的永恒的基础。在这里，作为中心，它们又给人们带来聚集的后劲，这也正是它们的贡献。

对于购物中心，值得一提的是它教会了我们如下有价值的规划经验。人们会钻进汽车，行驶到数十公里外商品

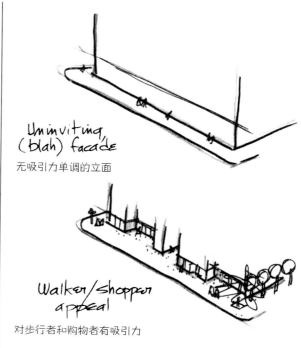

Uninviting (blah) facade
无吸引力单调的立面

Walker/Shopper appeal
对步行者和购物者有吸引力

步行者层面的建筑沿街空地

可以称得上是城市规划中的公理是，高速的、大交通量的、在同一平面穿越交通与统一的活动区域是不相容的。

没有城市的购物与没有购物的城市同样单调乏味。

和服务设施的集中地。他们愿意将车停在停车场，然后步行相当一段距离到达两边没有车辆的商业街，欣赏各种各样的事物，做各种有趣的事情。一旦周围有人群聚集，而且，又处在百货商场、办公楼和公寓之间时，即使最小的商店也能够兴旺起来。在吸引人的环境里，购物中心能够为多种形式的社区生活、活动和事件，提供最好的服务。

社会交往

人是群居性的。他们喜欢不时地聚聚，忙活一阵儿，挤撞一下或是坐看人流的穿行。对于许多城市居民和游人来说，购物是群体互动的主要形式。大多数人喜欢扎堆参加礼拜、讲座、音乐会、剧院、运动会和其他的群体活动。因此，一个合理的城市应该提供大教堂、艺术表演中心、博物馆和运动场，以及大型百货公司和餐厅。作为广域城市区域的文化和商业中心，人们希望这种城市能够提供大量吸引人的内容。

衡量适于居住的城市标准，不仅在于其中建筑物的优秀，还在于它周围的空间质量或是建筑物之间规划场地的质量。购物中心、街心广场，公共广场对人们具有普遍的吸引力，尤其是那些为了满足人们特殊的目的而专门设计的场所。有此城市太幸运了，比如查塔努加和旧金山都享有优美的远眺景观，还有滨水的城市，如圣安东尼奥、西雅图、芝加哥和托莱多。

或许更加幸运的城市围绕一个清新的公园和开放空间系统规划的城市，那里有相互联系的道路、自行车道和公园大道。但这种实例很少有。

总而言之，我们可以说城市里的生活质量等同于人们聚集空间质量的好与坏。

管　辖

所有的人都认为有必要按某种行为准则和理由来管辖他们。

好的城市政府是什么样的呢？历史证明，在这方面并没有固定的模式。但是柏拉图（Plato）在他的《共和国》中，亨利·亚当斯（Henry Adams）、林肯·斯蒂芬斯（Lincoln Steffens）在他的《揭露丑闻的日子里》以及沃尔特·李普曼（Walter Lippman）在他的著作中都提供了有价值的线索。重要的共同的因素有以下几个方面：

●明晰的权威，它来自权力、世袭、超级力量的指定，或更加幸运地按照被管辖人们的愿望

一些城市正试图通过复制其他购物中心的物质的形态来与之竞争。其实他们应该复制的是这类购物中心集中化的管理。

威廉姆·H·沃尔爵士

从前，人们认为公众把广场当作交通通道和建筑入口加以使用，而最近从聚集或被动的甚至是主动的方面来看，公众把广场当作享乐之地。

马克·弗朗西斯

在现代的美国，几乎没有对只作形象工程的大型广场或空洞的公共空间有维护的需要、理由或预算。

- 一个强制的目的和多个目标
- 一个有活力的、灵活的行动规划
- 清晰、公正的法规
- 统一行使实施的权威
- 对人的尊重
- 所有市民都认为其投票有价值的感受

毫无疑问，后者是最重要的因素之一。当一个城市的人们不再相信他们所做所说有价值时，这个城市的生命力也将衰退。反之，一个城市的实力依赖于被管辖人保留个人奉献精神的程度，古代城镇会议就是一个直接的例证。这需要领导层正直并用民主的方式管理，同时，通过州和国家将权利和决策委托给城市。

管理城市的方式与城市的外表和运行是有直接关系的，这并不仅仅是首先可能实现的问题。

我们大多数的城市被细分为由行政区、自治区和（或）其他政治区域，它们都有各自的地方政府和专门的利益。我们不必惊奇于它们的物质形式是如此的破碎，也不用惊讶在重复的管理、工作时间、激情和政治保护和其他地方化的服务下，它们所攫取的资源竟有如此多被浪费掉。

只有拥有一个强大的中央政府才可能建设人们期望的、具有凝聚力的、统一的和高效的城市。这就引出了"城市经理"的概念。城市经理由市议会指派，与市长一起工作，他可以把经过训练的商业管理者的技能带到政府里来。这已经使得政府产生了许多明显的改进。

大多数广域城市的区域进一步复杂化，表现为在城市边缘，甚至在城市地界上拥挤着一批多少有点独立的政治实体。这些自治区、乡村和合并的城镇，利用城市的服务设施。这些地区的许多居民在城市内获得生计，然而，几乎毫无例外的是，这些地区保护他们自身的利益，不愿对中心城市和整个区域建设出钱出力。某些地区的广域市政府在寻求更加合作和有效的作法方面是非常成功的，这可以消除重复的功能，并为地区的规划和运作的许多方面提供了调整的途径。

广域城市政府区别于传统政府的形式，原因是当它被州授予权力时，就接管了各不相同的地方政府的在区域的或广域市范围和意义上的某些功能。既然地方政治领导的主权和权力从此消失，他们就会抵抗，而且他们也是这样做的。然而，广域城市政府一旦投票成立就表现出诸多优势，比如，更开阔的视野，超级规划能力，提升的影响力和顺畅的管理效率。由于它理论上合理，实践中又有优秀

广域城市区域是一个由生活在城市环境中的人们所组成的社区。他们通过社会或经济纽带联系在一起，但是，在过去他们是由互不协调的当地政府提供服务的。

大多数美国较老的城市，以及它们所有的组成部分，都有一个共同的问题——慢性瓦解。它们实际上是一个由断裂的和相互重叠的街区组成的混合体，没有可以辨别的边界，没有聚集的中心，没有便利的入口或联系。

当郊区也做出公平的贡献时，城市将会兴旺起来。

为城市化所做规划唯一的合理的基础是广域城市区域。只有在整个区域内通过有计划的控制发展，才能减少不必要的分散布局，避免昂贵的重复服务，并确保运行系统的正常。

表现，于是它似乎注定变成将来的途径。只有当人们过于武断地实施这一方法或是赋予这类政体的责任超过了它能很好应付的范围的时候，才会出现不尽如人意的地方。

广域城市政府在被赋予广泛权力的地方已经取得成功。

一旦经验和条件成熟之后，广域城市政府就可以承担其他额外任务，同时让每个地区权限控制它们自己的事情。

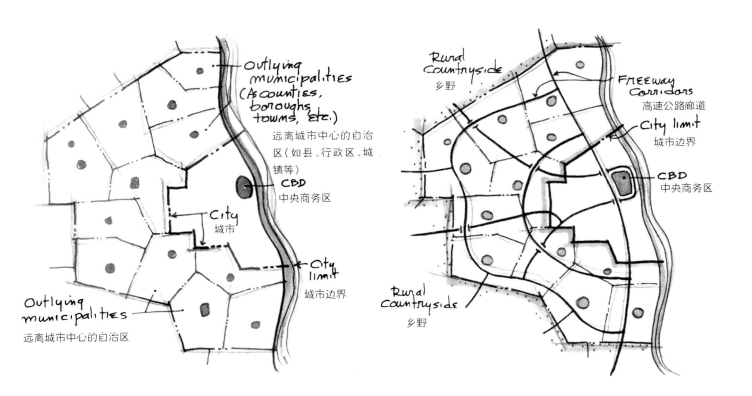

城市和郊区

大多数城市都分成一组更小的自治区——每个区都有各自的政府、学校、街道维护、消防和警察局、法院和其他公共服务机构。每个区在其合法边界内争取它们自己的福利和特殊的利益，当然这是以消费中心城市为代价的，因为各自治区许多居民在中心城市工作赚钱并享受这个利益。

广域城市区域

在这里分散的自治区在广域城市宪章规定下联合成一个广域城市，该宪章授权广域城市委员会和职员对以下的功能负责，即土地和高速公路网规划，设备系统和教育等，这些很明显都属于区域范围。广域城市要想成功，最基本的条件是允许当地政府在特殊的地方事务上的自治。

混乱或调和

　　大多数广域城市区域内的发展计划和项目充满矛盾和延误。混乱、冲突、重叠的法规和司法争辩等令人沮丧的局面在时间和金钱方面的浪费已达到极限。

　　在寻找有效的协调发展的机制过程中，每一个广域城市区域必须找到适合自己发展的机制。那些实践中已经运作得很好的机制有如下许多共同的特点：

　　• 有一个总的区域管理委员会或由商业、市政和文化领导组成的委员会

　　• 有一个中心的办公室和信息交换所，并有一个指定的管理者和职员在此工作

　　• 发布发展方针和基本规划信息

　　• 对与广域城市区域相关或在区域之内所有土地利用建议进行地块划分和描述

　　• 指导中介之间和中介所代理企业的会议

　　• 解决土地利用冲突

　　• 对所有影响区域事件的评审和建议权

　　……

　　在每一个广域城市区域内，焦点城市在地区的健康发展中起到成败的作用，因为当地区有了进展，就会推动城市的发展。因而城市领导者（不论是政治的或公众的）有责任想尽任何办法促进、支持一个强有力的、有效的区域管理委员会和广域城市行动计划。

　　……

　　在区域星座般的格局下，每一个城市必须像一个工作实体那样运行和繁荣。为了满足人们的需要，城市的税收必须等同或者超过资金的支出。在这一点上，城市的基本生产能力不仅与商品、原材料和机器有关，还与贸易、旅游事业和周围环境有关。

　　功能性的城市，只有当被功能性的机器进行设计和不断地调整时，它才能有效地发挥作用。

便利的城市

　　便利就是指人们需要的东西随手可得。

中心

　　便利的城市应该为每一种主要类型的城市活动提供中心是有道理的，例如，金融、娱乐或贸易。在这些建筑群内部或周围安排附属和支持设施是必需的。这不仅包括其

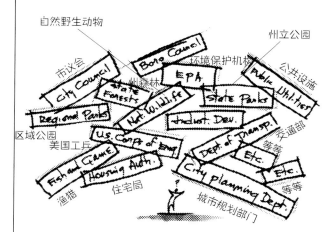

没有集中化的关联，规划是没有意义的

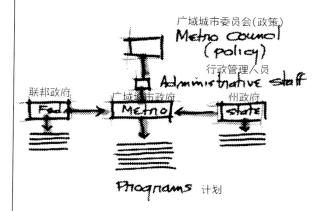

通过区域性的广域市委员会可以追踪和协调所有的计划

广域市政府规划的实例

邻里需要中心。社区需要中心。城市次中心需要中心。城市需要中心。

———

城市交通的方案并不都是像高架桥、山坡索道或地下"管道"一样生动。它们包括以下几个受欢迎的形式如汽车和有篷货车,保留的公共汽车道,特别优惠的公共汽车和有轨电车,鼓励使用自行车和提供安全、宜人的步行空间。

———

如果城市设计师在轮椅上坐上一个星期,那么城市就会采用新的形式。

———

为塑造更加合理的城市结构,我们建议将各种不同成分聚合成结构良好的实体,每一个实体周围都环绕着能使它正常运行的那些事物。

———

他相关类型的活动,还包括必要的商品和服务的提供者,以及随时为顾主、赞助人和游客提供餐饮、购物或住宿的服务。

至于要到达和环绕这样的中心,可以通过汽车和高速运输线。乘坐公共汽车和汽车进入最好可以到达该中心区周边的一个或几个入口,那里有斜坡通向地下停车场或地面的车位。考虑到不利条件,将服务于行人和他们喜欢看见和做的事情置于建筑之间的开放空间的道路和场地。如有可能,在其边缘或核心建立乘客中转站,将会大大增加城市的便利性。

次中心

在整个广域城市区域内相同功能的建筑群和附属设施的聚集和组团都是先进规划的标志。在其周边规划的邻里和社区也同样是优秀的。

无障碍设计

便利性特别强调为那些残疾人考虑。

每个人在一生中都注定会在某一两个方面出现残疾。从幼年到成年,再往后,人的机能,包括视力、听力、行动甚至思考能力,将会明显受到限制或削弱。

长久以来,"残疾"这个术语一直被用于概括一群不幸的人,而对普通的、非常现实的、人类健康状况还不够重视。直到最近,在残疾人问题上,城市还面临着重重困难。例如拥有每 1.6 公里 6~10 个交叉路口,每个交叉口有直立的路牙石,大多数建筑入口有台阶和不能接近的公共运输工具——整个城市的地形也很冷漠。在近些年里,人们已经做了许多受到残疾人欢迎的改善工作。

美国国会最近通过了残疾人法案之后,现在出台的国家法令要求在规划物质环境的所有方面都要考虑到残疾人的需要。并不仅仅是提供和指明特殊的设备和设施(这样会导致强调残疾有缺陷的事实),而是要将这些内容建设到我们的道路和场所之中,既不引人注意,又能够让所有的人使用它。更加人性的、更加舒适的城市将扩建机动车禁行的商业和购物中心,低空悬索的交通工具以及足够的电梯和坡道。此外,还将有"统一"的标志、符号和容易识别的信号。广场的铺造和道路的设计在线性、断面和材质方面都要考虑人们更易于行动。人们将在更加清洁、明亮、安全和更加清新的环境中休息。所有人都会受益于这类敏感的规划。

合理的城市

合理的城市才会有意义。

笛卡尔是理性时代之父，正因为生活在"夜壶从阳台往外倒脏水"的时期，他提出必须有一种更好的污水处理途径。同时，他进一步相信最重要的是必须建立一个更加合理的城市生活模式，而不是像他正在经历的城市生活一样。他对不假思索地自愿接受流行的现状表示悲哀，并开始重新检查他所在城市生活中的各个方面和城市自身的各个方面。笛卡尔再次肯定了赫帕达莫斯的信念，即遵循精心规划发展的城市会比那些随机发展产生的城市要好。

如果笛卡尔生活在当代的话，他将会对现代美国的城市说些什么呢？有人可能相信他将满意于现在的状况，即对综合性规划的需要已经最终被承认，但是，毫无疑问，他也会发现由许多已经接受的城市现象引发的重要问题。其中包括网格式的街区布置规划，面对交通线的住宅，交通工具无所不在的入侵，无限制和毫无控制地扩张，单一功能的分区制，压缩、污染和缺乏连贯的城市形式。

城市形式

美国城市是无定形的，而且常常是网格状交通线和矩形街区组成的不成形的集合体。城市缺乏可识别的、合理的结构，没有连贯的规划。难道这是因为现在没有明确的关于更加合理的城市的概念所致吗？在这个变化迅速的时代里，需要重新定义"城市"的概念。每一个城市有它自己的时代、地点、人民，必须找到它自己的方向，找到一个它必需的方向。因为只有清晰的和主题明确的目标，人们才能够实现理想，并赋予其表现的形式。

问 题

在合理的城市中，那些负责规划机构将会提出所有的问题，即已经存在的和潜在的问题。有些问题似乎容易发生，如害虫、啮齿动物、离群动物和粗鲁的宠物；另一些问题似乎比较遥远，如塌陷、泥石流、地震或洪水。一旦出现其中一个现象都会引发大面积的灾难。地质的不稳定性通常和持续的淡水水位降低、地下蓄水层的损耗有关。这会导致土壤的萎缩，在沿海地区还会引起盐水倒灌。同样严重的是地下采矿所遗弃的支柱的坍塌。那些指导城市发展和建设的人必须充分意识到所有这类灾难的发生条件。在这个计算机技术来临的拂晓时刻，人们多年来从多方面

场地的"通用设计"以及从全局而不是一般角度出发的设施规划，要从使用者的角度来考虑各种感觉意识，各种运动，以及所有体力和智力作用的层次。

苏珊·格尔斯曼和大卫·德瑞斯凯尔

一个城市的大小、特征和形态主要受其交通模式的影响。

迈克尔·纳帕罗

城市……它们的巨大是其最惊人的特征。但是作为规划的面积很少。无序控制着一切。只有极少数的绿色空间……好像隐藏在一个灰色的、无形的迷宫之中。

琼斯·路易斯·塞托

在当代广域城市区域内，很少有建筑在设计的时候就考虑它与周围建筑的关系。

广域城市演进性的规划是学科交叉的解题和实现可能性的过程。因为拥有和大自然一样宽广的基础，拥有全人类的顾客，这个挑战是永无止境的。

大多数人生活在个性分离的世界里，在这里商业和政治的行为被短期目标控制着，而同时个人的目标则是长远的，甚至当他们不知不觉地遭受对未来产生危害的短期压力的时候，每个人都热切希望属于他们子孙的美好将来。

越来越多的新闻头条正在大曝特曝那些难题，被污染的水井，酸雨对森林的破坏，水位的下降，原子废料处理的不安定性，世界许多地方的饥饿和由于拥挤现象而带来的社会压力……恐怖行动和非法移民。

简·W·佛罗林斯特

当人们还没来得及准备时，第一次垃圾危机爆发了。从那时起，垃圾处理的基本方式一直保持不变，你可以倾倒它，你可以烧掉它，你可以把它转化成某种可以再次使用的东西或者你可以尽最大可能首先减少产生明天垃圾的物质。

美国每年产出 1.6 亿吨的固体垃圾，全国每个男人、女人、孩子，每天产出 3.5 磅固体垃圾。全国每年垃圾如用 10 吨级卡车装载并排列起来的话，其长度是到达地球距月球距离的一半。

汤米·埃瑞波

芝加哥公园区每个星期可以收集 4 万磅的塑料容器。它们被转化为五颜六色的材料，这些材料用来制作沙箱、花钵、栅栏和游戏场的划分线。这些塑料便宜、安全（没有刺），比木材抗破坏强度还大。但是最好的一点是社区开始喜欢循环利用了。

凯思琳·麦考密克

收集来的相应资料可以预先储存并图示化，直到主要的基础地图需要更新和完成。

从许多方面来讲污染是危险的。垃圾、污物、废弃物和视觉破坏可以很容易地通过清理、整治发现和去除。而并不容易治理的是通过空气传播和水传播的化学物质导致的累积性的土壤污染，当它们到达饱和状态时可以摧毁植物并威胁到人们的身体健康。停滞的空气和逆温已经成为大多数广域城市区域的通病。近来，酸雨的威胁已经成为更加令人惊恐的事情。例如，沿着宾夕法尼亚州公路的"宾夕法尼亚州的森林"，由于受到这种污染的影响，公路两旁列植着已经死亡和垂死的树木。在全国其他地区，被有毒废料污染的土壤和回填土中的毒物已渗透到地下的淡水层。

常言说得好，最坏的问题通常也引出最好的机会。相关的例子就是固体废弃物。不久前，垃圾山每天都从我们的城市区域运送到近郊的露天"倾倒场"或用船运出港口城市作为给大海的礼物。随着恶臭和污染的加剧，出现了垃圾卫生填埋场。它们较原来的处理方式是先进的，但是却填埋了吸引人的山谷，污染了作为我们水源的地下水，对此，我们要做什么来挽回呢？

严峻的问题已经促使我们现在从事转化和循环的试验。通过转化，现在垃圾和人的排泄物可以加工生产出大量的土壤调节物和营养物质。它们有可能替换至今丢失的不可替换的表土。通过循环，对矿石、森林产品衍生物的回收和再利用，已经使消耗自然资源的速度减缓成为可能，甚至在某些地方已经停止。

因而，近来的欠债已经变成有价值的资产。

在那些拥挤的城市里，更加明显的问题是交通和公共设施系统的崩溃。高峰时间交通运力和延误与高峰时间缺水和高涨的能源消耗一样让人烦恼。

在不合理的城市里，我们能够发现各种各样物质上的弊端和灾难。但是，有人可能会问，这一切与规划和设计有必然的关系吗？回答当然应该是肯定的。负责任的规划和有洞察力的设计是改变这种混乱，创造和保持一个更加惬意的城市生活的唯一途径。

不受欢迎的人

对于人类的不幸，我们究竟能做些什么呢？对于那些乞丐和酒鬼，麻醉药传播者和上瘾者，性变态者和妓女，街头帮、流氓、小偷等，我们应该做什么？他们没有被赶走，没有被挫败，没有被隐藏和忽视。这些都是城市生活的一个事实，而且必须认真对待。

小偷、街头帮和暴徒应该被抓获、监禁，并在建设性的劳动工厂、中心或营地等地接受管教。而乞丐、酒鬼、性变态者、妓女和无照商贩，都是每个城市的苦恼，至少或许是最好的情况下，应该用法规和严格控制来对付他们。他们中残疾人和生病的人会得到治疗，给饥饿的人食物，给衣衫褴褛的人衣服，还给无家可归的人提供住房和遮蔽处。这是人们良心所致的事情，也是一个最高层次社会和政府的责任。

这些"不受欢迎的人"从堕落者到不幸的人往往是衰败城市的产物，而不是城市衰败的诱因。大多数人都会欢迎清理和重建等协助性的工作，即拆除空旷的废弃建筑物，清理充满垃圾和碎片，清除乱涂乱画，在受侵蚀的山坡和排水线上进行重新找坡和再植时，修建新的公路、停车场和广场，帮助建立绿色通道、自行车道、公园和自助园艺花园和创建一个更加平等的、更加完整的广域城市。

机 遇

因为有了综合性的规划，合理的城市将开始实现超越我们目前最喜欢的梦想的可能性，规划应该从保留和保护现存的自然特征为开端。水资源管理最终将成为所有土地利用规划和发展的基础。

溪流、湿地、水体、主导性的地形和极佳的植物覆盖区域将保持它们的原始状态，并作为一个相互联系的开放空间保留区的元素。人工环境据此或在其周围加以规划从而使人与自然保持最好的关系。不稳定的承载地层和地质缺陷将被避开。挖地和整理坡地将会受到法律的制约，表土将会被保留。人行道、乘客交通工具和卡车将有各自的运行线路。公路、建筑物和空间将呼应于太阳、风和气候。它们将会免受洪水灾害，挺立在暴风雨中，并利用植物、水和微风的降温作用。

社区规划将体现对自然系统及其承受能力的认识。不会出现在土地利用、密度和建筑面积率方面的超载压力，居住、生产、文化和娱乐中心将规划成为一个紧密的相互联系的、相互促进的实体，这样就节省了出行的时间、能量和土地。

城市中心是密集性商业、贸易和文化的焦点，将建立在多种层级的运输节点的上面，而且与清新的花园广场和

处理不受欢迎的问题的最佳途径是建立一个对每个人都有吸引力的地方。中心城市广场和小公园几乎没有例外，都是安全的地方。

视觉污染中危害最大的一种是涂鸦，它已经殃及许多城市。最初从纽约的铁路站开始，它被少数误入歧途的作家赞扬为一种新的本土的艺术形式。在这种允许的氛围下，它成为一种令人作呕的灾祸很快传播。它已经毁坏了许多美国城市景观的面貌，并降低了地产的价值。因为传播性很强，涂鸦应受到公共官员的严厉批评并被制止。

令人困惑的是，甚至在过分讲究的斯堪的纳维亚(半岛)也存在着到处可见的难看的涂鸦。

正在减少的、受污染的水资源将迫使我们反省是如何利用水的。通过设计和管理城市景观来减少水的利用，处理废水、补充地下水，这些都是解决办法的一部分。

安妮·韦斯顿·斯伯恩

现在有一种离开社会冲击波而走向未来的运动，它有利于更慢、更投入的方法……我想真正的中心将会是在……自然与人类之间。

理查德·汉森

庭院交织在一起。每一个这样的综合体的周围必须要有低密度的支持设施，比如，那些便利的购物、餐饮、供应和服务的设施。

拥有固定边界（为了制止城市蔓生或蔓延）的城市中心将最终用完所有可以建设的土地。这也许是个优点，因为这可以保持系统的平衡。它也有助于保持很高的占地率和更新的自发产生。但是到了土地利用紧张的关头，人们就期待探索空中的和地下的建筑权。在那些容量和承载力并不受限制的地方，许多诸如车库、存储和物流的设施可以进入地下。眼不见心不烦，而且这样还可以免受气候和交通的影响。

另一个可能性就是空中空间的利用，一种是地面上功能的叠加或是在建筑物上的叠加。例如，娱乐公园或游戏场可以修建在停车场之上，在铁路上方建一条公路或运输线。再次，高层的建筑综合体可以建立在卡车的终点站或货运车场之上。另外，建筑可以有多层开发，低层为商店，上面可以用于办公和居住。因而，一个房地产项目可以为城市做出多方面的贡献。

让塔楼和多层的巨型建筑物留在那里吧！它们有自己的空间而且需要容纳城市中心的许多基本功能。但是为什么它们是如此高傲和孤单地伫立在那里，只给人们留下印象，而不令人愉快？为什么要它们肩并肩地站立在冷漠的街道两旁？为什么要它们像堡垒似的孤立，与新生城市生活的脉搏隔离开来，我们应该把这些建筑设在对人友好的空间和场所之间，同时最好保留那些古老的人们熟悉的地段。我们应该敞开这些建筑，让它们面向人气兴旺的空间和那些只有城市才有的喧闹和兴奋的空间。我们应该在这些建筑的周围、顶部和内部留下提供人们聚会的空间。让它们重新与城市相连。让它们再次加入到人群当中。

在城市中心和次中心的周围，在开放公园地的内部或周围将会有成片的居住邻里。因而，中心城市和它的每一个卫星城中心将成为分离的、相互联系的实体，即真正的城市社区。

郊外、乡村和偏僻的旷野地区将被规划和重新规划为城镇、乡村和社区的星系，它们每一处都因地制宜，其周围环绕着原野、保护地、湖泊、水道和森林。这种合理的土地利用和城市规划的途径带来的积极的价值是显著的、引人注目的。

塔楼和巨型建筑，只有当它们能强化而不是削弱其所在位置的行人活动时，才能为城市服务。

最受人们喜爱的城市建筑（和场所）是面对街道生活开放的，可以直接用迎接入口、内外过渡空间或者让人里外都能看得见。

让我们用理性再造城市，同时遵循自然法则。

完整的城市

　　一个好的城市是完整的，它应是一个发挥功能的有机体。它可与人体类比，因为它也是一个具有生命力的实体，有骨架、静脉和动脉。它能够呼吸、喝水、吃东西，并排泄出废物；也能够生长、繁殖、再生；它的思维与行动协调，有思想和精神。好的城市就像是一个好人，是健康的、有生机的、有教养的和有自信的。好的城市具有榜样的特征和令人钦佩的风度。就像人一样，城市有它的生命力，即推动力量。城市需要满足许多至关重要的功能。一个城市要想繁荣就必须是健康的，不仅在物质方面，而且还要在经济、政治和社会方面都是健康的。

经济考量

　　广域城市经济的活力在于它能使长期的税收大于支出。这个事情做起来要比看上去难，事实证明，大多数城市正面临可怕的金融困境。原因在哪里呢？

　　有些城市的发展已经超出了原来最初的发展思路，而这些城市尚未找到新的发展思路。有些城市已经耗尽了其自然资源或受到它们难以控制的外部力量的影响。有些城市由于有限的交通网已经使发展减慢甚至接近停顿。还有一些城市由于外环区域的发展而使城市中心走向衰败。

　　衰退和闲置房为各种城市病埋下了伏笔。当一个城市不再健康或安全，弊大于利时，人们将会离开。至少那些能够离开的人，他们通常是更有生产能力的人。当有贡献的市民搬出城市之后，税收将会减少，需求就会变得更多，问题也会成倍地增加。

　　如果要有一个房地产经济方面的法律的话，它应该是这样规定的：居民或企业家将付出一切代价获得那个房地产的位置，无论这个房地产是城市、邻里或是特殊的房地产，这种地方可以最低的成本获得最大的好处。这种好处包括良好的环境、令人愉快的事物、贸易区、可见度、易接近性和合适性。而这种最低成本方面包括征地、开发、租用、使用、税收、出行时间、摩擦或消耗的能源。

　　大多数城市的失败仅仅是因为它们现在的建筑物已经不再或尚未适应于当代的城市生活。旧的机器已经坏了，彻底检修也无济于事，需要一个新的模式。通常这种急需的变革只能在新的领导和更好的管理下才能实现。新的技术和工具可以来帮助我们从事城市更新和再次开发。事实证明，这种更新和再次开发一旦与有见识的规划结合，就会卓有成效。

　　纽约人对匹兹堡特别的印象是这个城市有一个有机整体的感觉，城市的许多部分按照它们被设计的功能运行。

　　　　　　　　　　　　　　　布伦南·吉尔

经济学

　　衡量一个国家经济表现的最基本尺度是国民生产总值，在计算GNP时，自然资源被耗尽之后并没有算入折旧。建筑和工厂被算入折旧，机器和设备、汽车和卡车也算入折旧。为什么艾奥瓦州的表土不算入折旧呢？这种表土由于农业技术措施不利而使抗风雨能力降低因而沿着密西西比河冲刷下去。因为我们没有发现用生态有效的方式生产谷物的价值，艾奥瓦州已经失去了超过一半的表土。

　　因为，我们没有计算出清洁的、地下淡水的经济价值，在美国已经污染了一半以上的地下水，污染源来自杀虫剂的流散和其他有毒的滤渣，而且它们实际上是不能除去的。

　　　　　　　　　　　　阿尔伯特·戈尔副总统
　　　　　　　　　　　　　　《平衡中的地球》

　　至今我们一直在用先进的计算机技术建立更加适于600多年前生活的城市，而不是21世纪的城市。

机器一旦失去作用,人就要面临几种选择。拿一个农用四轮马车打比方,如果当它开始发出嘎吱声和吱吱作响的时候,你可以忽略这些问题,继续驾驶直到它散架,然后离开。你可以发现问题然后修理。或者更好的是在利用这个修理过的四轮马车的同时,制造另一个有所改进的能更好工作的马车。

问题是衰败的城市比那些老式的农用四轮马车要复杂许多,但是选择机会则是相同的。

政治方面

意义深远的规划和建议都不能不受到政治决策的影响。政治机器,因为它是一架机器,就具有将公共的观点和公众意愿付诸行动的机制。政治的科学是研究达到这一效果手段的学问。

那么,这个系统究竟是好还是坏呢?可以这样认为,如果政治家是坏的,它就是坏的,因为令人讨厌的政治家为了获得自己的优势地位而千方百计穷追衰败城市的阴暗面。但是,政治家的好与坏可以通过选民知道。开明的投票者寻找开明的政治领导。开明的领导者是城市进步和发展的关键。

在这种政治框架中的市民或规划师、设计师,如何才能有效地工作呢?人们在实践中发现,下面的一些推测是有帮助的:

- 当选的官员寻求连任,而这通常取决于他们的政绩。
- 一旦有机会,他们会寻求支持有利于公众的建议。
- 当选民向领导者提出问题的时候,这些领导者需要详细了解情况。

因此,任何团体和个人有义务寻求有利的政治行动,以确保从一开始让那些可以提出明智意见和决策的人了解事实和那些建议的价值。精明的政治领导者会敏锐地注意到他们所代表的选民的需要和观点。寻找所有可能的贡献者的远见、指导和支持,并将他们的思想编入规划是明智的。

……

公共机构是政府的工作臂膀。在每个部门中,领导和职员能够提出宝贵的经验。而且他们也需要了解情况,还通常乐于在规划过程中提供背景信息和建议。

总而言之,从政治上来说,成功的规划在于决策者和其顾问一直知道有关信息,而且他们也为规划做了些积极的贡献。

社会的含义

城市可以比作蜜蜂的蜂巢。每种蜜蜂,工蜂、兵蜂、雄蜂和雌蜂王都有自己的角色,就像每个人一样。如果没有蜜蜂及其活动,蜂巢就没有本质的意义。同样地城市如果没有居民生活的出现,将变得毫无意义。

作为蜜蜂社会的体现,蜂巢是高效机能方面难以理解的奇迹。没有任何东西被忽视,没有任何东西是多余的,没有任何东西被浪费。一切都在平衡之中。通过对自然界中许多蜂巢的观测可以发现,它们都毫无例外地邻近资源,即果园、农田或森林的花卉，而且这些蜂巢还与太阳的照射和风向相互协调。在自然界蜂巢的选址同样是经过仔细考虑的。选址在石缝里或树洞中可以最大限度地减少自然的约束，并且尽量利用各种可能性。

当蜂群的增长超过了良好运行的蜜蜂社会的限度时，蜂巢并不会扩大到难以控制的规模，也不会转变成低效率的形式或被抛弃。它会被小心翼翼地修理，同时一个新的蜜蜂社区和蜂巢正在另一个有利的地点建设起来。那么，我们在城市的规划和设计中对选址、清晰的结构形式以及居民的生活需要和公共生活给予充足的考虑，是否期望过多呢？

人 居

城市的文化如同它的巨大空间一样丰富而又多样，时而辉煌，时而悲惨，时而充满诗意。人们在蜂窝式的居住环境中的相互作用是一个永恒的奇迹。

从最早的印在湿黏土碑上的楔形文字，到抄写在由草制成的纸上的象形文字；从中世纪僧侣写在有装饰的羊皮纸上的手稿到当代作家评论性的观点被激光打印装订成册并分发成千上万册，城市的故事仍然在延续。在文学、艺术和音乐作品中，城市的奇迹受到赞美，城市的缺陷则受到鞭挞。从人类开始定居的时代开始，城市一直是一群睿智的观察家所研究的对象。当我们徘徊于规划和重建我们21世纪的城市之时，这些诗人和学者会对我们说什么呢？

在这方面会有许多共识。例如，没有人怀疑这个前提：一个城市不应该是不安全、不卫生、不健康、不动人、破产的、低效的、丑陋或景观不好的。简单地说，一个城市不论是局部还是在更大范围内都不应该像现在大多数的城市那样差。相反，一个城市应该是安全、清洁、健康、惬意、吸引人、经济上有偿付能力、高效、有生产能力、构造良好且形式美丽，而且与它的自然环境相互协调。很明显，这就是我们需要努力的目标。

如果说大家在对什么是更适宜居住城市的总体看法一致的话，那么，在实现它的手段方面意见却极少一致。在城市学家即评论家与狂热爱好者之间，在最好的规划和重新规划的方法方面是有尖锐的、有时甚至是苛刻的分歧。

埃比尼泽·霍华德爵士对园林城市的建议已经被许多人误解为要放弃城市，迁徙到乡村去。近来，霍华德的建议受到那些误会他建议的人的抨击。还有些人把协调城市与区域组合这一思想硬加到他的著作中作为借口，这些人都

在我们所能看到的最早的手写文字中，"城市"的象形符号是圆环中有一个"十字"。"十字"代表路、交通和贸易，圆环代表为居住和防护要求而设的护城河或城墙。

是坚定的、狂热的信徒。

提出"不要做小规划"的丹尼尔·伯恩汉姆坚决支持把特白的、光彩夺目的古典城市进行城市美化的观点。他是一位艺术与建筑的理想主义者。勒·科布西埃也一样，他用创造性的思想和毕生对表现形式的追求，勾画出辐射状的城市，这里林荫大道如同建筑般地延伸，其间为巨型建筑，整个城市被无息的车流所冲击，点缀着渺小的蚂蚁般的人群。总体上说，他也预言出当时人类社会似乎要走的道路。

刘易斯·芒福德（Lewis Mumford）在学术上更加谦虚。他从多年的研究和写作中得出结论，即最好的系统是一种有纪律的秩序，即由经过训练的专业人士建立的秩序。这是一个很有前途的理念。不幸的是，这个学科被一群博学的理论家所利用，他们似乎以其他利益为代价致力于为毫无限制的交通提供条件。芒福德和他的追随者的重点更趋向于冰冷的几何形式和秩序，而不是温暖的人的聚集感，或是对人与自然的考虑。

有人支持设立建筑的城市，工程的城市，物质化的和政治的城市，公园的城市，甚至无限制的、免费的、随心所欲的城市，而这已超出了界限。混乱的结果已经导致了"不能做"城市，这种城市人为地勾画出单一功能区域，每个区域用彩色标记，并赋予过时的规定和僵硬的教条。分区制被认为是对蔓生的、失控的解决办法，用来帮助确保"最有效的和最佳的利用土地"。然而，其结果是改变国家对土地价值的态度，这种价值观既有以现在产量为基础，也有潜在的预期的利润。分区的标准越高，土地所有人预期的卖价和收益也就越高。就像预测的那样，分区的划定很快就基于原始政治压力，而很少再基于理性的思考。

分区作为一个概念是相当新的。在不断的进化中，分区制提出了有前景的新方向，这体现在规划的单元和规划的社区开发、土地银行业、分阶段的"建设"或"等高线"分区图，多种用途的说明和性能激励。但是，它最初的形式中（在许多自治区仍存在）曾经是，而且也能够是令人窒息的和反生产力的。

城市重新开发的理念很快追随着分区图而出现。它是对有病城市的一种治疗。然而，因为是首次投入使用，其过程是非理性和鲁莽的。它不是采用治疗和恢复的药剂来使用，而是进行大面积的烧灼和消毒处理。它是闪电战式的城市毁灭者。被确定为"不达标的"整片的邻里和社区受到谴责，财产所有权被没收，建筑物被推倒夷为平地。以"清除贫民窟"的名义，土地所有者和租用者被驱逐出

在过去，全世界城市设计和城市设计教育的真实悲剧，就是它们从来没有考虑过地球和其自然进程的议题。
罗伯特·汉纳

因为几乎没有什么规划师在学校中修过一门自然科学课程，要求城市规划师把城市融于其环境的这种期待是否有些过分呢？

来，他们仅得到很少的补偿维持生计。做小生意的人断了谋生的途径。很快，通常持续几年后，这种闲置的土地就用公共资金开发，并出售或出租给开发商。富的地区更富，穷的地方则荒无人烟，令人害怕的"重新开发"变成了一个肮脏的词眼。这种拥有美好前景的善意的开发却拥有一个可怕的开端。

作为综合区域规划的一个要素，城市重新开发则变得更加文明了。振兴整个衰退的地区，需要配套有更新的自助计划，让收益分阶段地体现出来，还要有关注社会的非政治的管理部门，这也是城市重新开发的关键所在。

同时，规划作为一门学科，也逐渐地真正赢得尊重，并被公众当作一个必要的和积极的力量。而这一过程一直很慢，要不是因为女代言人简·雅各布斯（Jane Jacobs），它还会持续更长的时间，她早在20世纪60年代初就发出了反对城市规划的号角，因为城市规划当时被错误地实施，她的《美国大城市的生与死》是强有力的也是有远见的，此书把人们的注意力集中到已经产生的大破坏。而且她举出了一个令人心悦诚服的例子，说明中低收入家庭喧闹的城市街道生活有积极价值，尤其是对于那些只能空守在他们自己创造的家里，并且只能得到最小的帮助和支持的家庭。她不怎么喜欢城市绿地或太多的城市清洁工作，当然也不喜欢以广泛人群分布为代价的稀疏的高楼。尽管她对进退维谷的城市没有提出足够的解决办法，她坚决反对大规模地清除和千篇一律的规划。她和其他追随的人如沃恩·艾克华德、怀特、克莱、斯伯恩、黑西、凯、戈尔，把人的因素引入到规划的方程式中，这种思想注定要存在下去的。

随着关注环境的时代到来，我们期待尽快地引进生态的因素。现在生态方面的考虑是综合规划的强制性先决条件。

历史的车轮在继续行驶，从田园城市到古典的、纪念的、有序的、机械的、唯物主义的、政治的、社会的、人性的和生态良好的城市，那么以后还会出现什么样的城市呢？我们从此将走向何处？我们可以在哪里找到榜样？在国外，我们可以学习一些转变型城市，如首尔、尚贝里、斯图加特、维也纳、巴黎、卢塞恩和斯德哥尔摩。这些城市和许多其他城市一样，在热情迎接高技术和环境责任时代的同时，还努力维持着自己传统的生命力和吸引力。而在美国国内，也出现了许多城市改造的、令人惊心动魄的实例，这其中既有错误引导的实例，也有精彩的佳作。我们必须用清晰的、批判的眼光审视自己，洞察失败和成功。

有一个人们渴望的神话是这样的，只要我们有足够的钱即数量通常为1千亿美元，我们可以在10年内消灭所有的贫民窟，扭转昨日及昨日之昨日之大范围单调灰色地带的衰败，稳定动荡不安的中产阶层和他们不稳的税金，甚至可能解决交通问题。

但是，看一下我们已经用第一个几十亿所做的工作成绩吧。低收入者住宅已经变成行为不良、肆意破坏和对社会绝望人的聚集中心，甚至比我们想要替代的贫民窟还要糟糕。中等收入者的住宅却真正是一个单调和管辖的奇迹，与城市生活的任何轻松和活力相隔绝。高收入者的住宅则用索然无味的粗俗来减轻或试图减轻他们的空虚。文化中心不能提供好的书店。市民中心不吸引任何人，除了那些流浪汉，因为他们不如别人可以游荡更多的地方。

商业中心笨拙地模仿标准化的郊区连锁店。没有可以散步的大道，也就没有散步的人。高速公路带走了大城市的繁华。这并不是城市的重建。这是城市的劫掠。

简·雅格布斯
《美国大城市的生与死》

当我们寻找城市复活的策略时，规划的过程告诉我们，为了寻得解决方案，我们必须首先确定我们面临的问题……

然后，当所需的数据齐备后，我们就可以研究可供选择的可能性并提炼出行动建议。

失败了，我们可以分析原因避免再犯类似错误；成功了，要了解能够成功的条件，并仿效和扩展这一成果。这种"试错"法是美国先驱文化的特点。我们对实验的爱好是缺点也是优点。如果我们偶尔犯了大错误，这就是缺点，如果我们能在获得成功经验与教训的基础上继续建设并汲取教训，这就是优点。

规定的程序

这种大规模的、考虑许多因素的规划或重新规划怎样才能实现呢？每一个城市或区域必须寻找自己的方法，并制定自己的计划。但是，不论用什么样的方法，应该记住以下结论性的导则：

• 了解那里有什么

目前太多所谓的城市规划是在现有的分区图上完成的，没有表示清楚它们代表什么意思，没有关于邻里如何运行或人们感受的第一手资料。没有什么可以替代现场调查所产生的情感认识。

• 了解起作用的城市各组成部分

为了改善每一个城市的组成部分：中心城市、内城、外城和郊区，有必要了解每一个部分的性质和功能。只有这样，每个部分才能有更好的形式，并组合成协同性更强的关系。

• 加强邻里

规划的每一个社区都必须经过研究来发现它们有利和不利的条件。那么，采用什么手法能够改进它，使其操作性和完整性增强呢？对任何改进计划有效的方法就是消除或减少不利条件，同时强化有利条件。

• 让公众参与规划

要努力为所有现在的和将来的城市居民和工作者设计最佳的生活体验。令人满意的条件很少是由外界强加给人们的。令人满意的规划应该反映居民需要和愿望，汲取社区领导的思想，并让相关人员和规划者共同分析和研讨。

• 保留最佳的现状特征

这些最佳特征可能是一座历史建筑、一座古老的石桥、一条狭窄的小巷或过道、溪流、池塘或古老的橡树，也可能是大街旁的一行煤气灯、一家客栈、一个内战纪念物或公园里一个有纪念意义的马槽。它也可以仅仅是一条小巷或街道的名字。如果一种特征可以有力地表现它的时代和场所的话，应尽量把它放到规划中来。

- 容纳汽车

不管以什么形式，由人操控的汽车将长久地伴随着我们，可能也不再是一个城市和乡村的掠夺者，而将受到欢迎。我们知道创新的交通系统规划，可以为汽车提供更自由、更安全的环境，同时又可以开辟机动车禁行的各种城市活动中心。新的土地利用和交通模式可以确立更加惬意的未来城市的轮廓。

- 利用交通联系广域城市中心

当多种形式的快速交通与紧凑的社区规划在一起的时候，就会在组织市内人流交通方面起主要作用，也便于中心到中心之间的连接。

- 组合客运、货运和能源传输走廊

这种宽阔的、多种用途的地带在规划中要避开敏感的土地、水域和社区，服务于新的接受性的制造、装配和仓储区。通过分阶段组合分散的工厂和交通路线可以形成干扰更小、更有效的区域性生产综合体。

- 消除各种污染

空气、土壤、水体的污染以及由于路边混乱的建筑或建设工地分散导致的污染必须被制止和消除，而这一切都和文明的广域城市的土地、水、资源和发展管理政策紧密相连。

- 规划整合的系统

没有系统组织的城市就像混乱的卖机器的商店，地上到处是零件，只有当这些零件恰当地组合成一个工作实体的时候，每一个部件才能够运行。只有当所有的部件都恰当地装配并处在平衡中时，整个的机器才能发挥功能。城市是一个高度复杂的机械装置，它需要不断地装配、再装配和调整。

- 创建开放空间的构架

正是在这样一个由相互联系的公路、单位用地、公园、森林保护区、农业用地和水体形成的系统的周围才能形成更好的城市。每一个有作用的空间必须规划得最大满足它的目的。所有这一切组合起来就可以为人们提供运动的道路、娱乐的区域、雨水排放和气候改善的措施，同时也提供有益健康的景观环境。

- 应用 PCD 方法

这个方法可以让人们利用和享受他们周围土地、水体环境的最佳特征，同时不会对它们产生长久的危害。简单地说，就是在考虑任何地产的使用时，要在地上画出最佳的特征并予以完整保留。然后在其周围划出一个保护性的、

我们的社区、城市和乡村必须更加容易让汽车到达，而不是更难。这包括要改进的公路布置、新的土地利用模式和消除步行与机动车的冲突。

城市内部和外部的水库和蓄水池常常是用护栏隔离的，禁止公众入内。如果将它们作为开放空间系统吸引人的特征来向公众开放的话，就可以为周围的社区提供受欢迎的被动式娱乐和清新的活动。

限制用途的保留地带。最后，在敏感性最差的高处，确定潜在的开发区。

● 将城市和区域一起规划

孤立的城市就如同没有基座的宝石，如同没有支架和部件的发动机。正是由于城市与广域城市区域之间的相互联系才为两者产生了贸易和繁荣。只有通过可持续的广域城市规划，才能实现和维持共同运行的最佳结合点。

● 提供灵活性

详细严谨的、并被官方接受的社区、城市或区域总体规划，可以扼杀进步的事业和设计的创造性。更好的办法是做概念性的远期规划，提出总的土地利用区域，确定人口和建筑占地率，编制交通网络，建立环境良好的状况标准。更好的办法是只做概念性的规划和控制内容，从而鼓励创造性的个性表现。

……

上述导则远不能算完整。它们看起来像是美好的愿望。可以肯定，几乎没有当代美国城市是严格按照这些原则来规划的。大多数当代的城市规划根本不按照任何导则来做，只会安排拆除和重建，增加更宽的街道、更多的市内停车场甚至更多纪念物。

令人悲哀的是现在作为常用的城市规划远远没有发挥它的潜能。当然也有些好的例子。尽管规划技术有飞跃的发展，但是许多规划部门的工作是毫无创意的、乏味的。这是为什么？因为在很多情况下，城市规划、更新和重新开发已经成为顽固的政治家用来满足他们的政治利益、获得支持者和朋友的工具。其次，规划部门的职员和领导通常只是受过抽象的规划"方法论"培训的技师，对无论什么任务、城市如何发挥功能以及人们需要什么，都没有感觉。而且，一个机构做出的规划往往没有和其他机构沟通，甚至常常与其他机构或权限发生冲突。争论和混乱因而也就随之发生。

新的区域主义

很显然，许多更加紧迫的城市问题只能在区域的基础上处理和解决，例如，溪流和河道的流向，交通路线的延伸和公共设施系统都要跨越许多城镇和城市的边界。然而，地方政府官员理所当然不愿放弃控制发生在他们范围内的所有事情。那么，通过什么方法可以研究和解决区域性的问题呢？

在美国，一个有希望的现象就是在区域层面出现了市民行动组织，它们通常是非政治性的，由社会各阶层的相关领导组成的。这些组织是私人投资的、非营利的机构，有一个领导带领职员确定优先考虑的问题，聘用顾问，准备各种建议。他们在适当的场合利用他们的名望去影响一些决策。在过去的几十年里，这种市民行动组织已经在许多广域城市区域的持续更新和复兴方面取得了显著的成功。

有些地区的区域问题已经由地方政府的联合体指定代表开始着手处理。不论有没有专业人员，他们受公共资金赞助，负责把他们的发现和建议汇报给他们的地方议会。这种区域性的研究群体的优势在于与政治决策者有更直接关系，但是不利之处是会有政治观点的不和。

或许最有前途的区域规划机制是广域市的政府演化形式。这里有许多成功的实例。在最好的情况下，由宪章规定当选官员被赋予广泛的权利，但是最初赋予的权力有限。这些特定的任务只涉及区域层次的研究和管理领域，包括综合的土地规划、交通、公共设施系统、废物处理和资源管理。更多涉及地方的问题，比如社区治安和防火、学校和娱乐，就留给地方议会处理。避免员工的重复劳动和重复设岗的节约效果是显著的，同理，更广泛、更专业地解决区域问题和可能性的方法也是有很大效益的。

倡议书

展望未来，更加适宜居住的城市的共同标准会具有什么特点呢？建议大多数城市要有长期的保护、保存和发展规划（PCD），同时为地形的恢复和森林再造做好准备。他们的规划图和三维结构图将展现更加合理的功能布局。城市规划要加强城市活动中心，在其周围布置必需的供应和服务设施，还要为新建和再次开发居住邻里提供条件，这些居住地要布置在由市内娱乐用地、森林和野生动物保护区组成的相互联系的开放空间系统的周围。这些城市要有直达的快速交通和公园大道与城市中心相互联系，并且和城郊与乡村环境以及更远的荒原相联系。

城市将呼应于对土地的迫切需要，保护周围的自然环境和人造景观的完整性，保存生态的、农业的、风景的、历史的最佳特征。同时，很少干扰自然系统，如河流、溪流和排水线、地下淡水的蓄水层、植物和动物群以及重要的食物链。

城市规划要非常关注每一个有地形变化的区域和特征，以便发现和揭示其最好的品质。

如果有这种充满希望的可能性，我们将如何开始由此

在我们从事大尺度的土地规划工作时，要研究区域及其系统，发展社区支持的方案，并将保护目标与私人经济努力相联系。

佩奇·卡

生态：生物科学的一个分支，是关于地球有机和无机环境之间相互依赖性和相互作用的学科。

在这个国家里，生活的艺术既不是教出来的，也不是鼓励出来的。

所有时代伟大艺术都起源于对世界连贯的观点，一种分享的语言。

格雷·布里金

在地球科学领域，这十年将被长久地铭记，因为在此期间，环境保护已不再仅仅是少数人的兴趣，而发展成为大众的运动。

至今仍没有完美的城市。毫无疑问，任何愿望都不会完美。在一个特定的时间，我们所能期望的最佳状态是从过去到现在理想的有秩序的演变。如果是这样，这就是有价值的规划过程。

今天即使环境意识的衡量已经世人皆知，政治决策仍在以牺牲环境为代价。

迈克尔·霍夫

及彼的工作呢？我们如何做出变革呢？

行动导则

目前，一些来自政府的、市民的和专业的领导正在卓有成效地为这项任务努力地工作。另一些领导则加入了改善我们生活环境的运动。为什么现在终于会有这样的结果呢？或许是因为我们美国人已经感受到身边危机的鞭笞，事实上，目前的状况已经没有合理的方法可以扭转了。或许是因为公众对现状不满的呼声已经变得如此广泛、洪亮，或许是因为已经验证的治疗手段确实可行，或许还因为我们已经看到了确实越来越多成功的实例。

明智的政治领导已经会体察和响应公众的愿望。他们感觉到，有史以来，美国人第一次将他们的家庭以及后代的生活质量与经济所得相提并论，甚至常常把生活质量放在优先考虑的地位。在过去的 10 年中，美国和世界其他的国家一样，已经处于环境关注觉醒的时代。

那么，这种关注怎样才能转化成积极的行动呢？简单地说，我们的城市将怎样以更加可行的、更加惬意的形式进行重建和改造呢？我们怎样才能保护破碎的区域和乡村景观，并将它重新建成一个更加具有生产力、更健康的基地呢？我们并不需要一个巨大的变革，相反，通过许多途径、许多参与者和许多进步的阶段就可以实现这一目标。

政府的行动

联邦政府的工作重点将要发生变化。现在有许多不协调的活动，但是却没有明确的政策和明确的方向。环境保护署（EPA）提供了帮助，并且已经做出了突出的贡献。它的作用有些像陆、海、空三军的监察长，被授权跨越政府各部门并在最高的层次上展开行动。

在总统和国会的这一层次上需要有一个全新的、响亮的责任宣言——阐明超越现有指导方针的目的和政策，并作为强制性的整个政府的导则。这种宣言可以由我们国家的优秀思想家和专家组成的无党派、无偏见的任务小组系统地提出来。为了不断地输入资源，每位继任总统应很好地遵循其前任的做法，任命一个由著名的市民顾问组成的小组来商讨城市复兴、增长管理和土地资源规划方面的问题。国会将要而且必须有自己的理事会、委托小组、委员会和驻联合国官员，它们都要在国家的政策目标范围内工作。通过任命的新的内阁成员，这种努力能够促成集中的行动和更加有效地参与全球范围的环境议程。

州的行动

  各州的计划和方法可以不相同。最有成效的州包括弗吉尼亚、加利福尼亚、俄勒冈、康涅狄格和佛罗里达。在早期，康涅狄格州为了发展和保护本州的人和其他资源，制定了一个开拓者计划。加利福尼亚州也是把重点放在环境和城市方面。弗吉尼亚则关注州在城市蔓延和中断方面的趋势，成立了一个蓝带研究委员会，与区域的领导和市民协商并根据他们的观点从事建设。它制定了"弗吉尼亚规划"，这个简要的文件里面有建议，2 年和 5 年预算和立法纲要的草案。还有图表来指导州的行动路线。

  佛罗里达州由于出现了前所未有的城市化问题，构建了一套自己的机制来解决这个问题。在一个环境方面的助理和职员的帮助下，州长和内阁秘书定期召开会议分析并按照更加紧迫的州的规划内容行动。

  每一个州必须找到他们自己的方法来制定一个最能满足他们需要的行动计划。最要紧的是先有一个规划，然后实施它。

  每个州和它内部的每个权限范围都要有一个规划委员会和工作人员，这种观点似乎已经过时了。很显然，负责的官员应该知道并支持那些为公众利益而做出的规划建议。当他们任期结束并竞争连任时，我们应该用政绩而不是竞选承诺来对他们做出评价。

通过他们的所为
你将了解他们

市民团体行动

  我们可以直截了当地说，到目前为止，在改善城市和环境运动中起到有效推动作用的主要因素包括各种各样的基金会、理事会、俱乐部、委员会和其他市民行动团体。他们已经指出并领导着这个方向。例如，主要的行动者有哭泣的加州、佛罗里达环境捍卫者、关于社区发展的爱莱格尼会议、塞拉俱乐部和美国保护基金会。

  有些更小的市民组织建立的目标是为了值得一做的工作，如街区清洁计划、住宅区修复、路旁的看护、保护溪流和种植城市行道树。

个　人

  个人，不论以单体或团体形式，一直是改善社区和城

  或许，我们最终可以制定出国家的土地利用规划和政策——一个广泛的定义"保留—保护—开发"（PCD）规划。如果你愿意，通过这项规划那些具有特殊生态、景观或历史价值的土地，不论是公共的，还是私人所有的，都会受到保护，并对破坏性的开发进行限制。通过规划，这些土地可以为缓冲地和有限使用的水体所保护从而保留它们基本的景观特征。剩下的土地就可确定定期开发并与它们最佳的使用潜力相协调，同时要与远期目标和管理权限控制相一致。

市环境的生力军。有些人做的事看起来虽小，却很有效果，如分拣罐头和玻璃瓶以便回收，捡拾路边的垃圾和在校园里种一棵纪念树。他们的影响力是有累积作用的，他们成为众人的榜样，并产生了推动力。

此外，这种行为恰恰可以帮助一个人与他的家人和朋友分享他的思想，这些行为包括写信给编辑、议员或市长，在公众会议上发表自己的观点，去请愿，站起来就算一票……

可能除了选票之外
地球上没有任何东西比
一个好的主意有更大的力量

突　破

在过去的几年里，城市和区域规划领域已经见证了许多创新的方法、工具和技术，是它们改变了这个行业。规划已经不再是一种基本的艺术形式，正如在哥伦比亚博览会期间形成的"城市美化"概念那样，如今规划已经变成了一个拥有广泛基础的科学。这并不说它已经不理会设计了，因为城市和乡村的综合规划是最丰富、最真切感受的设计。规划就是将多样化的、大量的元素结合形成和谐的关系。规划是一种艺术和科学，它包含并应用建筑、工程和风景园林的原理。规划发挥了如法律、社会学、经济学和政治学等学科的作用。规划涉及健康、安全、生活、就业、金融、教育和娱乐。凡是当代生活和居住（或后代人的生活）方面的问题几乎都是现代广域城市的设计中要考虑的因素。

技　术

仅仅在土地利用规划领域中，现在我们已经接受和应用了一些相关的新技术，如综合规划和资源管理中的新技术。我们了解到土地出租、监控、调节及开发权转让的益处。划定"城市改造区"和等高线分区图可以帮助遏制城市蔓延。另外还出现了协调交通和长期区域规划的运动。在更大的范围内，人们终于认识到强化的河床与滨海分区规划的逻辑和需求。在这方面有许多研究汇报和行动计划可以仿效。

所有联邦政府支持的项目都需要有环境影响评估报告，这样就可以确保减少甚至消除负面影响；确保优化那些有利的价值；确保那些被提议的项目从总的方面看不会对所涉及的社区造成严重的长期破坏。这种理念已经被一些市政当局加以发展，并制定出一套预先应用于所有开发方案的执行准则。

对项目适宜性的进一步验证，就是将每一个开发项目与现有的、灵活的区域概念性规划相比照。在当选的决策者批准或驳回之前，先要拿到公开的公众会议中讨论，只有这样才能算合格。

计算机的应用

大多数新的城市设计方法在很大程度上都依赖于计算机的应用，这样可以将大量的信息转化为易于管理的形式。这在制作统一的基础图纸时作用很大，在这种图上，可以展示各种变量，并对此加以分析。

除了绘制地图、存储数据和比较分析的功能外，计算机技术为创造性的城市设计做出了许多新的贡献。三维模型、视觉模拟和相关的图像编辑和放映，使得设计师们可以用更加流畅和真实的方法展示他们的设计思想。数字化草图，或用计算机调整过的徒手画草图可以帮助创造者在真实的项目环境中进行艺术的表现。因而，改建的方案就更易为人所理解，并具有社区特色。

尽管计算机技术广泛地应用在城市规划和区域规划中，但是人们认为它只有辅助作用，不能替代有经验的规划师和有灵感的设计师。例如，计算机并不知道所画的一条线是代表一条路，或者道路有不同的范围、断面、材料、造价和风景品质。计算机可以排列很多图纸，每张图纸用面积和色块来表现不同的特点，但是计算机不能对表现的信息进行评价。计算机能够绘制 20 年一遇洪水的范围，但思考不到预防性的措施或后果。

计算机有助于用图形来展示设计概念，但是它不能将其概念化。有时候两者很接近，比如，它可以应用麦克哈格（McHargian）的道路选线方法，通过图形叠加来揭示物质方面、社会方面或经济方面影响最少的区域。然而，在所有这些情况都需要加上专家对无数因子的观点和分析，如美学、历史的重要性、区域的重点，还有远期公共利益的价值评估。

在寻找更加清晰的形式过程中，令人感兴趣的是有一项实验在探索城市景观中人工和自然之间的共生关系。原型研究已经产生了一系列计算机做的城市中某假定地点的叠加图。这种演化模式模拟出在秩序良好的系统中的结构

城市美化运动试图使城市的功能服从于人们设想的美学理想。

优美城市的概念就是在广域城市区域内所有元素都处在平衡中并和谐运行。

城市已经失败了，因为我们已经没有办法把它作为一个功能的实体来看待和研究。我们现在濒临突破的边缘。

因为用传统分区图无法阻止不合乎人们需要的开发，也不能消除城市蔓延或保护国家的农田、风景和历史资源，所以必将出现一种新的土地利用控制的方法。它已经以性能标准的形式出现。

典型的性能规范条款规定，发展规划的审阅和批准的标准在于其是否满足每个地方政府为其长远目标而确定的积极的标准。它更看重的是鼓励而不是限制，是保护而不是消费，是创新而不是保守，是社区价值而不是被赋予的权力。

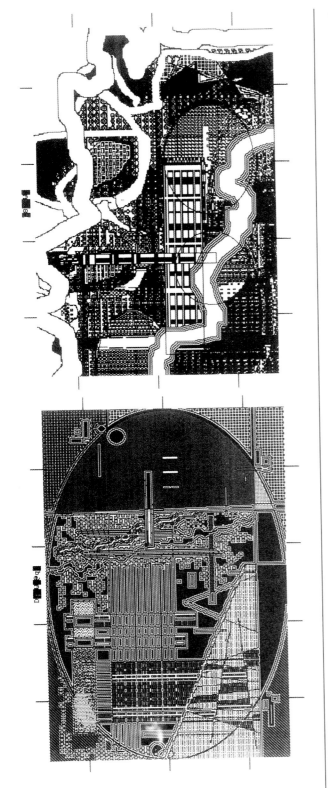

建筑师用计算机做的图像
假想的城市模式展现了建筑形式的组合顺应自然"馈赠"。

性的开发和开放空间的土地。

在左侧的图示模型中，各种形态表示溪流、河流和开放水系。其他没有建筑的区域也许较好地反映了湿地、山体、山脉的起伏、森林保护区或公园地。在这个自然框架中，出现的几何结构图形展示了先进的公路类型、邻里、超级街区或城市活动中心的线路和轮廓。

在这些早期的图中，"规划"是二维的、假想的。之后在进一步的研究中，可以用相似的标准编程来引入地形和气象因素，并扩展包含固定的规划数据，上述这些可能性是非常吸引人的。

系统动力学

规划或重新规划城市是一个你想它有多复杂就有多复杂的问题。它不仅包括明智的利用土地和资源基础，它还会在很多方面直接影响其作用范围内居民的福祉。城市规划涉及各种各样的与个人相关的问题，如健康、住房、就业、娱乐、学校、购物和街道安全。城市规划涉及对社会、政治和经济的广泛关注，包括提供文化设施和足够的税收来运行城市和资助改造项目。规划必须顺应时代、场所和气候。规划必须是生态和环境友好的。规划必须对地形敏感。

那么，一个人怎样才能应付每天都在变化的复杂环境呢？许多热情的城市学家已经开始认识到，伴随着系统动力学的出现，一个新的突破将要来临。用外行人的话说，系统动力学是对一个复杂系统中的结构和内在关系的假设进行概括表达和测试的过程。它是一个研究或决策制定的过程，通过这个过程可以考虑采用对于整个设计或问题的各种解决方法，从而进入一个根据既定标准进行优化的系统。

不论研究的对象是什么，所有的系统动力学研究都需要对一个系统内分散的各个部分的内在关系有一个整体上的把握。只有当这些内在关系的推测用计算机模型的形式表现出来，并经证实而且相应的模型也直观地表现出来的时候，这个系统才能有效地协助决策过程。但是，首先，需要一个概念性的模型——这正是规划师和设计师为之努力的理想。随着研究工作的深入，这种"理想"还可以进行修改或完善，但是它总是表现最佳实例的状态，对应于那些被验证过的演化结果并朝着研究方向前进。

在系统动力学的过程中，计算机仅仅是一个分析工具。它的作用是对于系统部件或及其内在关系以及人们提出的数值运算结果进行测试、量化和表现。有直觉的规划师和设计师使假设变化或变量有新的输入形式，这些人力求使整个系统得到改进。随着研究的进步，概念性的模型可以被修改和完善，以反映"反馈"的发现。但是首先需要一个概念，即要确定研究对象实体是什么以及它最好是什么状态。

例如，当一个人还没有搞清楚发电机的工作原理的时候，他怎么能够去改进发动机呢？当一个人并不了解社区运行的组成部分以及相互关系，不了解每一个部分如何更好地形成，不了解如何从整体上更好地构思时，他怎么可能规划出更好的社区呢？在没有系统动力学这样一种工具的情况下，一个人怎样才能得到对广域城市和其组成部分以及相互联系的真实感受呢？既然借助于系统动力学，我们的科学家、技术家和设计师们能够把宇航员送入月球并发射层际空间卫星，那么，我们仍然可以对我们的城市光明的未来抱有希望。

把广域城市理解为一个系统，就是承认各个组成部分之间的关系不仅会影响每个组成部分的表现而且还会影响到城市的整体。这是一个难以反驳的前提。例如，如果一个城市的商业中心要重新选址或超出城市范围，其他所有的城市因素和城市周围区域将会受到影响，并将为之做出调整。

可见一个城市不仅是系统化的（按照定义），而且是有活力的。进一步说，城市运行效率的高低程度是改进各个组成部分和优化关系的功能体现。一个城市各部分之间的相互联系越好，这个城市就会运行得越好。

综上所述，为了在重构一个城市以及周围区域的研究中启动系统动态过程，就需要对提出的"理想"有一个初步的概念或大致的草案。它可以用文字描述或用数学方程式表达，也可以用视觉语言表达，如用草图或图表。这就是概念规划或概念模型。

评　价

今天，当我们正昂首迈向 21 世纪之时，请让我们与英国的霍华德爵士一起分享他 100 年前对城市状态的评价：

……膨胀和过度拥挤的大城市，其健康受到贫民窟的惩罚，其效率受到不相配的、错误布置的工厂的惩罚；长距离地运输人和货物在时间、能源和金钱方面都是奢侈的浪费，这个距离对人无益；

20 世纪末人们一直致力于探索物理学的前沿。21 世纪将是探索社会系统动力性质的时代，将利用得出的知识改进机构和经济。

杰伊 W·福雷斯特
"模型和现实社会"
《系统动力回顾》

系统分析取决于因果关系
在城市规划中的系统动力学是确定在任何特定的点，将所有关系结合在一起的作用。

在任何时候，城市一个静止的画面都只不过是一个复杂的、动态系统在永久演变过程中一个副产品。一个城市地区的成功是在于发挥理解和调节构筑城市结构的动力。

格雷格·J·肖勒

尽管城市有它的中心机构，即社会生活主要的组成形式，但是它因缺乏社会设施而荒凉。

今天我们仍有同样的问题，甚至更多。当时的居住区在传统的范围内保持相对的稳定。城市蔓延、美国的城市病还没有遍及全国。在很大程度上，污染仅限于工业城市。蝗虫似的汽车还没有侵入城市或田野。

收获

我们正在失去土地吗？今天，在评价广域城市区域时，我们发现在过去的100年里似乎没有什么发展。然而，这并不是事实，我们已有不同寻常的收获。为了证明这一点，我们只要注意以下城市最高水位标记就可以了，如雷德宾、雷斯敦、哥伦比亚，芝加哥的湖滨地带和森林保护区，密尔沃基的公园城市，圣·安东尼奥的河滨步行道，旧金山的内河码头或华盛顿的朗方广场。

我们还可以看看那些创造性的事物，如公园大道、高速公路、国家公园、河床研究、领空权、快速运输、单轨铁路或城市更新。

另外，还有一些关键词或词组足以表示城市土地规划领域是有意义的，如分区、支配权、调节、开发权的转让、环境影响评估、发展管理和综合规划。甚至那些污染控制、保存和生态学等新的公众意识。

确实，在重塑和复兴城市方面，我们走了很长的路。其中精彩之处包括市内的公园、会议中心、新的露天大型运动场和河滨改造。还有新的公共广场、市镇广场和步行购物街。有雕塑庭院、喷泉、长椅、壁画和种植盆。许多城市的中心已经转变，并与受人欢迎的散步道交织在一起。小型有轨电车、快速往返游艇和其他新型的运输方式给人们提供了更加令人愉快的来往交通。现在许多邻里已重新铺砌和重新照亮道路，再也看不到空中电缆和树冠下闪烁的电火花了，历史街区被恢复并赋予生机，成为社区中心或吸引人的旅游景点。运河与溪流被重新发现并作为商店、餐馆和新公寓的前景。

现状

这些改进都很受欢迎。随着这些改进的扩大，未来的状况会更好。然而，这些改进的项目数量还是太少，彼此也相距太远。甚至在那些幸运的"复兴"的城市里，这些项目只是由衰退的沙漠包围着令人振奋的绿洲。毫无例外，美国许多城市正处在越来越严重的困境中，这些困境表现为被抛弃的家庭、板条封起来的店面，还有污染、贫穷、无家可归的人，邪恶的犯罪和令人惊愕的债务。为什么？这些到底是怎样发生的呢？

主要原因是在拯救正在衰败的城市的战争中，我们主要采取的是不冷不热的小规模战斗和后卫战。我们的领导人似乎更加倾向于防御，而不是发动一次全力的进攻。这当然是不够的。每个城市都要有协调一致的长期作战计划，要有军号、军旗和战斗口号。要重新激发市民的自豪感和创立模范广域城市的心愿。

模　型

人们从哪里可以找到一个更有可操作性、更有活力的广域城市的模型呢？要想超越已经存在的事物将是非常困难的。而这就是霍华德预言的园林城市的模型，霍华德是一位幻想家，但是他的时代已经来临。他的想法是如此迷人、充满希望，以至于当它被介绍给那些对是城市和城市生活彻底幻灭的公众时，得到了狂热的支持。尽管在他的时代完全实现这一理想太为超前，但是它已经被证实是很有魅力的理念，可以说它对随后产生的所有城市规划都有积极的影响。

美国是一个拥有丑陋城市的美丽国家。

"明天的园林城市"

这四个概念性的规划图来自埃比尼泽·霍华德先生1898年第一版的专题论文。

1. 三个磁铁：这个规划图来自《明天的园林城市》，它表现的是广域城市的动态引力，这种引力100年来几乎没有变化，很难将这个概念介绍得更加清楚。

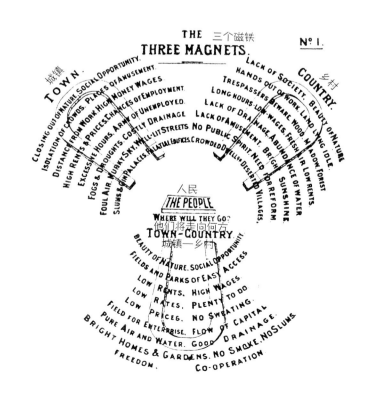

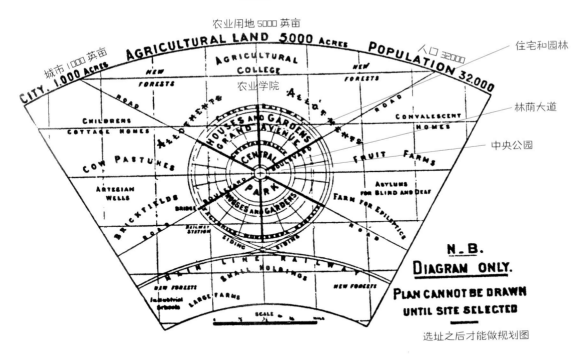

No 2.

农业用地 5000 英亩
城市 1,000 英亩 AGRICULTURAL LAND 5000 ACRES POPULATION 32,000 人口 32,000
CITY. 1,000 ACRES AGRICULTURAL COLLEGE 农业学院

住宅和园林

林荫大道

中央公园

N. B.
DIAGRAM ONLY.
PLAN CANNOT BE DRAWN UNTIL SITE SELECTED
选址之后才能做规划图

园林城市

2. 这个集中的城市活动中心被组织成一个接近完整和几乎可以自我维持的社区综合体。它本质上是把分散的元素集合成为一个更加可操作的规划形式。它不但解决了从中心到中心的交通,还提供到达其他城市中心和中心商务区的边缘交通。其特点是有一个中心社区公园和开放空间构架。它包括大面积的农业保护地,里面设置与之相匹配的功能。它需要固定的边界和稳定的人口,才能保持整个系统的平衡状态。

园林城市中心

3. 第三个规划图是对已发展中心的扩建。它的特征是由主要建筑围合的中央公园和花园广场。主要的环路两边有拓宽的开放空间廊道可以在内部和外部区域之间产生隔离和缓冲——外区一直延伸到居住界限。这些广阔的分隔道路把巨大的超级街区划定不同内容,即统一的居住、文化、商业生产性的邻里单位。

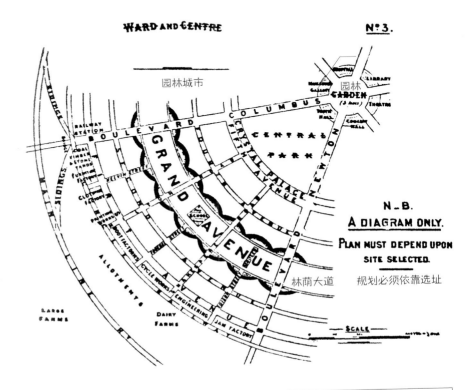

WARD AND CENTRE   No 3.
园林城市
园林 GARDEN
CENTRAL PARK

N. B.
A DIAGRAM ONLY.
PLAN MUST DEPEND UPON site selected.
规划必须依靠选址

林荫大道

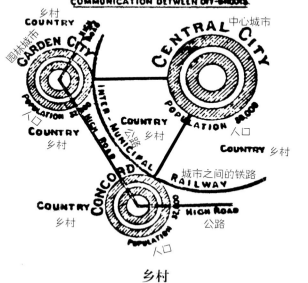

Nº 5.
— DIAGRAM — 模式
ILLUSTRATING CORRECT PRINCIPLE 展示城市生长正确的原则
OF A CITY'S GROWTH-OPEN COUNTRY
EVER NEAR AT HAND, AND RAPID
COMMUNICATION BETWEEN OT-SHOOTS

乡村
COUNTRY

园林城市 GARDEN CITY
中心城市 CENTRAL CITY
POPULATION 人口
COUNTRY 乡村
COUNTRY 乡村
INTER-MUNICIPAL HIGH ROAD
COUNTRY 乡村
城市之间的铁路 RAILWAY
COUNTRY 乡村
CONCORD
POPULATION 人口
HIGH ROAD 公路

乡村

如图所见，霍华德的概念是用轻松而又简单的模式图来表示的。既然是模式图，那它就会有变化和各种各样的解释。这种园林城市的模式图在今天仍然有效吗？在细节上肯定不合适。但是许多知名的城市学家都认为其中心理念是将来大规模建设超级城市的关键。

下面的图是《明天的园林城市》一书中的复制图，这是一个假想的卫星社区的一部分，占地约5000英亩，预测人口约32 000人。如图所见，它本身是一个居住综合体，但其内部有学校、商店、文化设施和工厂，而且它们之间保持相互平衡。

原书中的图和文字令人信服地介绍了具有新的良好秩序的园林城市的模式。但这并不像有些人所说，是一个向郊区撤退的新的形式。这里的社区本身不仅是更加清洁、更加绿色，而且更加有效。霍华德理念的本质是：有计划地将城市和其周围区域组合在一起。

难道这种理念不会导致城市元素进一步分散，即进一步蔓延，进一步侵占乡村景观吗？恰恰相反。因为霍华德的前提和本书的前提一样，那就是迫切需要将这些分散的元素组合成一个更加自我控制的、更加具有操作性的活动

卫星中心

4.第四个规划图(霍华德著作中心的第五个图)表现的是，将不同类型的活动中心布置成中心城市的卫星。这样一个大城市星系中的太阳和卫星用快速运输和高速公路相互联系。每个城市周围都布置保护性的农业用地、公园和保护区，其间分散着已规划的居住邻里。这个简单的土地利用概念自从被接受之日起已经影响了大多数城市规划。至今，它仍是一个将要实现的理想。

在市中心区战争的发动是针对病症而不是针对病源。

詹姆斯·劳斯

霍华德的观点（埃比尼泽·霍华德先生的《明天的园林城市》中的观点）为城市文明新的轮回奠定了基础。在这里生活的手段将服从于生活的目的，在这里生物生存和经济效率需要的模式将同样满足社会和个人的需求。

刘易斯·芒福德

制作出来的模式图就是为了以后要修改用的。

当理性最终占上风之时，城市中心和城郊与乡村边远地区都将被规划，而且很大程度上要作为一个广域城市的单元来进行管理。

中心。这些元素将被重新分组并相互联系起来，所有这些元素都处在恢复的农场和自然环境中。而且和谐地组合的要点，是把整个广域城市区域作为统一的整体进行规划，并在大范围内进行管理。

21 世纪园林城市

根据霍华德爵士的园林城市模型，并参照无数应用这个模型所建的社区及城市规划，本人提出现代版的园林城市模型。名曰"21 世纪园林城市"，因为它预示着 21 世纪新的城市秩序。

作为一个概念，21 世纪园林城市的模型既符合埃比尼泽爵士的思想也和当代非常先进的城市规划技术相一致。园林城市这一理念在各个方面的尝试不断取得了成功。然而，其核心思想"协调的区域规划方法"仍然没有贯彻实施。尽管这一理念在理论上受到广泛的接受和称赞，但是直到最近我们仍然没有必要的法律力量、技术能力和献身的决心，来有意识地实现它。现在，我们终于有了能力和迫切的需要了。这正是将它们都联系起来的好时机。

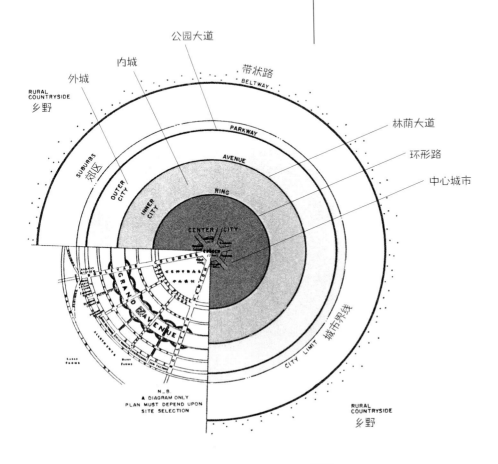

205

那么园林城市的模型的好处是什么呢？尽管它可能永远不会实现而且也不像设想的那样去建设。然而，它确实表现了主要规划元素之间的理想关系，这些元素有中心城市、管辖城市、城市活动中心（城市次中心）和环绕的郊区，还有主要的高速路和内部运输线路。

比较分析

这个比较图展示了埃比尼泽·霍华德《明天的园林城市》一书中圆的 1/4，同时加上了本人为 21 世纪设想的新版园林城市模型。这两者有以下显著的相似性。

1. 中心城是广域城市区域的主要商业、政府和文化中心。它包括政府办公楼、风雨商业街廊、图书馆、医院、音乐会堂、剧院和博物馆，在它们周围有步行花园广场。

2. 内城为中心城市提供工作人员和管理人员的住宅和服务。中间由降低的或提高的交通环路隔开。内城的界限明确界定由宽阔的公园式的地带环抱大道、学校和娱乐区。

3. 外城为各类紧凑的城市活动中心以及与之相关、与之相组合的邻里、商店和服务提供充足的空间。

4. 郊区位于城市边界之外，零星地点缀着更大的住宅、房地产、市场花园和果园。

5. 田园式的乡野依次划定为受保护的农田、森林和保护区。如果需要或要配套，可以建新的教育、娱乐或其他活动中心。

这两个模型最大的共同点是定好边界控制城市分散的状态，并在多功能允许范围内提供广泛的区域。超级街区的应用消减了由于常规网格式街道系统引起的大量摩擦和浪费。从整体上说，这两种模式都提供了一个规划的环境，在其中可以体验更加惬意和有益的城市居住模式。这两个时间跨度相差 100 年的模型的差别在于当今社会旅行和交通的手段比以前先进，以及当今社会人口发生了爆炸。

转　变

概念规划的演变过程是经过更新、再发展、恢复和新建这几个阶段而上升的。在不断的转变和进步的年代，肯定会出现新的需要和条件，并要对概念规划进行调整和升级。

当我们无知、饥饿和贪婪之时，当我们梦想更好的物质生活的时候，我们蹂躏陆地、削减人类自己，直到我们当中一些支持可持续发展的人开始意识到它与人的密切关系以及人们对它的依赖性，对它的责任，把它当作我们所希望的世界里万物不可缺少的资源。

华莱士·斯特格纳

马尔库斯·奥里利乌斯说，"美德是什么，难道它只是生动的、深情的对自然的怜悯吗？"或许正因为是真正的诗人、奠基者、宗教、文学的努力，不论在我们的时代还是在未来，所有年龄段的人过去和未来在本质上是相同的，即要把人们从长久的迷茫中拉回来……

沃尔特·惠特曼

霍华德关于"明天的园林城市"的规划有着极简的力量。它容易被人们理解，而且一旦为人理解就会产生巨大的冲击力。这一理念的首次提出就表现出重要的意义。在今天，对此略加调整则具有更大的意义。

是什么使得这个观点如此及时呢？原因如下：第一，迫切需要积极的指导思想来提出前景和明确的方向。第二，这是一个整体化的方法，它确定了所有的城市问题和可能性。这种方法可以灵活地适应时代变化，它可以提出阶段性的、有序的演变过程。此外，它是完全切实可行的。园林城市的理念受到大多数科学家和实践家创造性理论的支持。它包括觉醒的社会意识、政治技巧和有效的经济策略。园林城市是对自然保护者的梦想和生态学家的祈祷的回应。

园林城市理念的各个方面已经验证并经稍加修改后应用于当今世界成功的新社区。然而，仅在过去的几十年里，我们才有了合法的和技术的能力来实施其核心思想，即实现经过规划的、阶段性的广域城市的整合。我们要"收集"那些现在分散在广域城市区域内相似的、相互促进的功能；把这些功能重新组织到中心城市周围的各种规划良好的卫星社区。我们要及时地把其间的土地恢复为环抱型的农场、农田和森林的区域。如果我们这些病态的城市的重构成为21世纪最伟大的实践的话，这些城市在这样壮举中有属于我们的最好机会。至今还没有人能提出比这一设想更好、更有前途的理念。

……

总之，我们认为未来伟大的城市，对于其居民来讲是那些富于表现的、功能的、方便的、合理的和完整的城市，并将更加适合人们居住。

美

那种具有含蓄特质的美究竟是什么呢？它是城市设计的基础吗？是的，设计良好的城市首先必须是美丽的。但是，与普通的理解相反，美很少是有意识地设计出来的。也不是仅作为装饰或表达感情的装饰品。美，这种所有元素之间人们能感知的协调关系，可以仅仅是内在的。在城市的文脉中，它是一个如此不可思议的品质，只有当整个城市及其每个组成部分都被感觉是恰当的、协调的、平衡的和运行配合很好的时候，才会为人们所体会出来。

终极检验

对城市设计的最终检验，就像对所有设计那样，是要检验它对居民生活和体验的影响。终极的城市将是符合其时代和地点的、最终的人类住所。

需求不被满足就无美丽可言。

托马斯·哈特·本顿

真正的简单出现在对复杂的探索之后，是对所有确实需要表达事情的简要概括。

本杰明·汤普森

以下彩色的图示模型和概念规划可以作为规划明天更宜居的城市和广域市的规划师的参照点和起点。

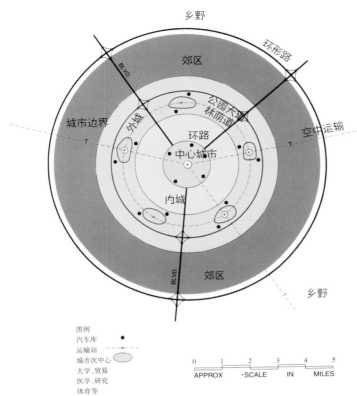

21 世纪园林城市（概念模型）
这个为 21 世纪城市建立的概念模型展示了对城市组成要素更加可操作性的布置方式。通过适应地形并分阶段实施，这种模型很有前途。

城市形式的多样性
一旦有了图示模型在手边，就可以如人们所愿去修改了，这种模型必须按照场地的地形和人工设施及其环境来调整。
在广域城市规划中平面上的变数是无限的。然而这里表现的是经验证的主要元素之间的关系，其正确性已得到证实。其目标是巧妙地把诸元素及其和自然、人工环境的主要特点连接起来。

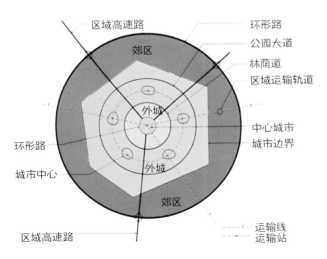

21 世纪园林城市（多边形模型）
此图形只是表达了理论上规划的联系。如果要应用的话，必须按照地形和其他当地条件作相应的调整。

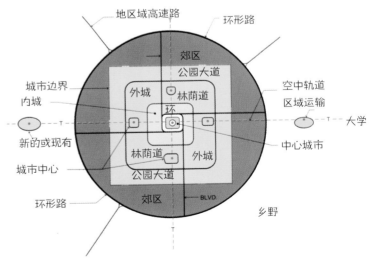

21 世纪园林城市（方形模型）
直线形的模型非常适合那种已经建成的有网格状街道系统的广域城市。

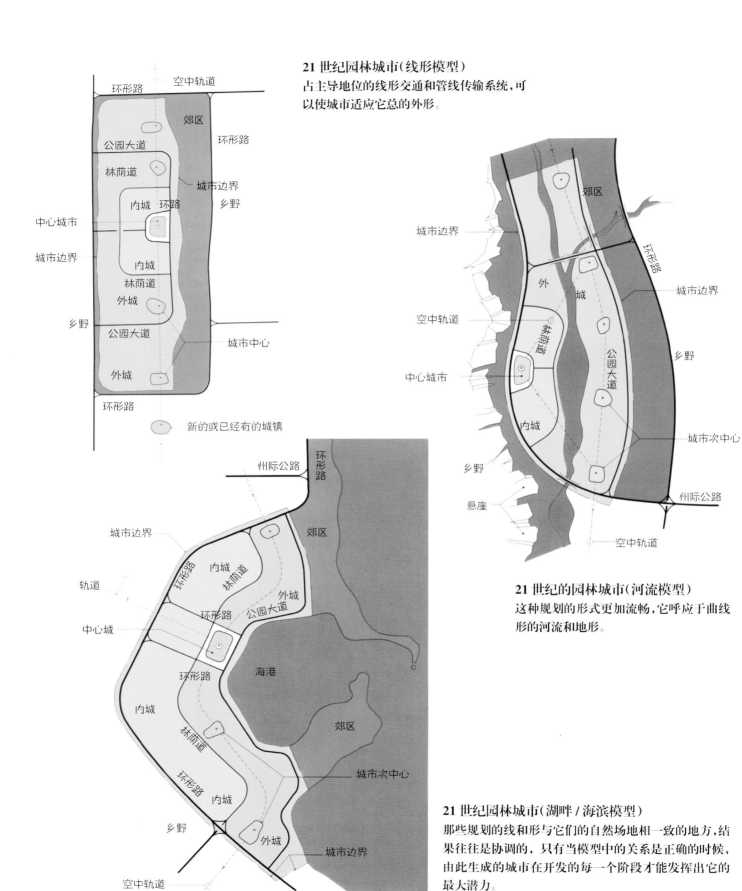

21 世纪园林城市(线形模型)
占主导地位的线形交通和管线传输系统,可
以使城市适应它总的外形。

环形路
空中轨道
郊区
公园大道
环形路
林荫道
城市边界
内城　环路
乡野
中心城市
城市边界
内城
林荫道
外城
乡野
公园大道
城市中心
外城
环形路

新的或已经有的城镇

城市边界
郊区
空中轨道
外城
中心城市
林荫道
乡野
公园大道
城市边界
内城
乡野
城市次中心
悬崖
州际公路
空中轨道

21 世纪的园林城市(河流模型)
这种规划的形式更加流畅,它呼应于曲线
形的河流和地形。

州际公路
环形路
城市边界
郊区
轨道
内城
环形路
林荫道
外城
环形路
公园大道
中心城
环形路
海港
内城
林荫道
郊区
环形路
城市次中心
内城
乡野
外城
城市边界
空中轨道

21 世纪园林城市(湖畔 / 海滨模型)
那些规划的线和形与它们的自然场地相一致的地方,结
果往往是协调的, 只有当模型中的关系是正确的时候,
由此生成的城市在开发的每一个阶段才能发挥出它的
最大潜力。

地形框架

针对已有或拟建的实有城市场所选择发展模型是一项不断开展的任务，而且只能在实施综合规划过程中得以完成。这项工作从一开始就要对现状的地形和风景环境具有敏锐的观察能力。要采用 PCD 方法，把要保留和保护的区域划定出来，采取与合适的干扰性的土地相协调的开发方式。

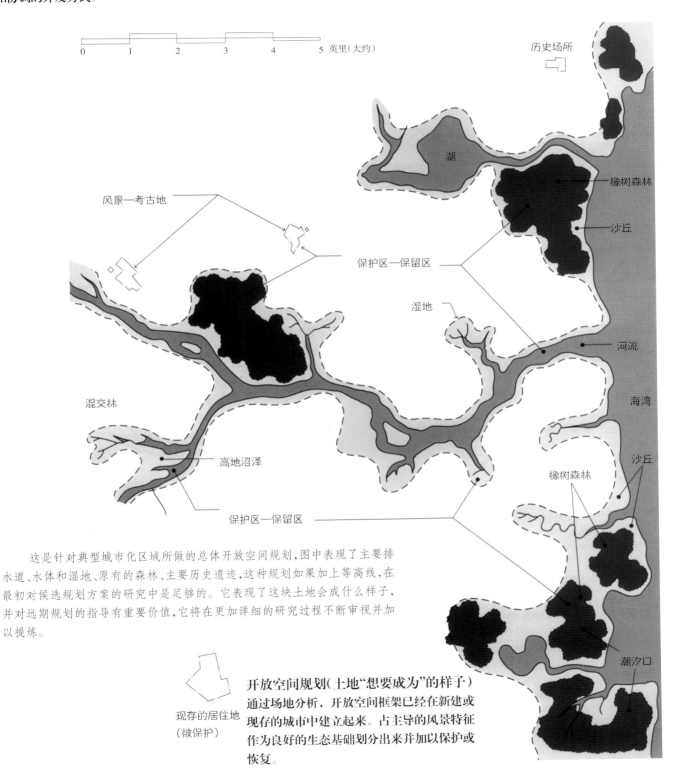

历史场所

风景—考古地

保护区—保留区

湖

橡树森林

沙丘

湿地

河流

海湾

混交林

高地沼泽

沙丘

橡树森林

保护区—保留区

潮汐口

这是针对典型城市化区域所做的总体开放空间规划，图中表现了主要排水道、水体和湿地、原有的森林、主要历史遗迹，这种规划如果加上等高线，在最初对候选规划方案的研究中是足够的。它表现了这块土地会成什么样子，并对远期规划的指导有重要价值，它将在更加详细的研究过程不断审视并加以提炼。

现存的居住地
（被保护）

开放空间规划（土地"想要成为"的样子）
通过场地分析，开放空间框架已经在新建或现存的城市中建立起来。占主导的风景特征作为良好的生态基础划分出来并加以保护或恢复。

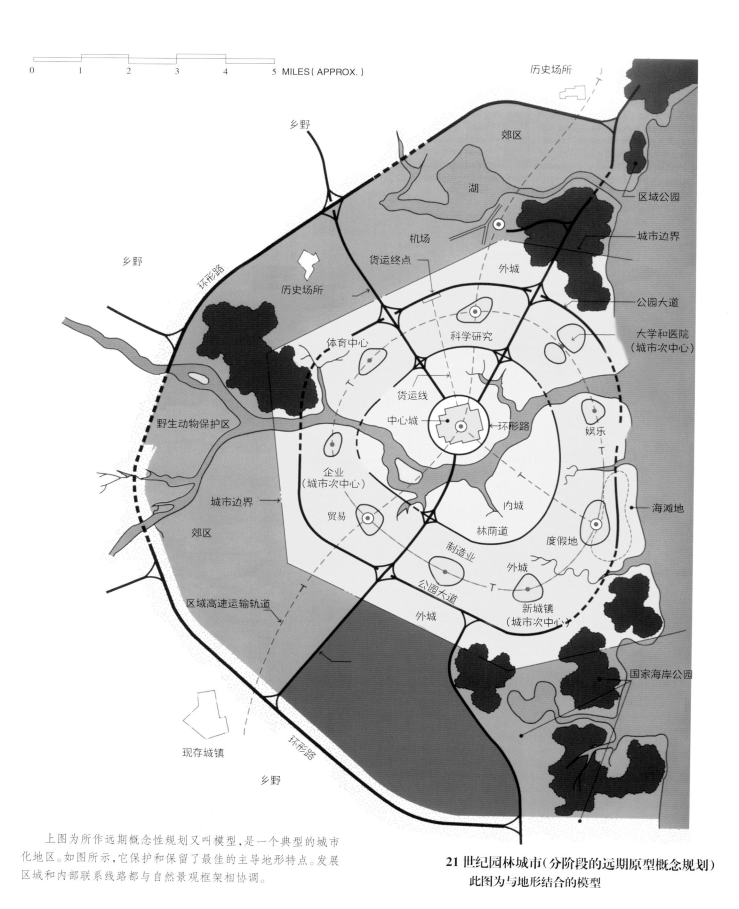

0 1 2 3 4 5 MILES (APPROX.)

历史场所

乡野

郊区

湖

区域公园

城市边界

乡野

环形路

历史场所

机场

货运终点

外城

公园大道

大学和医院
（城市次中心）

体育中心

科学研究

货运线

野生动物保护区

中心城

环形路

娱乐

企业
（城市次中心）

内城

海滩地

城市边界

贸易

林荫道

度假地

郊区

制造业

外城

区域高速运输轨道

公园大道

外城

新城镇
（城市次中心）

国家海岸公园

现存城镇

环形路

乡野

　　上图为所作远期概念性规划又叫模型，是一个典型的城市
化地区。如图所示，它保护和保留了最佳的主导地形特点。发展
区域和内部联系线路都与自然景观框架相协调。

21世纪园林城市（分阶段的远期原型概念规划）
此图为与地形结合的模型

参考文献

Appleyard, Donald: *Livable Streets,* University of California Press, Berkeley, 1981

Barnett, Jonathan: *Ambition and Miscalculation,* Harper & Row, New York, 1986

Berry, Thomas: *The Dream of the Earth,* Sierra Club Books, San Francisco, 1988.

Branch, Melville C.: *Comprehensive City Planning,* Planners' Press, APA, Chicago, 1985

Breen, Ann, and Dick Rigby: *Waterfronts: Cities Reclaim Their Edge,* McGraw-Hill, New York, 1993

Capra, Fritjof: *The Turning Point,* Bantam, New York, 1982

Carson, Rachel: *Silent Spring,* Houghton Mifflin, Boston, 1962

Chan, Yupo: *Facility Location and Land Use,* McGraw-Hill, New York, 1992

Clark, Kenneth: *Civilisation,* Harper & Row, New York, 1969

Clay, Grady: *Right Before Your Eyes: Penetrating the Urban Environment,* Planners' Press, APA, Washington, D.C., 1987

Collins, Richard C., Elizabeth B. Waters, and A. Bruce Dotson: *America's Downtowns: Growth, Politics, and Preservation,* Preservation Press, The National Trust for Historic Preservation, Washington, D.C., 1990

Council of Planning Librarians: *Urban Planning: A Guide to the Reference Sources,* Chicago, 1989

Giomo, Jean: *The Man Who Planted Trees,* Chelsea Green, Chelsea, Vt. 1985

Garreau, Joel: *Edge City: Life on the New Frontier,* Doubleday, New York, 1991

Gore, Vice President Al: *Earth in the Balance: Ecology and the Human Spirit,* Houghton Mifflin, New York, 1993

Gratz, Roberta Brandes: *The Living City,* Simon and Schuster, New York, 1989

Harris, Charles W., and Nicholas T. Dines: *Time-Saver Standards for Landscape Architecture,* McGraw-Hill, New York, 1988

Hiss, Tony: *The Experience of Place,* Vintage/Random House, New York, 1990

Hough, Michael: *City Form and Natural Process,* Van Nostrand Reinhold, New York, 1984

Howard, Ebenezer: *Garden Cities of Tomorrow,* F. J. Osborne (ed.), MIT Press, Cambridge, Mass., 1965 (Originally published in London, 1898)

Jackson, J. B.: *Discovering the Vernacular Landscape,* Yale University Press, New Haven, Conn., 1983

Jacobs, Jane: *The Death and Life of Great American Cities,* Modern Library, New York, 1993 (Originally published by Random House in 1961)

Katz, Peter: *The New Urbanism: Toward an Architecture of Community,* McGraw-Hill, New York, 1993

Lebovich, William L.: *Design for Dignity: Accessible Environments for People with Disabilities,* Wiley, New York, 1993

Levitt, Rachelle (ed.): *Cities Reborn,* Urban Land Institute, Washington, D.C., 1987

Little, Charles: *Greenways for America,* Johns Hopkins University Press, Baltimore, Md., 1990

Little, Charles: *Hope for the Land,* Rutgers University Press, New Brunswick, N.J., 1992

Lyle, John Tillman: *Design for Human Ecosystems,* Van Nostrand Reinhold, New York, 1985

McKibben, Bill: *End of Nature,* Random House, New York, 1989

Marsh, George Perkins: *Man and Nature,* David Lowenthal (ed.) Harvard University Press/Belknap Press, Cambridge, Mass., 1967 (Originally published in 1864)

Mills, Edwin S., and John F. McDonald (eds.): *Sources of Metropolitan Growth,* Center for Urban Policy Research, Piscataway, N.J., 1992

Moudon, Anne Vernez (ed.): *Master-Planned Communities: Shaping Exurbs in the 1990's,* Urban Design Program, University of Washington, Seattle, 1990

Mumford, Lewis: *The City in History,* Harcourt, Brace, Jovanovich, New York, 1961

Mumford, Lewis: *The Culture of Cities,* Greenwood Publishers, Westport, Conn., 1981 (Originally published by Harcourt, Brace and Co., New York, 1938)

Naar, John: *Design for a Livable Planet: How You Can Clean Up the Environment,* Harper & Row, New York, 1990

Oehme, Wolfgang, and James van Sweden: *Bold Romantic Gardens,* Acropolis Books, Herndon, Va., 1991

Simonds, John Ormsbee: *Earthscape: A Manual of Environmental Planning and Design,* second edition, Van Nostrand Reinhold, New York, 1986 (Originally published by McGraw-Hill, New York, 1978)

Simonds, John Ormsbee: *Landscape Architecture: A Manual of Site Planning and Design,* second edition, McGraw-Hill, New York, 1983

Smith, Herbert H.: *The Citizens Guide to Planning,* second edition, Planners' Press, APA, Chicago, 1979

Spirn, Anne Whiston: *The Granite Garden, Urban Nature and Human Design,* Basic Books, New York, 1984

Spreiregen, Paul D.: *Urban Design, the Architecture of Towns and Cities,* McGraw-Hill (For the American Institute of Architects), New York, 1965

Trancik, Roger: *Finding Lost Space: Theories of Urban Design,* Van Nostrand Reinhold, New York, 1986

Whyte, William H., Jr.: *Rediscovering the Center City,* Doubleday (Anchor), New York, 1990

Wilkes, Joseph A. (editor-in-ehief), and Robert T. Packard (associate editor): *Encyclopedia of Architecture: Design, Engineering and Construction,* Wiley, New York, 1988